本书的出版和所研课题得到如下项目资助：
国家自然科学基金(61104093,61074029)
中国博士后科学基金资助项目(20100471488)

基于网络QoS的控制系统分析与综合

李金娜　张庆灵　袁德成　著

科学出版社
北京

内 容 简 介

本书系统地介绍作者和国内外学者在基于网络 QoS 的控制系统分析与综合方面的研究成果。全书共 7 章，内容涉及网络控制系统的国内外研究现状，控制理论、图论和区间系统的相关理论知识，基于网络 QoS 的控制系统能控性与能观性分析，基于网络 QoS 的控制系统建模、分析与控制，以及基于网络 QoS 的控制系统分析与控制的图论方法。

本书主要读者对象为高等院校和科研院所从事网络控制系统研究的教师、科研人员、博士和硕士研究生等。本书同时可作为高等院校控制理论与控制工程、计算机应用技术、系统工程、机械工程与自动化、信息与计算科学、运筹学与控制论等相关专业的高年级本科生、硕士和博士研究生的专业参考书。

图书在版编目(CIP)数据

基于网络 QoS 的控制系统分析与综合/李金娜，张庆灵，袁德成著. —北京：科学出版社，2012

ISBN 978-7-03-033796-2

Ⅰ.①基… Ⅱ.①李…②张…③袁… Ⅲ.①计算机网络-自动控制系统-研究 Ⅳ.①TP273

中国版本图书馆 CIP 数据核字(2012)第 040116 号

责任编辑：余 丁 张 宇 / 责任校对：朱光兰

责任印制：赵 博 / 封面设计：耕 者

科学出版社 出版

北京东黄城根北街 16 号

邮政编码：100717

http://www.sciencep.com

新科印刷有限公司 印刷

科学出版社发行 各地新华书店经销

*

2012 年 4 月第 一 版 开本：B5(720×1000)

2012 年 4 月第一次印刷 印张：8

字数：151 000

定价：50.00 元

(如有印装质量问题，我社负责调换)

前　言

网络控制系统(networked control systems,NCSs)是指控制节点(传感器、控制器以及执行器)通过网络集成的一种闭环反馈控制系统。与传统的控制系统相比,这种网络化的控制系统具有信息资源共享、可远程操作、省时、易于维护等优点。在现代工业和商业各个领域,已经广泛应用实时网络来交换信息和控制信号,网络控制系统发挥着重要作用,已经成为控制界研究的热点。然而,由于网络的介入,控制系统中不可避免地存在网络服务质量(quality of service,QoS)问题,包括传输时延、数据包丢失、数据包错序等。这些问题的存在降低了系统的性能,甚至导致系统不稳定,使得控制系统的分析与综合变得更加复杂,给控制系统的研究带来了新的挑战。

近年来,基于 QoS 的控制系统研究已经取得了一些成果。但是,主要集中于研究网络诱导时延和数据包丢失问题。对于输入受限、丢包补偿、具有错序的网络控制系统分析与控制以及网络控制系统的能控性与能观性问题仍有待于进一步研究,尤其是关于采用图论方法研究网络控制系统的稳定性及控制器设计还鲜见报道。

本书在充分考虑网络通信带来的不利因素的基础上,针对上述问题,利用李雅普诺夫稳定性定理、随机理论以及图论等方法,研究了基于网络 QoS 的控制系统分析与综合问题。本书主要是作者基于东北大学攻读博士学位期间博士课题的研究成果,加以充实和整理完成的。全书共 7 章。

第 1 章:绪论。主要介绍网络控制系统的国内外研究现状以及网络控制系统的主要研究方向。

第 2 章:预备知识。主要介绍控制理论基本概念、图论基本概念、区间系统基本概念、常用符号和一些重要引理。

第 3 章:基于网络 QoS 的控制系统能控性与能观性分析。针对具有有界时延和有界数据包丢失的网络控制系统,建立面向网络的离散时滞不确定系统模型。在此基础上,获得离散时滞不确定网络控制系统能控性、能观性指数,推导出网络控制系统能控、均值能控的充分必要条件,讨论离散网络控制系统与原初始系统能控性和能观性的关系,得出离散时滞不确定网络控制系统能控性与网络诱导时延相关、能观性与网络诱导时延无关的结论。

第 4 章:具有时延和丢包的网络控制系统建模与控制。考虑到网络通信中不可避免地存在网络诱导时延、数据包丢失和数据包错序现象,以及系统具有噪声干扰这些问题,建立具有事件率约束的异步动态切换系统。所建模型更贴近实际系统,具有普适性。对控制器施加饱和非线性约束,保证控制输入有界,进一步研究该系统的 H_∞ 控制问题。

第 5 章:具有丢包补偿的网络控制系统 H_∞ 控制。给出具有随机时延和数据包丢失的网络控制系统模型,得到渐近稳定的充分条件。在此基础上,建立具有任意有界时延和丢包补偿的切换系统,同时给出稳定性判据,进一步,获得 H_∞ 干扰衰减度 γ 存在的充分条件及控制器设计方案;分析网络诱导时延的 Markov 特征,给出具有丢包补偿和 Markov 跳变参数的不确定网络控制系统鲁棒 H_∞ 控制方案。

第 6 章:具有数据包错序的网络控制系统 H_∞ 控制。提出能充分描述数据包错序现象并能有效消除错序对系统性能影响的新的网络控制系统模型。基于矩阵理论,模型转化为具有多步时滞的参数不确定离散系统,得到系统稳定性判据,获得保证系统稳定的最大允许时延界(maximum allowable delay bound, MADB);进一步,选用改进的李雅普诺夫(Lyapunov)函数,给出新的 H_∞ 控制判据,应用线性矩阵不等式(linear matrix inequalities, LMIs)技术,获得优化 H_∞ 控制器设计方案。

第 7 章:基于网络 QoS 的控制系统稳定性分析与控制:图论理论。基于图论理论,给出非线性网络控制系统和区间网络控制系统稳定的充分条件,得到控制器设计方案,获得保证非线性网络控制系统稳定的 MADB。对于区间网络控制系统,在同一时延和丢包情况下,得到多个控制器参数,实现切换控制系统,从而有效提高系统的性能指标。

由衷地感谢中国科学院沈阳自动化研究所梁炜研究员、徐伟杰师弟,沈阳师范大学孙欣副教授,沈阳工业大学李媛副教授以及沈阳体育学院姜翀副教授给予我学术上的支持和帮助!真诚感谢对于出版本书给予关心、资助和支持的各位朋友!

近年来网络控制系统的研究备受国内外学者的关注,新理论、新技术和新的科研成果不断涌现。由于作者水平有限,在基于新的理论与方法研究解决问题的过程中,不恰当乃至不准确的方法或结论在所难免,敬请专家和读者批评指正,谢谢!

作 者

目 录

第1章 绪 论

1.1 引 言

网络控制系统(networked control systems，NCSs)是通过一系列的通信信道构成一个或多个闭环实时反馈控制系统，同时具备信号处理、优化决策和控制操作的功能[1,2]。进入21世纪以来，随着控制、计算机和通信技术的飞速发展，特别是网络中数据传输能力和负载能力的飞速提高及网络共享资源的不断丰富，网络控制系统迎合了工业、医疗和交通等领域实现低成本、节能、高效和智能化发展的迫切需要，被迅速应用到上述领域[1]。鉴于网络QoS不可避免会对控制系统性能造成影响，为保证可靠、实时的网络通信，降低能耗，获得较高的控制性能指标，有必要采用先进的控制理论方法，研究基于网络QoS的控制系统分析与综合。

早在Walsh[3]的论著中就已经出现了NCSs的图示，随后Murray和Astrom等[4]提出了NCSs的概念。我国NCSs的研究开始于21世纪初现场总线控制系统的应用[5]。网络控制系统以其良好的性能优点，被迅速应用到复杂的工业控制域，如直流电(direct current，DC)控制系统、远程医疗、远程教学、机器人遥控操作、装备制造业、智能交通系统和虚拟制造等领域[6]。近年来，*Proceedings of the IEEE*[7]、*IEEE Transactions on Automatic Control*[8]和《信息与控制》[9]等国内外各大杂志相继出版了网络控制系统专刊。《信息与控制》专刊系统、全面地刊登了国内网络控制系统研究的新成果，内容涵盖模糊卡尔曼滤波、网络调度、PID控制、广义预测控制、多包传输和性能优化等。科学出版社于2007年出版了普通高等教育"十一五"国家级规划教材《网络控制系统》[5]以及《网络控制系统的分析与综合》[1]专著。东北大学张庆灵教授编著的《网络控制系统》一书，系统地介绍了NCSs的发展历程、系统组成、结构特点、稳定性分析、控制器设计以及性能优化等问题。国内外重要的学术杂志(如*Automatica*、*IEEE Transaction on Automatic Control*、*International Journal of Control*、自动化学报、控制理论与应用等)和会议(如The International Federation of Automatic Control、IEEE World Congress on Intelligent Control and Automation等)报告了大量网络控制方面的研究成果。Tipsuwan和Chow[10]于2003年总结了NCSs的控制方法。Yang[11]于2006年对文献[10]给予了更新和补充，给出网络控制系统的一般框架，同时评论了NCSs对大系统以及其他领域的影响。文献[6]的内容是关于网络诱导时延、数据包丢失、采样和系统构造等问题，就 NCSs 的估计、分析、控制综合等方面，总结最新研究成果。总之，网络控制系统的研究已经成为国内外控制界研究的热点。

与正常系统

$$\begin{cases} \dot{x} = f(x,u,t) \\ y = g(x,u,t) \end{cases} \tag{1.1}$$

相比，NCSs 中增加了网络诱导时延、数据包丢失、数据包错序、抖动和网络拥塞等不确定因素，这使得系统的分析与控制较正常系统复杂，由此增加了研究的困难。关于正常系统的一些结果已经不适用于 NCSs，需要重新研究 NCSs 的分析与控制，保证并提高网络 QoS，优化系统性能。在研究 NCSs 的初始阶段，一般分开考虑网络诱导时延和数据包丢失。往往假定网络诱导时延变化率很小或为常时延[12,13]。然而，NCSs 的实际应用中网络诱导时延常常是时变的、不确定的[2]，很多学者开始研究具有时变或不确定网络诱导时延的 NCSs 的分析与控制。由假定网络诱导时延为时变短时延（网络诱导时延小于一个采样周期）[2,14~17]发展到任意时延（网络诱导时延大于等于或小于一个采样周期）[18~20]。Zhang[2]开始用开关表示数据包丢失与否，将具有数据包丢失的网络控制系统建模为异步动态系统(asynchronous dynamic systems，ADS)，给出系统指数稳定的条件，讨论系统的衰减率。随后，掀起了关于同时考虑网络诱导时延和数据包丢失、以及对时延和数据包丢失补偿的网络控制系统分析与控制的研究的高潮[21~24]。这些理论成果为后继的研究奠定了理论基础，使网络控制系统理论初现轮廓。网络控制系统的研究日益细化，很多文献假定网络诱导时延、数据包丢失服从 Markov 链或某种概率分布，基于随机理论设计控制器[25~30]。近年来，网络控制系统研究呈现多元化、复杂化、实际化发展趋势，更多学者开始研究网络 QoS、量化、有限传输、变采样周期等问题。

目前，关于网络控制系统的研究日益深入，研究对象包括连续系统[2,15~17]、离散系统[31~34]和混杂动态系统[2,18~22,35]等，但对于非线性系统、区间系统的研究还鲜见报道；研究内容包括系统建模[36~39]、稳定性分析[40~42]、保性能控制[43~45]、H_∞控制[19,20,27]和故障诊断[23,46~49]等，但具有错序的网络控制系统建模以及性能优化的研究还不成熟；研究方法包括确定性控制、随机控制、智能控制和切换系统控制等，上述方法一般应用 Lyapunov 函数，得到保证系统稳定或具有一定性能指标的线性矩阵不等式(linear matrix inequalities，LMIs)条件，而应用图论方法设计 NCSs 控制器的文献还未见报道。NCSs 的研究一般包括两类，一类是基于网络环境的系统分析与控制；另一类是系统对网络的控制[10]。本书研究的是前者。由于网络作为控制系统的传输媒介，一些非理想因素，如网络诱导时延、数据包丢失、数据包错序等现象不可避免，这使得控制系统的分析、设计变得非常复杂。那么在网络存在非理想因素的环境下，网络控制系统的研究重点为：一是在现存网络环境下，设计合理的控制器保持系统稳定并且具有较好的性能指标；二是设计补偿控制器，降低网络时延、丢包、错序等因素对系统性能的影响，不仅镇定系统而且使系统具有较好的性能指标。本书正是在上述思想的指导下，研究 NCSs 的控制与优化的，因此具有一定的理论和实际意义。

1.2　网络控制系统的国内外研究现状

目前，国内外学者对具有网络诱导时延、数据包丢失、数据包丢失补偿、数据包错序、控制输入受限的网络控制系统，以及非线性网络控制系统的研究已取得了一系列的成果。下面具体介绍。

1.2.1　基于网络 QoS 的网络控制系统研究现状

1. 网络诱导时延和数据包丢失

1）网络诱导时延

多种信息源共享网络资源，而网络的传输能力和通信带宽有限，信息的冲撞、重传等现象不可避免，这使得网络诱导时延和数据包丢失必然存在。如图 1.1 所示，网络诱导时延包括传感器-控制器时延 τ_{sc}^{k}、控制器-执行器时延 τ_{ca}^{k} 以及控制器执行运算产生的时延 τ_{c}^{k}。一般情况下，τ_{c}^{k} 远小于 τ_{sc}^{k} 和 τ_{ca}^{k}，所以经常并入 τ_{sc}^{k} 和 τ_{ca}^{k} 中[5]。网络诱导时延与网络的传输协议相关，可能是固定的，也可能是时变的，甚至是任意的[2]；可能是短时延，也可能是长时延。针对网络中存在时延的情况，对系统进行分析与控制，一般需要对传感器、控制器以及执行器的驱动方式做假定。文献[50]、[51]考虑传感器和控制器均为时钟驱动，执行器为事件驱动；文献[52]、[53]建立了节点对象全为时钟驱动的长时延 NCSs 闭环模型；文献[54]中假定传感器为时钟驱动，控制器和执行器均为事件驱动，建立了连续＋离散的 NCSs 闭环模型。文献[25]～[27]提出时间、事件驱动方式。长时延的 NCSs 中执行器最好为事件驱动，控制器最好为事件驱动，以便被控对象能够获得更多的控制信息，系统具有良好的性能指标。下面介绍几种处理网络诱导时延的方法。

（1）固定时延方法

在实际控制系统中，网络诱导时延通常是时变的、不确定的。在现存的文献中，将时变时延转化为固定时延是处理网络诱导时延的一种方法[24,55～57]，即通过设置缓冲区的方法，将不确定时延转化为固定时延。该方法容易系统建模与分析，但是这种做法可能使网络诱导时延加大，从而降低 NCSs 的性能，增加结果的保守性。

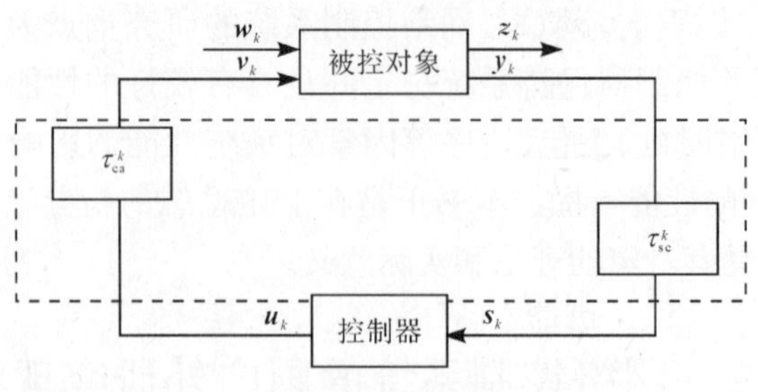

图 1.1　网络控制系统模型

(2) 随机方法

针对时变或不确定网络诱导时延，Nilsson 等[58]采用随机控制方法，即假定网络诱导时延服从某种概率分布，将 NCSs 建为随机系统模型，进行分析与控制。针对状态信息完全能观和部分能观两种情况，文献[28]给出网络诱导时延长于一个采样周期的优化控制器设计方案。但是，文献[28]、[58]没有讨论控制输入变化时刻的概率分布，很难推导优化控制律。Ma 和 Fang[25]讨论了网络诱导时延的 Markov 特征，设计优化控制器。文献[59]引入区间划分的伯努利分布序列，基于随机理论，研究了 NCSs 的均方稳定性。

(3) 鲁棒方法

目前很多文献采用鲁棒方法处理网络诱导时延问题。根据矩阵理论，文献[14]针对网络诱导时延小于一个采样周期的情况，将 NCSs 建模成参数不确定时滞系统，进而研究了系统的稳定性。文献[60]考虑时延的影响，通过等效变换将时延和采样周期的不确定性转化为系统参数的不确定性，从而将 NCSs 建模为一类具有参数不确定性的离散时滞系统，并给出系统 D-稳定的控制器设计方法，实现 NCSs 的控制与调度协同设计。分解网络诱导时延为固定和时变两个部分[31,61,62]，或假定网络诱导时延属于某个区间[34]，建模 NCSs 为参数不确定系统。很明显，由于网络诱导时延受限，文献[31]、[34]、[61]、[62]的方法存在一定的保守性。

(4) 时滞方式

研究具有任意网络诱导时延的 NCSs，文献[18]～[20]、[35]考虑连续系统和离散控制器，将 NCSs 建成连续＋离散系统模型，基于先进的时滞理论研究系统的稳定性和 H_∞ 控制问题。

(5) 时延切换方法

假定网络诱导时延属于某个区间，将区间等划分，把 NCSs 建成切换系统[63,64]，进而研究系统的稳定性和性能指标。但此种方法随着划分区间的增多，计算复杂性会增大。

最大允许网络诱导时延界(MADB),即保证系统稳定的信号从传感器采样时刻至执行器将信号输出到被控对象时刻的最大时间间隔[17,65]。文献[2]、[17]、[65]给出短时延的 NCSs 的最大 MADB 计算方法;文献[27]、[54]研究了具有多步时滞的 NCSs 的 MADB 问题。

2) 数据包丢失

NCSs 中数据包的丢失可能有以下几种情况[5]:在网络传输过程中由于存在数据传输冲突和节点失败,导致数据包丢失;大多数网络具有重新传输的机制,但因为有时间限制,若超过限定的时间,数据包仍然会丢失;数据包在发送过程中发生错误,则被控制器节点丢弃;传感器节点竞争数据发送权时,超过了协议允许的重发次数(时间)或者采样周期,传感器节点放弃本次发送。近年来,对于 NCSs 数据包丢失的研究已有一些成果。处理 NCSs 中数据包丢失的问题,一般采用 ADS 方法和 Markov 跳变系统方法。文献[2]在考虑状态反馈以及网络仅存在于传感器和控制器之间的情况下,将有数据包丢失的 NCSs 建模为异步动态系统,研究了系统指数稳定的最大数据包丢失率和系统开环状态及闭环结构的关系,但没有考虑网络诱导时延。文献[66]考虑传感器-控制器、控制器-执行器之间均存在网络的情况,将有数据包丢失的 NCSs 建模为有事件率约束的异步动态系统,研究了由系统结构事件率约束的指数稳定性,并结合线性矩阵不等式和遗传算法,提出系统二次稳定的方案。文献[67]分析了具有数据包丢失的 NCSs 稳定性。Ishii[68]考虑传输渠道具有任意数据包丢失的情况,研究保证系统稳定的最大丢包率。文献[29]、[69]将具有数据包丢失的 NCSs 建成 Markov 跳变系统,给出系统稳定的充分条件。文献[70]考虑数据包丢失,把 NCSs 建模为两个事件的异步动态系统。然而,上述文献中,网络诱导时延和数据包丢失是分离的。在实际的 NCSs 中,网络诱导时延和数据包丢失常常是共同存在的。文献[65]、[71]同时考虑网络诱导时延和数据包丢失问题,提出新的 NCSs 模型,目的是设计控制器。

2. 网络诱导时延和丢包补偿

网络传输中时延和数据包的丢失对系统的性能产生重大影响,会降低系统性能指标。为解决这一问题,在现有文献中一般采用估计和预测方法。

(1) 状态观测器估计方法

文献[72]设计了一种可以对随机时延进行补偿的状态观测器,该状态观测器可以实现对噪声的滤波处理,研究了闭环系统的稳定性。文献[73]在执行器接收端设置寄存器,以整数倍的传感器采样速率读取采样信号,并计算控制量,从而使采样信号得到最优利用,进而在一定程度上减小了网络诱导时延。文献[74]针对任意网络诱导时延,提出补偿方案,给出系统稳定的条件。文献[75]为数据包丢失提出补偿方案,根据是否丢包设计开环估计和闭环估计,并且分析了稳定性。

文献[76]通过运用被控系统的近似模型，提出对网络诱导时延和数据包丢失的联合估计和补偿方法，进而分析了这一系统的指数稳定性。然而，文献[76]假定网络诱导时延小于一个采样周期。其他参见文献[77]、[78]。

(2) 预测器方法

文献[79]提出提前 p 步预测方法，允许系统有连续 $p-1$ 个数据包丢失。文献[80]提出基于预测控制器和时延补偿器的控制方法，对系统进行分析与控制。随后，文献[81]提出切换预测系统，基于随机理论分析系统的稳定性。文献[82]引入基于网络的预测模型控制策略，将时延序列包封包同时传输给被控对象。文献[83]提出事件驱动方式的 NCSs 预测模型，根据系统输出设计预测方案，改进文献[82]中的方法。文献[84]给出具有任意有界时延的 NCSs 预测控制方法，进而给出稳定性判据。文献[85]采用多信道传输方式，弥补网络诱导时延和数据包丢失对系统性能的影响，并给出 H_∞ 控制器设计方案。

3. 数据包错序

数据传输错序已经是现代工业、商业网络化应用中的一个普遍现象。数据包错序对端对端的用户性能有着严重的影响，导致用户终端和网络无效资源的利用[86]。文献[87]给出基于网络辨识的自适应控制系统，针对实际工业模型仿真，表明辨识器端的错序会导致无错序情况下设计的控制器失效，控制输出不收敛。因此，有必要研究网络控制系统中的错序问题。目前，对网络传输中错序问题的研究刚刚起步。在文献[87]中，控制单元与整定单元地理上分离，控制系统的整定回路是通过网络(或总线)闭环，为解决错序问题，通过设置缓存将时延放大到最大时延以便消除错序。但是，此方法具有很大的保守性，并且未考虑传感器-控制器、控制器-执行器的时延。在文献[88]中，引入数据包的有效到达时刻和等效到达时刻的概念，通过对数据包的实际到达时刻等效化处理，建立数据包错序情况下的 NCSs 模型。然而，没有在建立模型的基础上进一步研究系统稳定性和控制器设计方案。文献[62]、[65]、[89]在传感器端设置时间戳，执行器接收端根据时间戳抛弃错序包，以便使系统获得最新数据信息。文献[65]、[89]又给出丢包的补偿方案，进一步研究了系统的 H_∞ 控制问题。但是，文献[62]、[65]、[89]并未对网络中存在数据包错序现象给予明确描述，并且文献[62]假定网络诱导时延由固定和时变两个部分组成，每个采样周期最多两个控制输入作用被控对象。显然，此方法存在一定的保守性。文献[54]、[90]综合考虑了网络传输过程中的网络诱导时延，有无数据包丢失和错序等问题，研究时延与采样周期的选择、丢包率等控制与调度协作问题。

1.2.2 输入受限

近年来,NCSs 输入受约束的问题引起了国内外学者的广泛关注,关于这类问题的研究不仅具有理论意义,更具有重要的实际意义。在实际的控制系统中,如虚拟制造、化学装置、机械装备制造系统,往往控制输入受到约束。执行器饱和往往会严重影响系统的各项性能,甚至导致系统不稳定,以至于引发重大事故[91]。如果不考虑输入受限,所得的控制器很难使系统镇定。由于网络诱导时延、数据包丢失和错序等非理想因素的存在,使 NCSs 的饱和执行器问题变得更加复杂。文献[92]将有控制约束的状态反馈网络控制系统建模为含有不确定性的离散时变系统,利用 Lyapunov 理论和 LMIs 方法,获得系统鲁棒稳定的充要条件。文献[91]将 NCSs 建模为具有时变时延的随机系统,给出具有饱和执行器的 NCSs 均方稳定的充分条件。然而,文献[91]、[92]仅研究在短时延情况下 NCSs 的输入受限问题。文献[93]对控制器施加饱和非线性约束,研究了具有分布时延、有限输入的多输入多输出网络控制系统的建模和稳定性问题,获得了时滞依赖稳定性判据,同时得到了保证系统稳定的 MADB。但是,上述文献均未考虑到数据包丢失情况。目前关于具有饱和非线性约束的 NCSs 的文献还不多见,尤其是针对网络诱导时延、丢包、不确定性、干扰、性能等问题,建立更一般的具有饱和非线性约束的 NCSs 模型,分析其性能,还未得到充分的研究。

1.2.3 控制方法

目前,研究网络控制系统的控制与优化问题,一般采用 Riccati 等式[94~96]和 LMIs 技术[62,34,36,40,71~74]。通过 Lyapunov 方法,稳定性判据可以表示成 LMIs 形式,利用强大的 Matlab 工具箱容易获得控制器。因而,基于 Lyapunov 方法的 LMIs 技术在控制系统的研究中非常盛行。针对具有网络诱导时延和数据包丢失的 NCSs,设出增广向量,建立增广系统,给出最简单的二次 Lyapunov 函数,对系统分析与控制[61,97],形如式(1.2);将 NCSs 建成切换系统或 Markov 跳变系统,给出切换 Lyapunov 函数[98~100],形如式(1.3);以时滞方式,给出利用系统时延界、丢包界等信息的 Lyapunov 泛函[44,54,60],形如式(1.4);文献[101]~[103]应用广义系统方式,形如式(1.5),获得基于 LMIs 的稳定性判据,Gao[104]将这种方法扩展到随机时滞系统。还有非二次 Lyapunov 函数[105]等其他 Lyapunov 函数方法。为获得少于保守的结果,文献[106]采用多种策略改进 Lyapunov 函数。

$$V_k = \boldsymbol{z}_k^{\mathrm{T}} \boldsymbol{P} \boldsymbol{z}_k \tag{1.2}$$

其中,$\boldsymbol{z}_k = [\boldsymbol{x}_k^{\mathrm{T}} \quad \boldsymbol{x}_{k-1}^{\mathrm{T}} \quad \cdots \quad \boldsymbol{x}_{k-h}^{\mathrm{T}}]^{\mathrm{T}}$;$\boldsymbol{x}_k$ 和 $\boldsymbol{x}_{k-i}(i=1,2,\cdots,h)$ 分别为系统状态和滞后状态;h 为正整数;$\boldsymbol{P}$ 为正定矩阵。

$$V(\boldsymbol{x}_k, k) = \boldsymbol{x}_k^{\mathrm{T}} \boldsymbol{P}(i,r) \boldsymbol{x}_k \tag{1.3}$$

其中，$\boldsymbol{x}_k$ 为系统状态；$\tau_k=i$ 为传感器-控制器时延；$d_{k-1}=r$ 为控制器-执行器时延；$\boldsymbol{P}(i,r)$为正定矩阵。

$$V(t)=\boldsymbol{x}^{\mathrm{T}}(t)\boldsymbol{P}\boldsymbol{x}(t)+\int_{t-\eta}^{t}\int_{s}^{t}\dot{\boldsymbol{x}}^{\mathrm{T}}(v)\boldsymbol{T}\dot{\boldsymbol{x}}(v)\mathrm{d}v\,\mathrm{d}s \tag{1.4}$$

其中，$\boldsymbol{x}(t)$为系统状态；$\boldsymbol{P}$ 和 $\boldsymbol{T}$ 为正定矩阵。

$$\begin{aligned}\boldsymbol{x}_{k+1}&=\boldsymbol{A}\boldsymbol{x}_k+\boldsymbol{A}_d\boldsymbol{x}_{k-h}\\&=(\boldsymbol{A}+\boldsymbol{A}_d)\boldsymbol{x}_k-\boldsymbol{A}_d\sum_{i=k-h}^{k-1}\boldsymbol{y}_{(i)}\end{aligned} \tag{1.5}$$

其中，$\boldsymbol{x}_k$ 和 $\boldsymbol{x}_{k-h}$分别为系统状态和滞后状态；h 为正整数；$\boldsymbol{x}_{k+1}=\boldsymbol{x}_k+y_k$；$\boldsymbol{A}$ 和 $\boldsymbol{A}_d$ 为适维矩阵。

工程系统的设计和分析已表明图论有着广泛的应用。事实上，在各种各样的工程领域，系统的各种图的表示现在非常普遍[107～110]。但是，到目前为止，在NCSs的研究中几乎没有涉及图论的应用。正因为如此，这项工作更具有挑战性。很明显，对于 NCSs 而言，首要解决的问题就是系统的图的稳定性。

1.2.4 能控性与能观性

能控性和能观性问题一直是动态系统研究的重点。大量研究致力于连续系统、离散系统（定常时滞）和广义系统的能控性和能观性[111～114]。由于 NCSs 中存在网络诱导时延和数据包丢失等其他非理想因素，传统控制理论中能控性、能观性理论应用到 NCSs 时必须重新考虑，虽然对 NCSs 的研究已取得了较多的成果[79～85,88～99,115～118]，但是关于能控性、能观性问题的研究还少见报道。文献[119]针对线性定常离散被控对象，研究原始连续系统与经网络后离散时滞系统能控性和能观性的等价问题。然而，文献[119]假定网络时延是定常的。实际应用中的网络控制系统，多数情况是原始系统为连续系统，且网络诱导时延时变。文献[120]给出网络控制系统的均值能控、均方能控、均值能观、均方能观的充分或必要条件。忽略了由于网络中存在网络诱导时延和数据包丢失现象，连续系统经网络采样后能控性、能观性是否改变的问题以及时变时延对系统能控性、能观性的影响。

文献[121]给出著名的“采样能控性”条件：线性定常连续系统经等距采样（T 恒定）和零阶保持器后，如果采样周期 T 满足对矩阵 A 的每两个特征值，有 $T(\lambda_1-\lambda_2)\neq 2\pi k\mathrm{j}$，$k\in\mathbf{Z}$ 且 $k\neq 0$，则采样后离散系统能控性不变。然而，NCSs 中由于网络诱导时延和数据包丢失的存在，连续系统经网络离散后系统是否能保持能控性、能观性不变，且时延是否对 NCSs 的能控性、能观性产生影响，还未得到深入研究。

1.2.5 多输入多输出

被控对象为多输入多输出（multiple input multiple output，MIMO）NCSs，即

系统中多个传感器、多个控制器和多个执行器之间通过网络平台连接，信息通过网络由多个信道传输。由于每个信道都不可避免地存在网络诱导时延、数据包丢失和错序等不确定因素，与单信道网络传输相比，MIMO 系统的分析与控制变得更加复杂[122]。MIMO NCSs 框图如图 1.2 所示[122]。

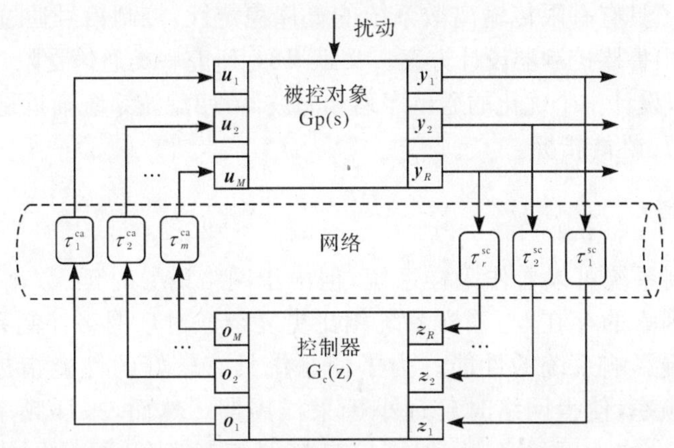

图 1.2 带扰动的 MIMO 网络控制系统结构图

其中，$\boldsymbol{y}_i$、$\boldsymbol{z}_i$、$\boldsymbol{u}_j$、$\boldsymbol{o}_j$$(i=1,2,\cdots,R,j=1,2,\cdots,M)$分别表示被控输出、控制器输入、被控输入、控制器输出。

在研究 MIMO NCSs 的初始阶段，为简化系统分析，往往假定传感器-控制器为多包传输[116,123]，后来发展到研究传感器-控制器、控制器-执行器均为多包传输的系统分析和控制[124~126]。由最开始的仅仅是系统建模，发展到控制器设计。对于建模方法一般有建立增广系统模型[116,123,126]、多时滞连续模型[124,125]、多时滞离散[127]模型。文献[128]分析了具有数据包丢失和多包传输的 NCSs 的指数稳定性。依据具有事件率约束的异步动态系统理论，建立了多包传输网络控制系统模型，给出了判定系统指数稳定性的充分条件。文献[116]假定控制器和传感器节点均采取时钟驱动方式工作，执行器节点采用事件驱动方式，根据现场总线网络的传输特征，将多包传输 NCSs 建模为切换控制系统，给出 NCSs 指数稳定的充分条件。文献[129]考虑网络诱导时延和系统的不确定性，利用 Lyapunov 稳定性理论提出了新的基于 LMIs 形式的时滞相关稳定条件，获得 MIMO NCSs 的 MADB。然而，研究 MIMO NCSs 的文献还不多见，基于 MIMO NCSs 的性能优化有待进一步深入研究。

1.2.6 有限传输

NCSs 的一个优点就是能够实现资源共享，往往多个用户终端共享网络资源，而有限的网络带宽和通信速率将造成网络资源的分配不均衡，导致控制性能降

低[130]。研究有限传输的 NCSs 的分析与综合，是一个重要而有意义的课题。目前，针对有限传输已取得一系列成果[130~135]。Montestruque 和 Antsaklis[131] 考虑到有限传输，提出基于模型的 NCSs 控制方法。文献[132]考虑到信号传输通过有限传输通道，将具有多包传输的 NCSs 建模为异步动态系统，给出稳定性条件。文献[133]研究了具有有限传输离散系统的鲁棒稳定性，控制信号通过有传输率限制的网络，给出鲁棒控制器设计方案。文献[134]研究一类通信受限 NCSs 的鲁棒 H_∞ 滤波问题，设计一个优化的通讯序列和滤波器，使滤波系统渐近稳定并且满足一定的鲁棒 H_∞ 性能指标。

1.2.7 变采样

网络控制系统可以看作采样系统，但由于网络诱导时延、数据包丢失和数据包错序等因素的存在，与采样系统相比更复杂。对于网络控制系统而言，采样频率的快慢影响系统的性能。为了使系统具有较好的性能指标，往往需要有快的采样频率，使得网络时延远小于采样周期。然而，采样频率较快，即采样周期较小，会加大网络负载，加剧信息资源相互竞争，导致网络拥塞，从而加大网络诱导时延，增多数据包丢失[15,54]。因此，如何根据具体的网络，选择合适的采样周期优化系统性能，实际为一个具有调度与控制性能约束的优化问题[135]。

针对 NCSs 的时变采样周期问题，一般分为被动采样和主动采样。多数文献假定采样周期为常数，但是计算机负载的变化、网络的影响、设备的老化以及一些偶发的事故都可能导致采样周期时变[136,137]，这种情况为被动采样。根据网络诱导时延、数据包丢失、数据包错序和其他不确定因素，调节采样周期，这种情况为主动采样。文献[138]假定采样时间在理想采样周期附近，并在有限个值之间按 Markov 链随机切换，将 NCSs 建模为切换系统，给出系统随机稳定的充分必要条件，采用锥补线性化等方法，设计使系统随机稳定的控制器。文献[61]设计动态调度策略，使得控制系统的采样周期实时变化，给出了系统 D-稳定的控制器设计方法，实现 NCSs 的控制与调度协同设计。文献[134]研究了多控制环的 NCSs 采样周期调度问题，通过 Truetime 工具箱，调动采样周期优化系统性能。进一步，文献[64]设计主动采样策略，给出具有丢包补偿的 NCSs 的 H_∞ 控制器设计方法。

1.2.8 量化问题

量化，即将连续信号转换为离散信号，是控制系统研究中的一个重要问题，网络中传输的数据必须经过量化才能被下一个节点使用。在传统的控制系统研究中，关于量化问题已取得丰硕的研究成果，为 NCSs 的量化控制奠定了理论基础。NCSs 量化反馈一般分为静态反馈[139,140]和动态反馈[141,142]，研究内容包括时不变系统[143]、单输入单输出系统[143]、多输入多输出系统[140]、有限传输系统[143,144]、保性能控制[145]和 H_∞ 控制[146]等。文献[146]提出描述网络条件和状态量化的新的 NCSs 模型，在此基础上，设计状态反馈量化策略，获得使系统稳定的条件和 H_∞ 干扰水平。随后，文献[144]研究了具有有限传输的 NCSs 输出反馈，提出输入输出量化反馈模型，得到改进的分离原理，通过求解 LMIs，获得基于观测器的控制器。文献[147]研究了量化反馈控制系统的分析与综合问题，考虑单输入和多输入两类系统，提出量化依赖的 Lyapunov 函数，获得少于保守的稳定性条件和 H_∞ 控制判据。

1.3　网络控制系统研究的重要问题

1.3.1　具有时延和数据包丢失的 NCSs 的分析与控制

因为网络作为信息传输的途径，不可避免地存在传输迟延和数据包丢失等问题。众所周知，这必然会对控制系统的性能指标造成负面影响，这使得对具有时延和数据包丢失的网络控制系统进行分析与控制变得尤为重要。对于具有时延和数据包丢失的 NCSs 的研究虽已取得一系列成果，但针对接近网络实际环境或实际真实 NCSs(如工业、商业 NCSs)的网络诱导时延和数据包的分析与控制有待进一步研究。

1.3.2　具有时延和数据包丢失补偿的 NCSs 优化控制

由于在网络传输中网络诱导时延和数据包丢失是不可避免的，它们的存在会降低系统性能指标，甚至使系统变得不稳定。那么研究一种有效补偿时延和数据包丢失的方法是非常重要的。目前，同时能补偿或预测网络诱导时延和数据包丢失的控制器设计方法有待深入研究。

1.3.3　具有错序的 NCSs 优化控制

数据传输错序已经是现代工业、商业网络化应用中的一个普遍现象。在 Internet的网络体系机构中，IP 层提供的是“尽己所能”的无保证的数据包传输服务，加之往往是多路由传输、错序等异常现象是不可避免的[86,148]。错序主要在以下三个方面影响网络性能：触发传输控制协议(TCP)的快速重传(fast retransmit)机制，导致不必要的重传，从而浪费带宽；导致 TCP 的拥塞控制窗口减小，影响充分利用带宽和网络传输速度；增加接收端的缓存开销以及降低了整体效率[149]。随着现代科技的高速发展，对带宽不断增长的需求促使网络中不保证数据包先进先出机制的转发设备逐渐被应用，错序呈现日趋普遍的现象[149]。实际工业模型仿真表明,辨识器端的错序导致无错序情况下设计的控制器失效,控制输出不收敛[87]。并且在实际控制系统中,由于数据包错序的发生大大地降低了系统的性能指标。因此,有必要研究网络控制系统中的错序问题。虽然关于网络中数据包的错序问题,已取得一些研究成果,但是建立能充分描述错序现象并且有效消除错序对系统性能影响的 NCSs 模型,却有待进一步研究,并且研究具有数据包错序的 NCSs 的控制与优化的文献还不多见。

1.3.4 NCSs 的能控性与能观性

能控性和能观性问题是 NCSs 研究的重点。针对 NCSs 中存在网络诱导时延和数据包丢失等情况,传统控制理论中能控性、能观性理论应用到 NCSs 时必须重新考虑,虽然对 NCSs 的研究已取得了较多的成果,但关于能控性和能观性问题的研究还鲜见报道。到目前为止,连续系统经网络离散后能控性和能观性是否改变的问题还未见讨论。具有时变时延和数据包丢失的 NCSs 的能控性和能观性判据有待进一步考虑。

1.3.5 输入受限的 NCSs 控制与优化

在实际的控制系统中,如化学装置、机械装备制造系统,往往控制输入受到约束。执行器饱和往往会严重影响系统的各项性能,甚至导致系统不稳定,以至于引起重大事故[91]。在 NCSs 的分析与控制中,如果不考虑输入受限,所得的控制器很难使系统镇定。研究这类问题不仅具有理论意义,更具有重要的实际意义。由于网络诱导时延、数据包丢失和错序等非理想因素的存在,NCSs 的饱和执行器问题变得更加复杂。目前,关于 NCSs 饱和执行器的问题还未得到充分研究,相关文献并不多见。

1.3.6 非线性 NCSs 的稳定性分析与控制

对于线性 NCSs 的分析与控制已取得许多研究成果,然而,由于非线性系统自身的复杂性加上 NCSs 中网络诱导时延、数据包丢失和错序等因素的存在,使得非线性 NCSs 的研究更加复杂。目前,关于非线性 NCSs 的文献还不多见。文献[30]针对非线性连续系统,根据时延变化率,给出获得 MADB 的方法。文献[150]采用精确线性化方法将非线性系统转化为线性系统,对于网络时延小于一个采样周期且在小范围随机变化的 NCSs,将其建模为不确定离散时滞系统,基于 LMIs 技术设计控制器。文献[151]设计基于观测器的控制器,获得使非线性 NCSs 稳定的充分条件。文献[152]将数据包丢失建成 Markov 链,基于模型方式,分析了非线性 NCSs 的稳定性。但是,针对非线性 NCSs,特别是非线性离散 NCSs,研究保持系统稳定的 MADB 的文献还不多见。

1.3.7 多输入多输出 NCSs

多包传输是指网络控制系统的传感器等系统部件的待发数据被分成多个数据包，信息由多个信道通过网络传输[153]。由于每个信道都不可避免地存在网络诱导时延、数据包丢失和错序等不确定因素，其数据不可能同时发送和到达目标节点。与单信道网络传输相比，MIMO 系统的分析与控制变得更加复杂。针对 MIMO NCSs 的文献还不多见，基于 MIMO NCSs 的性能优化有待进一步研究。

1.3.8 NCSs 的有限传输

网络控制系统具有全开放、安装维护简单、可靠、灵活及控制资源共享等优点[6,7]。然而，往往是多个用户终端共享网络资源，网络带宽和通信速率有限将造成网络资源的分配不均衡，降低控制性能[130]。如何充分利用有限资源得到最优化的控制性能，已成为当前 NCSs 研究的一个重要课题。

1.3.9 NCSs 的仿真

对于网络控制系统，控制器和被控对象采用的是网络连接，使得传统控制系统的仿真方法需要被重新考虑。仅仅用 Matlab 仿真，无法反映网络环境（网络诱导时延、数据包丢失、错序等）对系统的作用与影响。如图1.3所示，文献[154]提出基于 Matlab、Visual C++和 Active X 自动化的方法，实时仿真 NCSs。

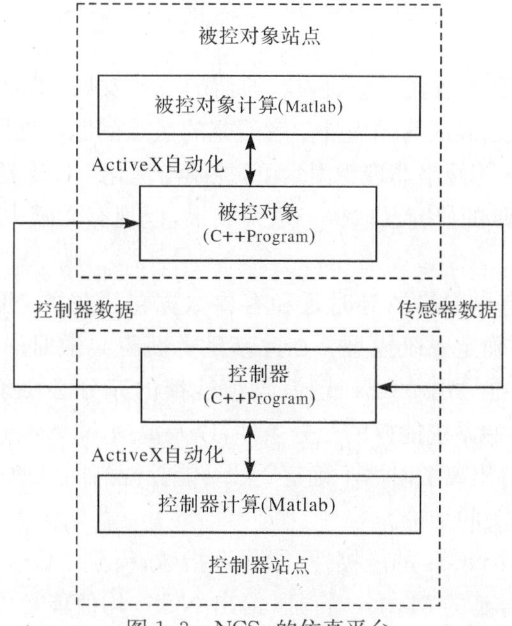

图1.3 NCSs 的仿真平台

目前很多学者采用 Dan 和 Anton 提出的名为 Truetime 的 NCSs 仿真工具箱。利用这种工具箱可以构建分布式实时控制系统的动态过程，控制任务执行以及网络交互的联合仿真环境，可以研究各种调度策略和网络协议对系统性能的影响[1]。图 1.4 给出应用 Truetime 仿真 NCSs 的平台[155]。还有其他仿真方法，如 NS2[156]、NCS_simu 等。但是应用 NCS_simu 仿真 NCSs 的文献不多见。

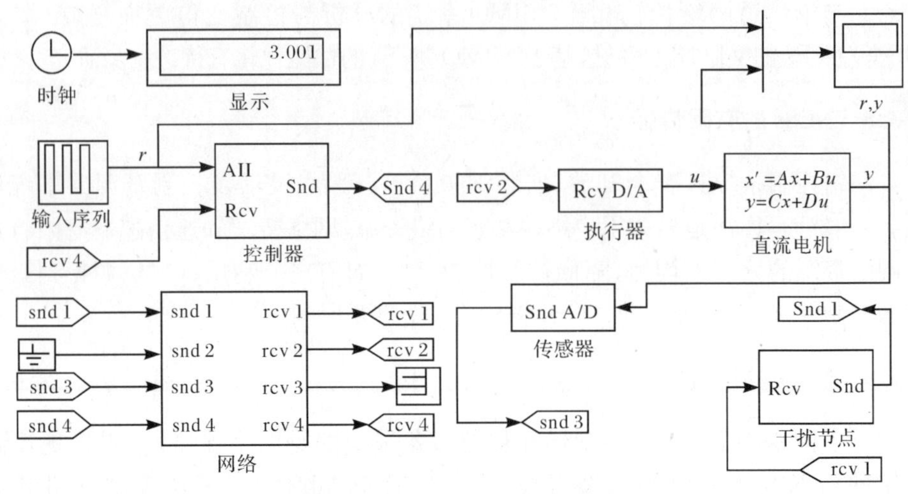

图 1.4　基于 TrueTime 实现的 NCSs 仿真平台

1.4　本书主要研究成果

进入 21 世纪，随着现代经济、科技、通信的飞速发展，工业、商业、外交等呈现全球网络化，NCSs 已经成为国内外学者研究的热点问题。在网络诱导时延、数据包丢失、数据包错序等网络非理想因素下，控制与优化 NCSs 具有重要的理论和实际意义。对于 NCSs 的研究已取得一系列成果，但现有文献中仍存在一些问题有待进一步研究。

① 针对具有有界网络诱导时延和有界数据包丢失的 NCSs，建立基于网络 QoS 的离散时滞不确定系统模型。在此基础上获得离散时滞不确定 NCSs 的能控性、能观性指数，推导出 NCSs 能控、均值能控的充分必要条件，进而得到离散 NCSs 能控，则原初始系统能控的充分条件，以及离散 NCSs 与原初始系统具有相同能观性的条件，得出离散时滞不确定 NCSs 能控性与网络诱导时延相关、能观性与网络诱导时延无关的结论。

研究特色：获得 NCSs 的能控性、能观性指数；得到 NCSs 完全能控的充要条件；基于网络诱导时延的 Markov 特征，给出 NCSs 均值能控的充要条件，此条件改进文献[120]中的结果；得到离散时滞不确定 NCSs 能控性与网络诱导时延相关，能观性与网络诱导时延无关的结论。

② 考虑到长时延 NCSs 具有数据包丢失且有数据包时序错乱的情况，并考虑了系统具有噪声干扰这一问题，建立了具有事件率约束的异步动态切换系统；对控制器施加饱和非线性约束，保证控制输入有界，进一步研究了该系统的 H_∞ 控制问题。

研究特色：建立的模型更接近实际 NCSs 情况，具有一定的可行性；所获得的具有饱和非线性约束 H_∞ 次优、最优控制的充分条件和抗饱和控制器具有一般性，即综合考虑时延、不确定性、外部干扰、动态控制器。

③ 首先给出具有任意时延和数据包丢失的 NCSs 模型，并给出其渐近稳定的充分条件，在此基础上建立了具有任意时延和丢包补偿器的切换系统，同时给出其稳定性判据，进一步得出 H_∞ 干扰衰减度 γ 存在的充分条件及控制律。仿真对比表明：具有丢包补偿器的 NCSs 稳定效果更好；进一步，设计状态观测器，将具有网络诱导时延和数据包丢失补偿的 NCSs 建模为 Markov 跳变系统，获得系统随机稳定且具有 H_∞ 范数界 γ 的充分条件。通过 LMIs 方式，获得控制器设计方案。算例表明在更为一般的网络框架下，本章方法具有较好的仿真效果。

研究特色：补偿方案同时考虑网络诱导时延和数据包丢失，并与网络诱导时延的 Markov 特征相结合。

④ 提出能充分描述错序现象并能有效消除错序影响的新的 NCSs 模型，基于矩阵理论，此模型转化为具有多步时滞的参数不确定离散系统，获得保证系统稳定的 MADB；进一步，选用改进的 Lyapunov 函数，给出新的 H_∞ 控制判据，基于 LMIs 求解最小化问题，获得优化 H_∞ 控制器。

研究特色：

A. 研究 NCSs 中数据包错序问题，引入数据包偏移值的概念，将连续系统离散化，建立能充分描述错序现象并能有效消除错序对系统性能影响的新的 NCSs 模型。此模型是对现存文献中未考虑错序现象的离散多时滞系统的扩展。

B. 利用网络时延的上下界并通过引入矩阵 $\boldsymbol{R}_i$ 和 $\boldsymbol{S}_i(i=1,2,\cdots,h)$，考虑以二次型形式给出的多种系统状态和滞后状态信息的组合，提出改进的 Lyapunov 函数。给出新的 H_∞ 稳定性判据。不同以往方法，为获得少于保守的结果，稳定性判据通过避免交叉项和网络时延界的放大获得（如 $-\tau_m\int_{t-\tau_m}^{t}\dot{\boldsymbol{x}}^{\mathrm{T}}(s)\boldsymbol{R}_1\dot{\boldsymbol{x}}(s)\mathrm{d}s$[19~20]）。利用 LMIs 解最小化问题设计 H_∞ 控制器。

⑤ 基于 Lyapunov 方法和图论理论，分别针对被控系统的离散模型和连续模型，研究了非线性 NCSs 的稳定性问题，并分别给出保持系统稳定的 MADB；将区间系统与 NCSs 结合，利用图论中赋权有向图理论，给出具有任意网络诱导时延和

数据包丢失的 NCSs 区间稳定的一种新图论方法。设计算法，获得时滞依赖控制器，针对同一时延和丢包情况，能获得 2^n 个控制器增益矩阵；利用区间矩阵的谱特征，得到 NCSs 区间稳定的图条件，进一步获得比例积分反馈控制器增益。

研究特色：

A. 基于图论理论，给出非线性网络控制系统渐近稳定的充分条件，获得控制器设计方法，得到 MADB。

B. 应用图论算法求解控制器，避免了不等式之间的相互转换，获得时滞依赖控制器增益，且对同一时延和丢包情况得到多个控制器增益，从而更有效地镇定系统。

C. 将区间系统与 NCSs 结合，给出 NCSs 区间稳定的图条件；利用区间矩阵的谱特征，获得比例积分反馈控制器增益，计算简便。

参 考 文 献

[1] 岳东，彭晨，Han Q L. 网络控制系统的分析与综合. 北京：科学出版社，2007.

[2] Zhang W, Branicky M S, Phillips M. Stability of networked control systems. IEEE Control Systems Magazine, 2001, 21(1): 84－99.

[3] Walsh G C, Ye H, Bushnell L G. Stability analysis of networked control systems//Proceedings of the 1999 American Control Conference, 1999: 2876－2880.

[4] Murray R M, Astrom K J, Boyd S P, et al. Future directions in control in an information rich world. IEEE Control Systems Magazine, 2003, 23(2): 20－33.

[5] 张庆灵，邱占芝. 网络控制系统. 北京：科学出版社，2007.

[6] Hespanha J P, Naghshtabrizi P, Xu Y G. A survey of recent results in networked control systems//Proceedings of the IEEE, 2007, 95 (1): 138－162.

[7] Baillieul J, Antsaklis P. Special issue on industrial communication systems. Proceedings of the IEEE, 2007, 95(1).

[8] Antsaklis P, Baillieul J. Special issue on networked control systems. IEEE Transactions on Automatic Control, 2004, 49(9).

[9] 于海斌，张庆灵，方华京，等. 网络控制系统专刊. 信息与控制，2007, 36(3).

[10] Tipsuwan Y, Chow M Y. Control methodologies in networked control systems. Control Engineering Practice, 2003, 11(10): 1099－1111.

[11] Yang T C. Networked control system: a brief survey. IEE Proceedings: Control Theory and Applications, 2006, 153(4): 403－412.

[12] 黄心汉，严怀诚，王敏. 多时滞不确定网络控制系统的时滞独立稳定判据. 控制与决策，2007, 21(11): 1293－1296.

[13] 严怀诚，黄心汉，王敏. 多时滞不确定网络控制系统的稳定性分析. 华中科技大学学报，2008, 36(2): 30－34.

[14] 樊卫华，蔡骅，陈庆伟，等. 时延网络控制系统的稳定性. 控制理论与应用，2004, 21(6):

6880－6884.

[15] Walsh G C, Ye H. Scheduling of networked control systems. IEEE Control Systems Magazine, 2001, 21(1): 57－65.

[16] Hong S H. Scheduling algorithm of data sampling times in the integrated communication and control systems. IEEE Transactions on Control Systems Technology, 1995, 3(2): 225－230.

[17] Kim D S, Lee Y S, Kwon W H, et al. Maximum allowable delay bounds of networked control systems. Control Engineering Practice, 2003, 11(11): 1301－1313.

[18] Peng C, Yue D. Maximum allowable equivalent delay bound of networked control systems//Proceedings of the 6th World Congress on Intelligent Control and Automation, 2006: 4547－4550.

[19] Yue D, Han Q L, Lam J. Network-based robust H_∞ control of systems with uncertainty. Automatica, 2005, 41(6): 999－1007.

[20] Jiang X F, Han Q L, Liu S R, et al. A new H_∞ stabilization criterion for networked control systems. IEEE Transaction on Automatic Control, 2008, 53(4): 1025－1032.

[21] 马卫国，邵诚. 具有长时延及丢包的网络控制系统稳定性分析. 控制与决策，2007, 22(1): 21－29.

[22] 刘明，张庆灵，邱占芝. 有时延和数据包丢失的网络控制系统反馈控制. 系统工程与电子技术，2007, 29(2): 262－268.

[23] Mao Z H, Jiang B. Fault estimation and accommodation for networked control systems with transfer delay. Acta Automatica Sinica, 2007, 33(7): 738－743.

[24] Luck R, Ray A. Experimental verification of a delay compensation algorithm for integrated communication and control systems. International Journal of Control, 1994, 59(6): 1357－1372.

[25] Ma C L, Fang H J. Research on stochastic control of networked control systems. Communications in Nonlinear Science and Numerical Simulation, 2007, 14(2): 500－507.

[26] Ma C L, Fang H J. Stochastic stabilization analysis of networked control systems. Journal of Systems and Electronics, 2007, 18(1): 137－141.

[27] Ma C L, Chen S M, Liu W. Maximum allowable delay bound of networked control systems with multi-step delay. Simulation Modelling Practice and Theory, 2007, 15(5): 513－520.

[28] Hu S S, Zhu Q X. Stochastic optimal control and analysis of stability of networked control systems with long delay. Automatica, 2003, 39(6): 1877－1884.

[29] Yu M, Wang L, Chu T, et al. Modelling and control of networked systems via jump system approach. IET Control Theory and Applications, 2008, 2(6): 535－541.

[30] Yue D, Han Q L. Delay-dependent exponential stability of stochastic systems with time-varying delay, nonlinearity, and markovian switching. IEEE Transactions on Automatic Control, 2005, 50(2): 217－222.

[31] Li S B, Wang Z, Sun Y X. Delay-dependent controller design for networked control systems

with long time delays: an iterative LMI method//Proceedings of the 5th World Congress on Intelligent Control and Automation, 2004: 1338—1342.

[32] Matías G R, Antonio B. Analysis of networked control systems with drops and variable delays. Automatica, 2007, 43(12): 2054—2059.

[33] Liu Y Z. Modeling and analysis of networked control systems with time delay and data packet dropout//Proceedings of the 6th World Congress on Intelligent Control and Automation, 2006: 4609—4613.

[34] Xie G M, Wang L. Stabilization of networked control systems with time-varying network-induced delay//Proceedings of the 43rd IEEE Conference on Decision and Control, 2004: 3551—3556.

[35] He Y, Liu G P, Rees D, et al. Improved stabilisation method for networked control systems. IET Control Theory and Applications, 2007, 1(6): 1580—1585.

[36] Sun L X, Guan S P. A uniform modeling of networked control system with random delays//Proceedings of the 6th World Congress on Intelligent Control and Automation, 2006: 4509—4512.

[37] Zhu Q X, Liu H L, Hu S S. Uniformed model of networked control systems with long time delay. Journal of Systems Engineering and Electronics, 2008, 19(2): 385—390.

[38] Yang Y, Wang Y J. Modeling and control for NCS with time-varying long delays//Proceedings of the 4th International Conference on Machine Learning and Cybernetics, 2005: 1407—1411.

[39] Pratl G, Dietrich D, Hancke G P, et al. A new model for autonomous, networked control systems. IEEE Transactions on Industrial Informatics, 2007, 3(1): 21—32.

[40] Fujioka H. Stability analysis for a class of networked/embedded control systems: output feedback case//Proceedings of the 17th World Congress the International Federation of Automatic Control, 2008: 4210—4215.

[41] Zhang L, Varsakelis D H. Stabilization of networked control systems under feedback-based communication//Proceedings of the 2005 American Control Conference, 2005: 2933—2938.

[42] Neìsic D, Teel A R. Input-output stability properties of networked control systems. IEEE Transaction on Automatic Control, 2004, 49(10): 1650—1667.

[43] 王艳. 数据包丢失网络控制系统的保成本控制. 控制理论与应用, 2007, 24(2): 249—254.

[44] Peng C, Yue D. Suboptimal guaranteed cost controller design for networked control systems//Proceedings of the 6th World Congress on Intelligent Control and Automation, 2006: 224—228.

[45] Liu M, Daniel W C H. Guaranteed cost control for networked control system with long time-delay//Proceedings of the 2007 IEEE International Conference on Control and Automation, 2007: 1565—1569.

[46] Patankar R. A model for fault-tolerant networked control system using TTP/C communication. IEEE Transactions on Vehicular Technology, 2004, 53(5): 1461—1467.

[47] Klinkhieo S, Kambhampati C, Patton R J. Fault tolerant control in NCS medium access constraints //Proceedings of the 2007 IEEE International Conference on Networking, Sensing and Control, 2007: 416－423.

[48] Mao Z H, Jiang B, Zhang Y W. Fault-tolerant control for MIMO networked control systems with uncertainties//Proceedings of the 6th World Congress on Control and Automation, 2006: 5488－5492.

[49] Mao Z, Jiang B, Shi P. H_∞ fault detection filter design for networked control systems modelled by discrete Markovian jump systems. IET Control Theory and Applications, 2007, 1(5): 1336－1343.

[50] Alessandri D, Cachin C, Dacier M, et al. Towards a taxonomy of intrusion detection systems and attacks, RZ-3366. Zurich: IBM Research Laboratory, 2001.

[51] Frank S, Ross J A. The resurrecting ducking: security issues for ad-hoc wireless networks. Lecture Notes in Computer Science, 1999: 172－194.

[52] Chan H, Ozgiiner O. Closed-loop control of systems over a communication network with queues. International Journal of Control, 1995, 62(3): 493－510.

[53] 邬春学，余镇危. 长时延 NCS 的结构特性与建模. 计算机工程与应用，2005，20(3)：22－24.

[54] Yue D, Han Q L, Peng C. State feedback controller design of networked control systems. IEEE Transactions on Circuits and Systems-II: Express Briefs, 2004, 51(11): 640－644.

[55] Luck R, Ray A. An observer-based compensator for distributed delays. Automatica, 1990, 26(5): 903－908.

[56] 于之训，陈辉堂，王月娟. 具有随机通讯延迟和噪声干扰的网络系统控制. 控制与决策，2000，15(5)：518－522.

[57] 于之训，陈辉堂，蒋平. 具有传输延迟的网络控制系统中状态观测器的设计. 信息与控制，2000，15(3)：125－130.

[58] Nilsson J, Bernhardsson B, Wittenmark B. Stochastic analysis and control of real-time systems with random time delays. Automatica, 1998, 34 (1): 57－64.

[59] Yue D, Tian E G, Zhang Y J, et al. Delay-distribution-dependent robust stability of uncertain systems with time-varying delay. International Journal of Robust and Nonlinear Control, 2009, 19(4): 377－393.

[60] 王艳，纪志成，谢林柏，等. 基于变采样周期方法的网络控制系统协同设计. 系统仿真学报，2008，20 (8)：2108－2114.

[61] Sun J, Liu G P. State feedback control of networked systems-an LMI approach//Proceedings of the 2006 IEEE International Conference on Networking, Sensing and Control, 2006: 637－642.

[62] Pan Y J, Marquez H J, Chen T W. Remote stabilization of networked control systems with unknown time varying delays by LMI techniques//Proceedings of the 44th IEEE Conference on Decision and Control, 2005: 1589－1594.

[63] Wang Y L, Yang G H. H_∞ controller design for networked control systems via active varying sampling period method. Acta Automatica Sinica, 2008, 34(7): 814－818.

[64] Wang Y L, Yang G H. H_∞ control of networked control systems with time delay and packet disordering. IET Control Theory and Applications, 2007, 1(5): 1344－1354.

[65] Park H S, Kim Y H, Kim D S, et al. A scheduling method for network-based control systems. IEEE Transactions on Control Systems Technology, 2002, 10(3): 318－330.

[66] Rabello A, Bhaya A. Stability of asynchronous dynamical systems with rate constraints and applications. IEE Proceedings Control Theory and Applications, 2003, 150(5): 546－550.

[67] Azimi S B. Stability of networked control systems in the presence of packet losses//Proceedings of the 42nd IEEE Conference on Decision and Control, 2003: 676－681.

[68] Ishii H. H_∞ control with limited communication and message losses. Systems and Control Letters, 2007, 57(4): 322－331.

[69] Xiong J L, Lam J. Stabilization of linear systems over networks with bounded packet loss. Automatica, 2007, 43(1): 80－87.

[70] Fan W, Cai H, Chen Q, et al. Networked control systems modeling using asynchronous dynamical systems. Journal of Southeast University, 2003, 33(2): 194－196.

[71] 张小美，郑蕃，许建强，等. 存在时延和数据包丢失的网络控制系统的控制器设计. 信息与控制，2006，35(3)：339－345.

[72] 胡晓娅，朱德森，汪秉文. 网络控制系统的时延补偿策略研究. 系统工程与电子技术，2005，27(11)：1932－1934.

[73] 闫冬梅. 网络控制系统的延时补偿方法. 长春工业大学学报(自然科学版)，2006，127(2)：153－156.

[74] Wang Z W, Guo G. Delay compensation for networked control systems//Proceedings of the 1st International Conference on Innovative Computing, Information and Control, 2006: 132－135.

[75] Long C N, Dai S F, Guan X P. The compensation method of networked control system with data-packet dropout//Proceedings of the 5th World congress on intelligent control and automation, 2004: 1348－1351.

[76] Soglo B A, Yang X H. Networked control system compensator design and stability analysis. International Conference on Control and Automation, 2005: 27－29.

[77] Li S B, Wang Z, Sun Y X. Observer-based compensator design for networked control systems with long time delays//Proceedings of the 30th Annual Conference of the IEEE industrial Electronics Society, 2004: 678－683.

[78] 索格罗，阳宪惠. 网络传输迟延与丢包的补偿及系统稳定性分析. 控制与决策，2006，21(2)：201－204.

[79] Kim W J, Ji K, Ambike A. Networked real-time control strategies dealing with stochastic time delays and packet losses//Proceedings of the American Control Conference, 2005: 621－626.

[80] Liu G P, Rees D. Stability criteria of networked predictive control systems with random network delay//Proceedings of the 44th IEEE Conference on Decision and Control, and the European Control Conference, 2005: 203－208.

[81] Xia Y Q, Chen J, Liu G P, et al. Stability analysis of networked predictive control systems with random network delay//Proceedings of the 2007 IEEE International Conference on Networking, Sensing and Control, 2007: 815－820.

[82] Liu G P, Mu J X, Rees D, et al. Design and stability analysis of networked control systems with random communication time delay using the modified MPC. International Journal of Control, 2006, 59(4): 288－297.

[83] Hu W S, Liu G P, Rees D. Event-driven networked predictive control. IEEE Transations on Industrial Electronics, 2007, 54 (3): 1603－1613.

[84] Liu G P, Xia Y Q, Rees D, et al. Design and stability criteria of networked predictive control systems with random network delay in the feedback channel. IEEE Transactions on Systems, Man, and Cybernetics-part C: Applications and Review, 2007, 37(2): 173－184.

[85] Wang Y L, Yang G H. Multiple communication channels-based packet dropout compensation for networked control systems. IET Control Theory and Applications, 2008, 2(8): 717－727.

[86] Bennett J C R, Partridge C, Shectman N. Packet reordering is not pathological network behavior. IEEE/ACM Trans. Networking, 1999, 7(6): 789－798.

[87] 李力雄. 基于网络整定的控制系统中网络诱导延时的分析及解决方法研究. 上海：上海大学博士学位论文，2005.

[88] 李毅，胡保生，彭勤科. 随机长延迟同步网络控制系统的建模与最优控制. 信息与控制，2006，35(3)：346－354.

[89] Wang Y L, Yang G H. Control of networked control systems with delay and packet disordering via predictive method//Proceedings of the 2007 American Control Conference Marriott Marquis Hotel at Times Square, 2007: 1021－1026.

[90] 彭晨，岳东. 网络环境下不确定时滞系统鲁棒 H_∞ 控制. 自动化学报，2007，33(10)：1093－1096.

[91] Zhang X M, Tang H J, Lu G P. Stabilization of networked stochastic systems subject to actuator saturation//Proceedings of the 26th Chinese Control Conference, 2007: 33－37.

[92] 邱占芝，张庆灵. 一类不确定时延状态反馈网络化系统鲁棒稳定性. 东北大学学报(自然科学版)，2006，27(2)：131－133.

[93] 邱占芝，张庆灵. 一类多输入多输出网络控制系统的稳定性分析. 控制与决策，2005，20(5)：525－544.

[94] Liu Q, Li Y. Modeling and stability analysis of networked robot system with network-induced delay and data dropout//Proceedings of the First International Conference on Communications and Networking, 2006: 1－5.

[95] Phata V N, Jiang J M, Savkin A V, et al. Robust stabilization of linear uncertain discrete-

time systems via a limited capacity communication channel. Systems and Control Letters, 2004, 53(5): 347—360.

[96] Savkin A V, Cheng T M. Detectability and output feedback stabilizability of nonlinear networked control systems. IEEE Transactions on Automatic Control, 2007, 52(4): 730—735.

[97] 张喜民, 李建东, 陈实. 具有时延和数据包丢失的网络控制系统稳定性. 控制理论与应用, 2007, 24(3): 494—497.

[98] Liu L M, Tong C N, Zhang H J. Analysis and design of networked control systems with long delays based on Markovian jump model//Proceedings of the 4th International Conference on Machine Learning and Cybernetics, 2005: 953—959.

[99] Huang D, Nguang S K. State feedback control of uncertain networked control systems with random time delays. IEEE Transactions on Automatic Control, 2008, 53(3): 829—834.

[100] Zhang L Q, Shi Y, Chen T W, et al. A new method for stabilization of networked control systems with random delays. IEEE Transactions on Automatic Control, 2005, 50(8): 1177—1181.

[101] Chen W H, Guan Z H, Lu X. Delay-dependent guaranteed cost control for uncertain discrete-time systems with delay. Control Theory and Applications, 2003, 150(4): 412—416.

[102] Fridman E, Shaked U. An LMI approach to stability of discrete delay systems//Proceedings of the European Control Conference, 2003: 1—6.

[103] Fridman E, Shaked U. Stability and guaranteed cost of uncertain discrete delay systems. International Journal of Control, 2005, 78(4): 235—246.

[104] Gao H, Lam J, Wang C, et al. Delay-dependent output-feedback stabilisation of discrete-time systems with time-varying state delay. Control Theory and Applications, 2004, 151: 691—698.

[105] Sun Y M, Shen Y X, Ji Z C. Nonquadratic Lyapunov function based control law design for discrete fuzzy systems with state and input delays//Proceedings of the 2008 American Control Conference, 2008: 4887—4892.

[106] Gao H J, Chen T W. New results on stability of discrete-time Systems with time-varying state delay. IEEE Transactions on Automatic Control, 2007, 52(2): 328—334.

[107] Christensen J H, Rudd D F. Structuring design computations. American Institute of Chemical Engineers, 1969, 15: 94—100.

[108] Lee W, Rudd D F. On the ordering of recycles calculations. American Institute of Chemical Engineers, 1966, 12: 1184—1190.

[109] Fax J A, Murray R M. Information flow and cooperative control of vehicle formations. IEEE Transactions on Automatic Control, 2004, 49(9): 1465—1476.

[110] Barooah P, Hespanha J P. Graph effective resistance and distribute control: spectral properties and applications//Proceedings of the 45th IEEE conference on Decision and Control, 2006: 3479—3485.

[111] Callier F M, Nahum C D. Necessary and sufficient conditions for the complete controlla-

bility and observability of systems in series using the coprime factorization of a rational matrix. IEEE Transactions on Circuits and Systems,1975,22(2):90—95.

[112] Yang P,Xie G,Wang L. Controllability of linear discrete-time systems with time-delay in state and control. http://dean. pku. edu. cn/bksky/1999tzlwj/4. pdf.

[113] Yang P,Xie G,Wang L. Controllability of linear discrete-time systems with time-delay in state. http://dean. pku. edu. cn/bksky/1999tzlwj/5. pdf.

[114] Zhang G F, Zhang Q L. A geometric approach to controllability and observability of descriptor systems//Proceedings Of ASCC,2000:868—871.

[115] Gao H J,Chen,T W. Network-based H_∞ output tracking control. IEEE Transactions on Automatic Control,2008,53(3):655—667.

[116] Sun Z G,Xiao L,Zhu D S. Analysis of networked control systems with multiple-packet transmission//Proceedings of the 5th World Congress on Intelligent Control and Automation,2004:1357—1360.

[117] Dačiić D B,Nešić D. Quadratic stabilization of linear networked control systems via simultaneous protocol and controller design. Automatica,2007,43(7):1145—1155.

[118] Bienvenu A S, Yang X H. Networked control system compensator design and stability analysis//Proceedings of the International Conference on Control and Automation,2005:27—29.

[119] Cosmin I, Arben C, Mongi B G. Controllability and observability of input/output delay discrete systems//Proceeding of the 2006 American control conference, 2006:3513—3518.

[120] Zhu Q X,Hu S S. Controllability and observability of networked control systems. Control and Decision,2004,19(2):157—161.

[121] Sontag E D. Mathematical control theory: deterministic finite dimensional systems. New York:Springer,1998.

[122] 方来华. 网络控制系统分析、建模及控制研究. 天津:天津大学博士学位论文,2005.

[123] 杨业,王永骥. 一类多包传输网络控制系统的设计及稳定性分析. 信息与控制,2005,34(2):129—132.

[124] Yan H C,Huang X H,Wang M,et al. Delay-dependent stability criteria for a class of networked control systems with multi-input and multi-output. Chaos,Solitons and Fractals,2007,34(3):997—1005.

[125] Lian F L,Moyne J,Tilbury D. Analysis and modeling of networked control systems:MIMO case with multiple time delays//Proceedings of the American Control Conference,2001:4306—4312.

[126] 刘鲁源,吕伟杰,陈玉柱. MIMO 网络控制系统的稳定性分析. 信息与控制,2006,35(3):393—397.

[127] 孙海燕,侯朝桢. 具有数据包丢失及多包传输的网络控制系统稳定性. 控制与决策,2005,20(5):511—515.

[128] 严怀成，黄心汉，王敏. 不确定多时变时滞网络控制系统的时滞相关稳定性. 控制理论与应用，2008，25(2)：303－306.

[129] Sala A. Computer control under time-varying sampling period：an LMI gridding approach. Automatica，2005，41(12)：2077－2082.

[130] 王俊波，胥布工. 资源受限的网络控制系统调度. 控制与决策，2008，23(5)：551－554.

[131] Montestruque L A，Antsaklis P J. On the model-based control of networked control systems. Automatica，2004，39(10)：1837－1843.

[132] Tian L，Ge Y，Liu Z A. Analysis of networked control systems with communication constraints//Proceedings of the 6th World Congress on Intelligent Control and Automation，2006：4535－453.

[133] Phata V N，Jianga J M，Savkina A V，et al. Robust stabilization of linear uncertain discrete-time systems via a limited capacity communication channel. Systems and Control Letters，2004，53(5)：347－360.

[134] 夏红伟，马广程，王常虹，马闯. 一类通讯受限不确定网络控制系统鲁棒 H_∞ 滤波. 控制与决策，2008，23(8)：888－893.

[135] Yu H W，Zheng Y F，Wang Z M，et al. Stabilization of a class of nonlinear sampled-data control systems//Proceeding of the 6th Word Congress on Intelligent Control and Automation，2006：853－857.

[136] Hu B，Michel A N. Stability analysis of digital feedback control systems with time-varying sampling periods. Automatica，2000，36(6)：897－905.

[137] 张宏礼，井元伟，张嗣瀛. 时变采样网络控制系统的控制器设计//Proceedings of the 27th Chinese Control Conference，2008：129－133.

[138] Peng C，Yue D，Gu Z，et al. Sampling period scheduling of networked control systems with multiple-control loops. Mathematics and Computers in Simulation，2008.

[139] Fagnani F，Zampieri S. Stability analysis and synthesis for scalar linear systems with a quantized feedback. IEEE Transactions on Automatic Control，2003，48(9)：1569－1584.

[140] Fu M，Xie L. The sector bound approach to quantized feedback control. IEEE Transactions on Automatic Control，2005，50(11)：1698－1711.

[141] Ling Q，Lemmon M D. Stability of quantized control systems under dynamic bit assignment. IEEE Transactions on Automatic Control，2005，50(5)：734－740.

[142] Tatikonda S，Mitter S. Control under communication constraints. IEEE Transactions on Automatic Control，2004，49(7)：1056－1068.

[143] Elia N，Mitter S K. Stabilization of linear systems with limited information. IEEE Transactions on Automatic Control，2001，46(9)：1384－1400.

[144] Tian E G，Yue D，Peng C. Quantized output feedback control for networked control systems. Information Sciences，2008，178(12)：2734－2749.

[145] Yue D，Peng C，Tang G Y. Guaranteed cost control of linear systems over networks with state and input quantisations. Control Theory and Application，2006，153(6)：658－664.

[146] Peng C, Tian Y C. Networked H_∞ control of linear systems with state quantization. Information Sciences, 2007, 177(24): 5763－5774.

[147] Gao H J, Chen T G. A new approach to quantized feedback control systems. Automatica, 2008, 44(2): 534－542.

[148] Iannaccone G, Jaiswal S, Diot C. Packet reordering inside the sprint backbone, TR01-ATL-062917. USA: Sprint ATL, 2001.

[149] 王翌，吕国晗，李星. Internet 中的数据包错序研究. 华中科技大学学报，2003，31(10)：69－71.

[150] 杨业，王永骥，吴浩. 非线性系统的网络化控制研究. 系统工程与电子技术，2007，29(3)：419－421.

[151] Sun J, Liu G P. Robust stabilization of a class of nonlinear networked control systems//Proceedings of the 25th Chinese Control Conference, 2006: 2035－2040.

[152] Mastellone S, Abdallah C T, Dorato P. Model-based networked control for nonlinear systems with stochastic packet dropout//Proceedings of the 2005 American Control Conference, 2005: 2365－2370.

[153] 樊卫华，蔡骅，周川，等. MIMO 网络控制系统的建模与分析. 控制理论与应用，2005，22(3)：487－490.

[154] 胡晓娅. 基于交换式以太网的网络控制系统研究. 广州：华中科技大学博士学位论文，2006.

[155] 张奇智，张卫东. 网络控制系统中的时戳预测函数控制. 控制理论与应用，2006，23(1)：126－129.

[156] Hasan S M, Harding C H, Yu H N, et al. Modeling delay and packet drop in networked control systems using network simulator NS2. International Journal of Automation and Computing, 2005, 2(2): 187－194.

第2章 预备知识

本章主要介绍书中用到的控制理论、图论和区间系统中的一些基本概念、符号和引理。

2.1 控制理论基本概念

1. 稳定性

系统的稳定性，就是系统在受到小的外界扰动后，被调量与规定量之间偏差值的过渡过程的收敛性，稳定性是系统的一个动态属性[1]。在实际控制系统中，不稳定的系统需要设计控制器镇定系统，进而研究其综合与设计问题。对 NCSs 而言，系统的稳定性同样是首要研究的问题，是 NCSs 的一个基本问题。无论是利用确定性理论、随机理论和图论理论研究 NCSs 的预测、状态观测、极点配置，还是研究系统的性能优化，都不可避免地要遇到系统稳定性问题。由于网络中不可避免地存在网络诱导时延、数据包丢失、数据包错序、外界干扰等非理想因素，使得系统的稳定性分析相对于传统的控制系统更加复杂。在研究 NCSs 的稳定性时，应该考虑网络中的非理想因素，设计控制策略使系统镇定。

稳定性分为渐近稳定和指数稳定；针对随机系统有随机稳定、均方稳定和均方指数稳定；针对鲁棒系统有鲁棒稳定。俄国数学家李雅普诺夫(Lyapunov)提出了著名的 Lyapunov 方法，给出 Lyapunov 意义下的稳定性定义和判据。Lyapunov方法有效地适用于线性和非线性、时变与时不变控制系统，适用于网络控制系统。Lyapunov 第一方法利用微分方程求解，根据状态方程解的性质判断系统的稳定性，也称为间接法。Lyapunov 第二方法不需要求出微分方程的解，构造 Lyapunov 函数，通过 Lyapunov 函数的导数或差分确定系统的稳定性。第二方法也称为直接法。尽管构造 Lyapunov 函数需要相当多的经验和技巧，然而针对复杂的系统，如时滞系统、非线性系统以及广义系统，Lyapunov 第二方法能够解决稳定性问题。

2. 鲁棒控制

鲁棒控制是 NCSs 的一个研究热点。由于在实际的网络化控制系统中，系统本身的不确定性(如参数估计误差、系统运行误差、计算误差等)和外界的不确定性(如网络诱导时延、数据包丢失、抖动、噪音等)是不可避免的,如果不考虑这些因素研究系统的分析与控制,必然是没有实际意义的。鲁棒稳定是指对所有的不确定性,系统都是稳定的[2]。鲁棒控制是指在受控系统存在内部不确定性和(或)外部干扰的情况下,设计反馈控制器,使闭环系统满足预定的某项或某几项性能指标[2]。一般情况,NCSs 的鲁棒系统模型如式(2.1)和式(2.2)所示。

$$\dot{\boldsymbol{x}}(t)=(\boldsymbol{A}+\Delta\boldsymbol{A})\boldsymbol{x}(t)+(\boldsymbol{B}+\Delta\boldsymbol{B})\boldsymbol{u}(t-\tau) \tag{2.1}$$

其中,$\boldsymbol{x}(t)$和 $\boldsymbol{u}(t)$分别为系统状态和控制输入;τ 为网络诱导时延;$\boldsymbol{A}$ 和 $\boldsymbol{B}$ 为适维矩阵;$\Delta\boldsymbol{A}$ 和 $\Delta\boldsymbol{B}$ 为系统的不确定项。

$$\boldsymbol{x}_{k+1}=(\boldsymbol{A}+\Delta\boldsymbol{A})\boldsymbol{x}_k+(\boldsymbol{B}+\Delta\boldsymbol{B})\boldsymbol{u}_{k-i} \tag{2.2}$$

其中,$\boldsymbol{x}_k=\boldsymbol{x}(kT)$和 $\boldsymbol{u}_k=(kT)$分别为系统状态和控制输入;网络诱导时延 $\tau^k=iT$;T 为采样周期;i 和 T 为正整数。

部分学者利用矩阵理论,将网络诱导时延转化为系统的不确定性[3,4],或者将网络诱导时延看成是一个扰动块,将 NCSs 转化成 μ 综合的标准结构[5],根据鲁棒理论,对系统分析与控制。

3. H_∞ 控制

系统性能的"好"与"坏",是指系统抑制外部干扰能力的强与弱。如果对某种外部干扰,系统的被调输出总是很小,那么称此系统性能"好",反之,具有"坏"的性能[6]。有多种方法刻画系统的性能指标,H_∞ 性能指标是其中的一种,被证明是一个非常有用的性能量测值。设计控制器,使系统稳定并具有 H_∞ 性能指标称为 H_∞ 控制。H_∞ 控制理论最初由加拿大学者 Zames 于 1981 年提出[7]。这一理论得到迅速发展,广泛应用于各种系统模型中,如定常系统、时变系统、线性系统、非线性系统、连续系统、离散系统、确定系统、不确定系统、时滞系统、网络控制系统。设计 H_∞ 控制器的方法,从复杂的算子方法到 Riccati 方法,近年来发展到先进的 LMIs 方法。基于强大的 Matlab 工具箱,使得 H_∞ 控制器设计变得很容易,而且通过求解凸优化问题,可以解决具有 H_∞ 性能指标的多目标控制问题。与传统的控制系统相比,NCSs 的 H_∞ 控制不可避免地考虑网络诱导时延、数据包丢失、数据包错序等非理想因素,结合实际网络的特征,设计控制器,优化系统性能。H_∞ 控制是 NCSs 的一个重要研究课题。

定理 2.1[1]　Lyapunov 第一方法(间接法)

对于线性定常连续系统

$$\dot{\boldsymbol{x}}(t)=\boldsymbol{A}\boldsymbol{x}(t) \tag{2.3}$$

渐近稳定的充要条件是状态矩阵 $\boldsymbol{A}$ 的特征值均具有负实部,即 $\mathrm{Re}(\lambda_i)<0(i=1,2,\cdots,n)$。

对于线性定常离散系统

$$\boldsymbol{x}_{k+1}=\boldsymbol{A}\boldsymbol{x}_k \tag{2.4}$$

渐近稳定的充要条件是状态矩阵 $\boldsymbol{A}$ 的特征值$|\lambda_i|<1(i=1,2,\cdots,n)$。

定义 2.1[1]　对于系统(2.3)，若存在 Lyapunov 函数 $V(\boldsymbol{x},t)$满足条件：

① $V(\boldsymbol{x},t)$是正定的；

② $\dot{V}(\boldsymbol{x},t)$是负定的。

则称系统在原点处是渐近稳定的。

定义 2.2[1]　对于系统(2.4)，若存在 Lyapunov 函数 $V(\boldsymbol{x}(k))$满足条件：

① $V(\boldsymbol{x}(k))$是正定的；

② $\Delta V(\boldsymbol{x}(k))$是负定的。

则称系统在原点处是渐近稳定的。

定义 2.3[8]　如果系统(2.4)满足

$$E\left\{\sum_{k=0}^{\infty}\|\boldsymbol{x}_k\|^2\,|\,\boldsymbol{x}_0\right\}<\infty$$

则称系统(2.4)是随机稳定的。其中，$\boldsymbol{x}_0$ 为系统的初始条件。

定义 2.4[6]　考虑如下系统：

$$\begin{cases}\boldsymbol{x}_{k+1}=\boldsymbol{A}\boldsymbol{x}_k+\boldsymbol{B}\boldsymbol{u}_k+\boldsymbol{H}_1\boldsymbol{w}_k\\ \boldsymbol{z}_k=\boldsymbol{C}\boldsymbol{x}_k+\boldsymbol{H}_2\boldsymbol{w}_k\end{cases} \tag{2.5}$$

其中，$\boldsymbol{x}_k$、$\boldsymbol{u}_k$、$\boldsymbol{z}_k$ 分别为系统的状态、控制输入、被调输出；$\boldsymbol{w}_k$ 为外部扰动且属于集合 $l_2[0,\infty]$；$\boldsymbol{A}$、$\boldsymbol{B}$、$\boldsymbol{C}$、$\boldsymbol{H}_1$、$\boldsymbol{H}_2$ 为适维矩阵。

$$\boldsymbol{u}_k=-K\boldsymbol{x}_k \tag{2.6}$$

对于给定的整常数 γ，如果满足：

① 在反馈控制律(2.6)作用下的闭环系统渐近稳定；

② 在零初始条件($\boldsymbol{x}(0)=0$)下，外部扰动 $\boldsymbol{w}_k$ 和被调输出 $\boldsymbol{z}_k$ 满足 H_∞ 范数约束条件 $\|\boldsymbol{z}_k\|_2\leqslant\gamma\|\boldsymbol{w}_k\|_2$。

则称系统(2.5)可实现 γ 次优反馈 H_∞ 镇定，系统的扰动衰减度为 γ，相应的控制律(2.6)称为 γ 次优反馈 H_∞ 控制律。

定义 2.5[9]　离散时变时滞 NCSs

$$\begin{cases}\boldsymbol{x}_{k+1}=\widetilde{\boldsymbol{A}}\boldsymbol{x}_k+\sum_{i=0}^{h}\beta_i^k\widetilde{\boldsymbol{B}}\boldsymbol{u}_{k-i}\\ \boldsymbol{y}_k=\boldsymbol{C}\boldsymbol{x}_k\end{cases} \tag{2.7}$$

是一致完全能控(能控)的，如果对任意初始时刻 t_0，任意初始状态 $\boldsymbol{x}_0$，任意初始输入 $\boldsymbol{u}_{-1},\boldsymbol{u}_{-2},\cdots,\boldsymbol{u}_{-h}$ 和任意终到状态 $\boldsymbol{x}_f$，存在控制序列 $\boldsymbol{u}_{[0,N]}=\{\boldsymbol{u}_k,k=0,1,\cdots,N-1\}$，使得 $\boldsymbol{x}_N=\boldsymbol{x}_f$。$N$ 称为系统(2.7)的能控性指数(CRI)。

定义 2.6　离散时变时滞 NCSs(2.7)均值能控，如果对任意初始条件 $\boldsymbol{x}_0$，$\boldsymbol{u}_{-1},\boldsymbol{u}_{-2},\cdots,\boldsymbol{u}_{-h}$，任意终到状态 $\boldsymbol{x}_f$，存在控制序列 $\boldsymbol{u}_{[0,N]}=\{\boldsymbol{u}_k,k=0,1,\cdots,N-1\}$，

使得 $E\boldsymbol{x}_N=\boldsymbol{x}_f$。

定义 2.7[9] 离散时变时滞 NCSs(2.7)是一致完全能观(能观)的，如果对任意初始时刻 t_0，初始状态 $\boldsymbol{x}_0$，初始输入 $\boldsymbol{u}_{-1},\boldsymbol{u}_{-2},\cdots,\boldsymbol{u}_{-h}$，存在控制序列 $\boldsymbol{u}_{[0,N]}=\{\boldsymbol{u}_k,k=0,1,\cdots,N-1\}$，使得 $\boldsymbol{x}_0$ 能由 $\{\boldsymbol{y}_0,\boldsymbol{y}_1,\cdots,\boldsymbol{y}_N\}$ 唯一确定。N 称为系统(2.7)的能观性指数(ORI)。

2.2 图论基本概念及符号说明

图 G 的顶点 v 的度(或次) $d_G(v)$ 是指 G 中与 v 关联的边的数目。每一条边都是有向边的图称为有向图。$G(\boldsymbol{A})$ 称为方阵 $\boldsymbol{A}=(a_{ij})_{n\times n}$ 的伴随赋权有向图，它使得有向边 $\langle x_i,x_j\rangle\in E(G)$ 赋权 $w_{ij}=|a_{ij}|\neq 0$，否则 $w_{ij}=0$，即无有向边 $\langle x_i,x_j\rangle$，其中，$x_i,x_j\in V(G)(i,j=1,\cdots,n)$，$V(G)$ 和 $E(G)$ 分别表示图 G 的顶点集和边集。顶点 x 的出权度 $d^-_{G_w}(x)$ 表示射出顶点 x 的边的权和。$\Delta^-_w(G)$ 表示图 G 的最大顶点出权度，即 $\Delta^-_w(G)=\max\{d^-_{G_w}(x)\,|\,x\in V(G)\}$[10]。

2.3 区间系统基本概念及符号说明

设 $\boldsymbol{A}^I=(a^I_{ij})$ 是区间矩阵，$a^I_{ij}:=[\underline{a_{ij}},\overline{a_{ij}}]$，$\underline{a_{ij}}$ 和 $\overline{a_{ij}}$ 分别是区间 a^I_{ij} 的下界和上界。记 $\underline{\boldsymbol{A}}=(\underline{a_{ij}})$ 和 $\bar{\boldsymbol{A}}=(\overline{a_{ij}})$，那么 $\boldsymbol{A}^I:=[\underline{\boldsymbol{A}},\bar{\boldsymbol{A}}]$。设 $\boldsymbol{B}^I=(b^I_{ij})$，定义 $\boldsymbol{A}^I+\boldsymbol{B}^I=(a^I_{ij}+b^I_{ij})$，$\boldsymbol{A}^I\cdot\boldsymbol{B}^I=\left(\sum\limits_s a^I_{is}b^I_{sj}\right)$，$|a^I_{ij}|=\max\{|\underline{a_{ij}}|,|\overline{a_{ij}}|\}$，$|\boldsymbol{A}^I|=(|a^I_{ij}|)$，$|\boldsymbol{A}|=(|a_{ij}|)$，$d(a^I_{ij})=\overline{a_{ij}}-\underline{a_{ij}}$，$M_j(\boldsymbol{A}^I)=\{(\boldsymbol{A}^I)^m$：矩阵 $(\boldsymbol{A}^I)^m(m\geqslant 1)$ 的第 j 列至少包含一个区间不退化为点区间$\}$，点区间指 $d(a^I_{ij})=0,i,j=(1,\cdots,n)$。区间矩阵的谱半径 $\rho(\boldsymbol{A}^I)=\max\limits_i\{|\lambda_i|,\lambda_i\in\boldsymbol{A},\boldsymbol{A}\in\boldsymbol{A}^I\}$。如果定义顶点矩阵集为 $\boldsymbol{\Phi}^{l,v}=(\phi^l_{sp})$，$\phi^l_{sp}\in\{\underline{\phi^l_{sp}},\overline{\phi^l_{sp}}\}$，$s,p=1,2,\cdots,(h+1)n$，定义下界和上界矩阵分别为 $\underline{\boldsymbol{\Phi}^l}=(\underline{\phi^l_{sp}})$ 和 $\overline{\boldsymbol{\Phi}^l}=(\overline{\phi^l_{sp}})$，那么区间矩阵被重写为 $\boldsymbol{\Phi}^{l,I}:=[\boldsymbol{\Phi}^{l,0}-\boldsymbol{\Delta},\boldsymbol{\Phi}^{l,0}+\boldsymbol{\Delta}]$，中心矩阵和半径矩阵分别为 $\boldsymbol{\Phi}^{l,0}=\dfrac{1}{2}(\overline{\boldsymbol{\Phi}^l}+\underline{\boldsymbol{\Phi}^l})$ 和 $\boldsymbol{\Delta}=\dfrac{1}{2}(\overline{\boldsymbol{\Phi}^l}-\underline{\boldsymbol{\Phi}^l})$。

定义 2.8[11] 设 $\boldsymbol{A}^I=(a^I_{ij})$，点矩阵 $\hat{\boldsymbol{A}}=(\hat{a}_{ij})$ 称为区间矩阵 $\boldsymbol{A}^I$ 的优化矩阵。其中，$\hat{a}_{ij}=\begin{cases}|a^I_{ij}|, & M_j(\boldsymbol{A}^I)\neq\phi\\ a^I_{ij}, & M_j(\boldsymbol{A}^I)=\phi\end{cases}$。

定义 2.9 考虑如下区间系统：

$$\boldsymbol{z}_{k+1}=\boldsymbol{\Phi}^I\boldsymbol{z}_k \tag{2.8}$$

如果所有矩阵 $\boldsymbol{\Phi}\in[\underline{\boldsymbol{\Phi}},\overline{\boldsymbol{\Phi}}]$ 的特征值在单位圆内，则称系统(2.8)是区间渐近稳定

的。其中，$\boldsymbol{\Phi}^{\mathrm{I}}:=[\underline{\boldsymbol{\Phi}},\overline{\boldsymbol{\Phi}}]$。

2.4 引　理

引理 2.1[6]　对于矩阵 $\boldsymbol{S}=\begin{bmatrix}\boldsymbol{S}_{11} & \boldsymbol{S}_{12}\\ * & \boldsymbol{S}_{22}\end{bmatrix}$，$\boldsymbol{S}_{12}$，$\boldsymbol{S}_{22}$ 是块矩阵，$\boldsymbol{S}_{11}$ 是方阵，下面三个条件是等价的：

① $\boldsymbol{S}<0$；

② $\boldsymbol{S}_{22}<0,\boldsymbol{S}_{11}-\boldsymbol{S}_{12}\boldsymbol{S}_{22}^{-1}\boldsymbol{S}_{12}^{\mathrm{T}}<0$；

③ $\boldsymbol{S}_{11}<0,\boldsymbol{S}_{22}-\boldsymbol{S}_{12}^{\mathrm{T}}\boldsymbol{S}_{11}^{-1}\boldsymbol{S}_{12}<0$。

引理 2.2[12]　矩阵 $\boldsymbol{W},\boldsymbol{M},\boldsymbol{N},\boldsymbol{F}(k)$，如果 $\boldsymbol{F}^{\mathrm{T}}(k)\boldsymbol{F}(k)\leqslant\boldsymbol{I}$，则

$$\boldsymbol{W}+\boldsymbol{M}\boldsymbol{F}(k)\boldsymbol{N}+\boldsymbol{N}^{\mathrm{T}}\boldsymbol{F}^{\mathrm{T}}(k)\boldsymbol{M}^{\mathrm{T}}<0$$

当且仅当存在 $\varepsilon>0$，使得

$$\boldsymbol{W}+\varepsilon\boldsymbol{M}\boldsymbol{M}^{\mathrm{T}}+\varepsilon^{-1}\boldsymbol{N}\boldsymbol{N}^{\mathrm{T}}<0$$

成立。

引理 2.3[13]　矩阵 $\boldsymbol{M},\boldsymbol{N},\boldsymbol{F}(k)$，如果 $\boldsymbol{F}^{\mathrm{T}}(k)\boldsymbol{F}(k)\leqslant\boldsymbol{I}$，则对任意的 $\varepsilon>0$，下述成立：

$$\boldsymbol{M}\boldsymbol{F}(k)\boldsymbol{N}+\boldsymbol{N}^{\mathrm{T}}\boldsymbol{F}^{\mathrm{T}}(k)\boldsymbol{M}^{\mathrm{T}}\leqslant\varepsilon\boldsymbol{M}\boldsymbol{M}^{\mathrm{T}}+\varepsilon^{-1}\boldsymbol{N}\boldsymbol{N}^{\mathrm{T}}$$

引理 2.4[14]　对任意半正定常数矩阵 $\boldsymbol{W}$，以及满足 $\alpha_2\geqslant\alpha_1\geqslant0$ 的两个整数 α_1，α_2，有下列不等式成立：

$$-(\alpha_2-\alpha_1+1)\sum_{k=\alpha_1}^{\alpha_2}\boldsymbol{x}_k^{\mathrm{T}}\boldsymbol{W}\boldsymbol{x}_k\leqslant-\Big(\sum_{k=\alpha_1}^{\alpha_2}\boldsymbol{x}_k\Big)^{\mathrm{T}}\boldsymbol{W}\Big(\sum_{k=\alpha_1}^{\alpha_2}\boldsymbol{x}_k\Big)$$

引理 2.5[15]　假设 $\boldsymbol{a}(\cdot)\in\mathbf{R}^{n_a}$，$\boldsymbol{b}(\cdot)\in\mathbf{R}^{n_b}$ 和 $\boldsymbol{N}\in\mathbf{R}^{n_a\times n_b}$，对任意矩阵 $\boldsymbol{X}\in\mathbf{R}^{n_a\times n_a}$，$\boldsymbol{Y}\in\mathbf{R}^{n_a\times n_b}$，$\boldsymbol{Z}\in\mathbf{R}^{n_b\times n_b}$，若 $\begin{bmatrix}\boldsymbol{X} & \boldsymbol{Y}\\ \boldsymbol{Y}^{\mathrm{T}} & \boldsymbol{Z}\end{bmatrix}\geqslant0$，则下述不等式成立：

$$-2\boldsymbol{a}^{\mathrm{T}}N\boldsymbol{b}\leqslant\begin{bmatrix}\boldsymbol{a}\\ \boldsymbol{b}\end{bmatrix}^{\mathrm{T}}\begin{bmatrix}\boldsymbol{X} & \boldsymbol{Y}-\boldsymbol{N}\\ \boldsymbol{Y}^{\mathrm{T}}-\boldsymbol{N}^{\mathrm{T}} & \boldsymbol{Z}\end{bmatrix}\begin{bmatrix}\boldsymbol{a}\\ \boldsymbol{b}\end{bmatrix}$$

引理 2.6[11]　若点矩阵 $\hat{\boldsymbol{A}}$ 优化区间矩阵 $\boldsymbol{A}^{I}$，则 $\rho(\boldsymbol{A}^{I})\leqslant\rho(\hat{\boldsymbol{A}})$。

引理 2.7[16]　设点矩阵 $\boldsymbol{A}$ 和 $\boldsymbol{B}$，若 $|\boldsymbol{A}|\leqslant|\boldsymbol{B}|$，则 $\rho(\boldsymbol{A})\leqslant\rho(\boldsymbol{B})$。

规定：$\boldsymbol{R}^{n}$ 和 $\boldsymbol{R}^{n\times m}$ 分别表示 n 维和 $n\times m$ 维实数矩阵；$\boldsymbol{P}>0$ 表示 $\boldsymbol{P}$ 为对称正定矩阵；上标“T”表示矩阵的转置；$\|\boldsymbol{x}\|$ 表示向量 $\boldsymbol{x}$ 的 l_2 范数，即 $\|\boldsymbol{x}\|=(\boldsymbol{x}^{\mathrm{T}}\boldsymbol{x})^{\frac{1}{2}}$；$\|\boldsymbol{A}\|$ 表示向量的 l_2 诱导范数；“ * ”表示由矩阵对称性确定的矩阵块；diag(·)表示对角矩阵。

2.5 本章小结

本章介绍了本书中用到的控制理论、图论和区间系统中的一些基本概念，如稳定性、鲁棒控制、H_∞控制、图定义、出权度、区间矩阵等，以及本书所获成果中涉及的一些已有定理、引理和符号。

参考文献

[1] 王孝武. 现代控制理论基础. 北京：机械工业出版社，1998.

[2] 杨冬梅，张庆灵，姚波. 广义系统. 北京：科学出版社，2004.

[3] 樊卫华，蔡骅，陈庆伟，等. 时延网络控制系统的稳定性. 控制理论与应用，2004，21(6)：6880－6884.

[4] 王艳，纪志成，谢林柏，等. 基于变采样周期方法的网络控制系统协同设计. 系统仿真学报，2008，20(8)：2108－2114.

[5] 于之训，陈辉堂，王月娟. 基于H_∞和μ综合的闭环网络控制系统的设计. 同济大学学报，2001，29(3)：307－311.

[6] 俞立. 鲁棒控制-线性矩阵不等式处理方法. 北京：清华大学出版社，2002.

[7] Zames G. Feedback and optimal sensitivity：model reference transformations，multiplicative seminorms，and appropriate inverses. IEEE Transactions on Automatic Control，1981，26(2)：301－320.

[8] Ji Y，Chizeck H J，Feng X，et al. Stability and control of discrete-time jump linear systems. Control Theory and Advanced Technology，1991，7(2)：247－270.

[9] Gerhard K L. On sampling without loss of observability/controllability. IEEE Transactions on Automatic Control，1999，44(5)：1021－1025.

[10] 殷剑宏，吴开亚. 图论及其算法. 合肥：中国科学技术大学出版社，2003.

[11] Shih M H，Lur Y Y. An inequality for the spectral radius of an interval matrix. Linear Algebra and its Applications，1998，274(1)：27－36.

[12] Petersen I R. Stabilization algorithm for a class of uncertain linear systems. Systems and Control Letters，1987，8(4)：351－357.

[13] Wang Y，Xie L，Souza C E D. Robust control of a class of uncertain nonlinear systems. System and Control Letters，1992，19(2)：139－149.

[14] Jiang X F，Han Q L，Yu X H. Stability criteria for linear discrete-time systems with interval-like time-varying delay//Proceedings of the American Control Conference，2005：2817－2822.

[15] Moon Y S，Park P，Kwon W H，et al. Delay-dependent robust stabilization of uncertain state-delayed systems. International Journal of control，2001，74(14)：1447－1455.

[16] Lancaster P，Tismenetsky M. The Theory of Matrix. New York：Academic Press，1985.

第3章　基于网络 QoS 的控制系统能控性与能观性分析

众所周知,针对 NCSs 的研究已经取得了大量成果。然而,关于 NCSs 能控性和能观性的研究还鲜见报道。文献[1]研究了原始离散系统的能控性、能观性与经网络后时滞系统能控性、能观性的等价性。注意到,文献[1]中网络诱导时延是定常的。关于具有定常网络诱导时延的系统的能控性和能观性也可参见文献[2]、[3]。但是,到目前为止,具有时变时延的网络控制系统能控性和能观性还未得到充分的调查和研究。文献[4]给出网络控制系统的均值能控、均方能控、均值能观、均方能观的充分或必要条件。在文献[4]中,网络诱导时延和控制输入变化时刻是随机的,但是,没有讨论控制输入变化时刻的概率分布,这很难获得保证系统均值能控和均值能观的控制律。文献[5]给出著名的“采样能控性”条件:线性定常连续系统经等距采样(T 恒定)和零阶保持器后,如果采样周期 T 满足 $T(\lambda_1-\lambda_2)\neq 2\pi k\mathrm{j}, k\in\mathbf{Z}$ 且 $k\neq 0$ 成立,则采样后离散系统能控性不变。其中,λ_1 和 λ_2 为系数矩阵 $\boldsymbol{A}$ 的任意两个特征值。这是本章研究的基本依据。

本章针对具有时变时延且时延大于一个采样周期的 NCSs,构建离散时变时滞系统模型。在此基础上,获得 NCSs 能控的充分必要条件,讨论了网络诱导时延的 Markov 特征,基于 Markov 链理论,研究 NCSs 的均值能控问题。当网络诱导时延为定常时,给出离散 NCSs 能控、原初始系统能控的条件,以及离散 NCSs 能观当且仅当原初始系统能观的条件。进一步,获得 NCSs 能控性与时变网络诱导时延相关、能观性与时变网络诱导时延无关的结论,给出 NCSs 能控性和能观性指数。最后算例仿真验证方法的有效性。

3.1　问题描述

为便于讨论,做如下假设:

① 传感器、执行器均为时间驱动,控制器为事件驱动;

② 网络诱导延时 τ^k 有界,即 $0<\tau^k=\tau_{sc}^k+\tau_{ca}^k\leqslant hT$。其中,$\tau_{sc}^k$ 和 τ_{ca}^k 分别表示传感器-控制器时延和控制器-执行器时延;T 为采样周期;h 为正整数。

设线性时不变系统模型为

$$\begin{cases}\dot{\boldsymbol{x}}(t)=\boldsymbol{A}\boldsymbol{x}(t)+\boldsymbol{B}\boldsymbol{u}(t)\\ \boldsymbol{y}(t)=\boldsymbol{C}\boldsymbol{x}(t)\end{cases}\tag{3.1}$$

其中,$\boldsymbol{x}(t)$、$\boldsymbol{u}(t)$、$\boldsymbol{y}(t)$ 分别为系统的状态、控制输入和控制输出;$\boldsymbol{A}$、$\boldsymbol{B}$、$\boldsymbol{C}$ 为适维

矩阵。

$\boldsymbol{u}_{k-i}$表示根据传感器信号$\boldsymbol{x}_{k-i}$计算出的控制量，有 $d_k=i$[6]。则系统(3.1)经网络离散为时滞系统

$$\begin{cases}\boldsymbol{x}_{k+1}=\widetilde{\boldsymbol{A}}\boldsymbol{x}_k+\sum_{i=0}^{h}\beta_i^k\widetilde{\boldsymbol{B}}\boldsymbol{u}_{k-i}\\ \boldsymbol{y}_k=\boldsymbol{C}\boldsymbol{x}_k\end{cases}\tag{3.2}$$

其中，$\boldsymbol{x}_k=\boldsymbol{x}(t_k)$；$\boldsymbol{u}_k=\boldsymbol{u}(t_k)$；$\widetilde{\boldsymbol{A}}=\mathrm{e}^{\boldsymbol{A}T}$；$\widetilde{\boldsymbol{B}}=\int_0^{\mathrm{T}}\mathrm{e}^{\boldsymbol{A}(T-s)}\mathrm{d}s\boldsymbol{B}$；$\beta_i^k\in\{0,1\}$；$\sum_{i=0}^{h}\beta_i^k=1$。由于 β_i^k不确定，系统(3.2) 为离散时滞不确定 NCSs。

不妨记采样时刻 $t_k=kT$，网络诱导时延 $\tau^k=d_kT(d_k=0,1,\cdots,h)$。如图 3.1 所示，$t_k$ 时刻所用控制信号为$\boldsymbol{u}_{k-2}$，即 $d_k=2$，相应地有 $\beta_2^k=1$，$\beta_i^k=0(i\in\{0,1,\cdots,h\},i\neq2)$。其中，$\beta_i^k$反映了 NCSs 的时变本质。$t_{k+1}$时刻所用控制信号仍为 u_{k-2}，按此方法有 $\beta_3^{k+1}=1$，$\beta_i^{k+1}=0(i\in\{0,1,\cdots,h\},i\neq3)$。由于执行器总是选用最新控制信号，$t_{k+1}$时刻所用控制信号还可能为$\boldsymbol{u}_{k-1}$或$\boldsymbol{u}_{k+1}$，即 $\beta_2^{k+1}=1$ 或 $\beta_0^{k+1}=1$。如果 $\beta_i^k=1$，$\beta_j^{k+1}=1$，有 $0\leqslant j\leqslant i+1$，$i,j=0,1,\cdots,h$。

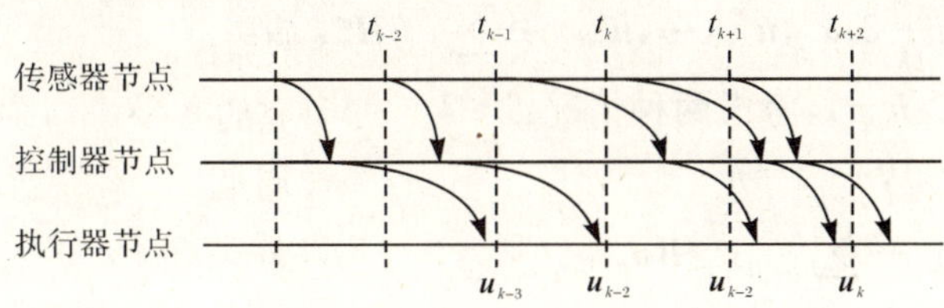

图 3.1　信息传输时序图

3.2　基于网络 QoS 的控制系统能控性分析

引理 3.1　离散时变时滞 NCSs(3.2)的解为

$$\boldsymbol{x}_{k+1}=\begin{cases}\varphi_1(k+1,\boldsymbol{x}_0,\boldsymbol{u}_{-1},\cdots,\boldsymbol{u}_{-h})+\sum_{i=0}^{k}\boldsymbol{H}_{k-i}^k\boldsymbol{u}_i, & k=0,1,\cdots,h-1\\ \varphi_2(k+1,\boldsymbol{x}_0,\boldsymbol{u}_{-1},\cdots,\boldsymbol{u}_{-h})+\sum_{i=0}^{k}\boldsymbol{H}_{k-i}^k\boldsymbol{u}_i, & k=h,h+1,\cdots\end{cases}\tag{3.3}$$

其中，

$$\varphi_1=\widetilde{\boldsymbol{A}}^{k+1}\boldsymbol{x}_0+\sum_{i=1}^{h}\widetilde{\boldsymbol{A}}^k\beta_i^0\widetilde{\boldsymbol{B}}\boldsymbol{u}_{-i}+\sum_{i=2}^{h}\widetilde{\boldsymbol{A}}^{k-1}\beta_i^1\widetilde{\boldsymbol{B}}\boldsymbol{u}_{1-i}+\cdots+\sum_{i=k+1}^{h}\beta_i^k\widetilde{\boldsymbol{B}}\boldsymbol{u}_{k-i}$$

$$\begin{aligned}\varphi_2=&\widetilde{\boldsymbol{A}}^{k+1}\boldsymbol{x}_0+\sum_{i=1}^{h}\widetilde{\boldsymbol{A}}^k\beta_i^0\widetilde{\boldsymbol{B}}\boldsymbol{u}_{-i}+\sum_{i=2}^{h}\widetilde{\boldsymbol{A}}^{k-1}\beta_i^1\widetilde{\boldsymbol{B}}\boldsymbol{u}_{1-i}+\cdots\\&+\sum_{i=h}^{h}\widetilde{\boldsymbol{A}}^{k+1-h}\beta_i^{h-1}\widetilde{\boldsymbol{B}}\boldsymbol{u}_{h-1-i}\end{aligned}$$

$$\boldsymbol{H}_v^k=\begin{cases}\beta_0^k\widetilde{\boldsymbol{B}}, & v=0\\ \sum_{i=0}^{v}\widetilde{\boldsymbol{A}}^{v-i}\beta_i^{k-v+i}\widetilde{\boldsymbol{B}}, & v=1,\cdots,h-1\\ \sum_{i=0}^{h}\widetilde{\boldsymbol{A}}^{v-i}\beta_i^{k-v+i}\widetilde{\boldsymbol{B}}, & v=h,h+1,\cdots\end{cases} \tag{3.4}$$

证明　数学归纳法。当 $k=0$ 时，由式(3.2)得到 $\boldsymbol{x}_1=\widetilde{\boldsymbol{A}}\boldsymbol{x}_0+\sum_{i=1}^{h}\beta_i^0\widetilde{\boldsymbol{B}}\boldsymbol{u}_{-i}+\beta_0^0\widetilde{\boldsymbol{B}}\boldsymbol{u}_0$。假定 $k=n$ 时，式(3.3)成立。当 $k=n+1$ 时，对于 $n+1\leqslant h-1$，有

$$\begin{aligned}\boldsymbol{x}_{n+2}&=\widetilde{\boldsymbol{A}}\boldsymbol{x}_{n+1}+\sum_{i=0}^{h}\beta_i^{n+1}\widetilde{\boldsymbol{B}}\boldsymbol{u}_{n+1-i}\\&=\widetilde{\boldsymbol{A}}\boldsymbol{x}_{n+1}+\sum_{i=n+2}^{h}\beta_i^{n+1}\widetilde{\boldsymbol{B}}\boldsymbol{u}_{n+1-i}+\sum_{i=0}^{n+1}\beta_i^{n+1}\widetilde{\boldsymbol{B}}\boldsymbol{u}_{n+1-i}\\&=\widetilde{\boldsymbol{A}}\Big[\varphi_1(n+1,\boldsymbol{x}_0,\boldsymbol{u}_{-1},\cdots,\boldsymbol{u}_{-h})+\sum_{i=0}^{n}\boldsymbol{H}_{n-i}^n\boldsymbol{u}_i\Big]\\&\quad+\sum_{i=n+2}^{h}\beta_i^{n+1}\widetilde{\boldsymbol{B}}\boldsymbol{u}_{n+1-i}+\sum_{i=0}^{n+1}\beta_i^{n+1}\widetilde{\boldsymbol{B}}\boldsymbol{u}_{n+1-i}\\&=\varphi_1(n+2,\boldsymbol{x}_0,\boldsymbol{u}_{-1},\cdots,\boldsymbol{u}_{-h})+\sum_{i=0}^{n}(\widetilde{\boldsymbol{A}}\boldsymbol{H}_{n-i}^n+\beta_{n+1-i}^{n+1}\widetilde{\boldsymbol{B}})\boldsymbol{u}_i+\beta_0^{n+1}\widetilde{\boldsymbol{B}}\boldsymbol{u}_{n+1}\\&=\varphi_1(n+2,\boldsymbol{x}_0,\boldsymbol{u}_{-1},\cdots,\boldsymbol{u}_{-h})+\sum_{i=0}^{n+1}\boldsymbol{H}_{n+1-i}^{n+1}\boldsymbol{u}_i\end{aligned} \tag{3.5}$$

对于 $n+1>h-1$，考虑两种情况：

(1) $n=h-1,n+1=h$

$$\begin{aligned}\boldsymbol{x}_{n+2}&=\widetilde{\boldsymbol{A}}\boldsymbol{x}_{n+1}+\sum_{i=0}^{h}\beta_i^{n+1}\widetilde{\boldsymbol{B}}\boldsymbol{u}_{n+1-i}\\&=\widetilde{\boldsymbol{A}}\Big(\widetilde{\boldsymbol{A}}^{n+1}\boldsymbol{x}_0+\sum_{i=1}^{h}\widetilde{\boldsymbol{A}}^n\beta_i^0\widetilde{\boldsymbol{B}}\boldsymbol{u}_{-i}+\cdots+\sum_{i=n+1}^{h}\beta_i^n\widetilde{\boldsymbol{B}}\boldsymbol{u}_{n-i}\\&\quad+\sum_{i=0}^{n}\boldsymbol{H}_{n-i}^n\boldsymbol{u}_i\Big)+\sum_{i=0}^{h}\beta_i^{n+1}\widetilde{\boldsymbol{B}}\boldsymbol{u}_{n+1-i}\\&=\widetilde{\boldsymbol{A}}^{n+2}\boldsymbol{x}_0+\sum_{i=1}^{h}\widetilde{\boldsymbol{A}}^{n+1}\beta_i^0\widetilde{\boldsymbol{B}}\boldsymbol{u}_{-i}+\cdots+\sum_{i=n+1}^{h}\widetilde{\boldsymbol{A}}^{n+2-h}\beta_i^{h-1}\widetilde{\boldsymbol{B}}\boldsymbol{u}_{h-1-i}\\&\quad+\sum_{i=0}^{n}\widetilde{\boldsymbol{A}}\boldsymbol{H}_{n-i}^n\boldsymbol{u}_i+\sum_{i=0}^{n+1}\beta_i^{n+1}\widetilde{\boldsymbol{B}}\boldsymbol{u}_{n+1-i}\\&=\varphi_2(n+2,\boldsymbol{x}_0,\boldsymbol{u}_{-1},\cdots,\boldsymbol{u}_{-h})+\sum_{i=0}^{n}(\widetilde{\boldsymbol{A}}\boldsymbol{H}_{n-i}^n+\beta_{n+1-i}^{n+1}\widetilde{\boldsymbol{B}})\boldsymbol{u}_i+\beta_0^{n+1}\widetilde{\boldsymbol{B}}\boldsymbol{u}_{n+1}\\&=\varphi_2(n+2,\boldsymbol{x}_0,\boldsymbol{u}_{-1},\cdots,\boldsymbol{u}_{-h})+\sum_{i=0}^{n+1}\boldsymbol{H}_{n+1-i}^{n+1}\boldsymbol{u}_i\end{aligned} \tag{3.6}$$

(2) $n>h-1,n+1>h$

$$\begin{aligned}\boldsymbol{x}_{n+2}&=\widetilde{\boldsymbol{A}}\boldsymbol{x}_{n+1}+\sum_{i=0}^{h}\beta_i^{n+1}\widetilde{\boldsymbol{B}}\boldsymbol{u}_{n+1-i}\\&=\varphi_2(n+2,\boldsymbol{x}_0,\boldsymbol{u}_{-1},\cdots,\boldsymbol{u}_{-h})+\sum_{i=0}^{n-h}\boldsymbol{H}_{n+1-i}^{n+1}\boldsymbol{u}_i\\&\quad+\sum_{i=n-(h-1)}^{n}(\widetilde{\boldsymbol{A}}\boldsymbol{H}_{n-i}^n+\beta_{n+1-i}^{n+1}\widetilde{\boldsymbol{B}})\boldsymbol{u}_i+\beta_0^{n+1}\widetilde{\boldsymbol{B}}\boldsymbol{u}_{n+1}\\&=\varphi_2(n+2,\boldsymbol{x}_0,\boldsymbol{u}_{-1},\cdots,\boldsymbol{u}_{-h})+\sum_{i=0}^{n+1}\boldsymbol{H}_{n+1-i}^{n+1}\boldsymbol{u}_i\end{aligned} \tag{3.7}$$

证毕。

现在研究离散时变时滞NCSs的能控性。

定理3.1 离散时变时滞NCSs(3.2)能控当且仅当存在 $N\in\mathbf{Z}^{+}$，满足下述条件：

$$\mathrm{rank}[\beta_0^{N-1}\boldsymbol{B}\sum\nolimits_{i=0}^{1}\widetilde{\boldsymbol{A}}^{1-i}\beta_i^{N-2+i}\boldsymbol{B},\cdots,\sum\nolimits_{i=0}^{N-1}\widetilde{\boldsymbol{A}}^{N-1-i}\beta_i^{i}\boldsymbol{B}]=n,\quad N\leqslant h \tag{3.8}$$

$$\mathrm{rank}[\beta_0^{N-1}\boldsymbol{B}\sum\nolimits_{i=0}^{1}\widetilde{\boldsymbol{A}}^{1-i}\beta_i^{N-2+i}\boldsymbol{B},\cdots,\sum\nolimits_{i=0}^{h}\widetilde{\boldsymbol{A}}^{h-i}\beta_i^{N-1-h+i}\boldsymbol{B},\cdots,\sum\nolimits_{i=0}^{h}\widetilde{\boldsymbol{A}}^{N-1-i}\beta_i^{i}\boldsymbol{B}]=n,N>h \tag{3.9}$$

其中，采样周期 T 满足对矩阵 $\boldsymbol{A}$ 的每个特征值 λ，有 $\lambda\neq(2\pi k\mathrm{j})/T,k\neq0$ 且 $k\in\mathbf{Z}$。

证明 由引理3.1，令

$$\begin{aligned}\psi(k+1,\boldsymbol{x}_0,\boldsymbol{u}_{-1},\cdots,\boldsymbol{u}_{-h})=&\widetilde{\boldsymbol{A}}^{k+1}\boldsymbol{x}_0+\sum\nolimits_{i=1}^{h}\widetilde{\boldsymbol{A}}^{k}\beta_i^{0}\widetilde{\boldsymbol{B}}\boldsymbol{u}_{-i}\\&+\sum\nolimits_{i=2}^{h}\widetilde{\boldsymbol{A}}^{k-1}\beta_i^{1}\widetilde{\boldsymbol{B}}\boldsymbol{u}_{1-i}+\cdots+\sum\nolimits_{i=h}^{h}\widetilde{\boldsymbol{A}}^{k+1-h}\beta_i^{h-1}\widetilde{\boldsymbol{B}}\boldsymbol{u}_{h-1-i}\end{aligned} \tag{3.10}$$

其中，当 $k+1<h,\widetilde{\boldsymbol{A}}^{k+1-h}=0$。改写式(3.3)为

$$\boldsymbol{x}_{k+1}=\psi(k+1,\boldsymbol{x}_0,\boldsymbol{u}_{-1},\cdots,\boldsymbol{u}_{-h})+\sum\nolimits_{i=0}^{k}\boldsymbol{H}_{k-i}^{k}\boldsymbol{u}_i \tag{3.11}$$

进而有

$$\boldsymbol{x}_N-\psi(N,\boldsymbol{x}_0,\boldsymbol{u}_{-1},\cdots,\boldsymbol{u}_{-h})=\sum\nolimits_{i=0}^{N-1}\boldsymbol{H}_{N-1-i}^{N-1}\boldsymbol{u}_i \tag{3.12}$$

令 $\boldsymbol{z}_0=(\boldsymbol{x}_0^{\mathrm{T}}\boldsymbol{u}_{-1}^{\mathrm{T}}\cdots\boldsymbol{u}_{-h}^{\mathrm{T}})^{\mathrm{T}}$，由式(3.10)，有

$$\psi(N,\boldsymbol{x}_0,\boldsymbol{u}_{-1},\cdots,\boldsymbol{u}_{-h})=\bar{\boldsymbol{A}}\boldsymbol{z}_0 \tag{3.13}$$

其中，$\bar{\boldsymbol{A}}=[\widetilde{\boldsymbol{A}}^{N}\sum\nolimits_{i=1}^{h}\widetilde{\boldsymbol{A}}^{N-i}\beta_i^{i-1}\widetilde{\boldsymbol{B}}\sum\nolimits_{i=2}^{h}\widetilde{\boldsymbol{A}}^{N-i+1}\beta_i^{i-2}\widetilde{\boldsymbol{B}}\ \cdots\ \widetilde{\boldsymbol{A}}^{N-1}\beta_h^{0}\widetilde{\boldsymbol{B}}]$。由于 $\widetilde{\boldsymbol{A}}$ 非奇异，$\mathrm{rank}(\bar{\boldsymbol{A}})=n$，则对任意 $\boldsymbol{z}_0$，$\psi(N,\boldsymbol{x}_0,\boldsymbol{u}_{-1},\cdots,\boldsymbol{u}_{-h})$ 充满整个空间 $\mathbf{R}^n$。由式(3.12)，对任意状态 $\boldsymbol{x}_N$，$\boldsymbol{x}_N-\psi(N,\boldsymbol{x}_0,\boldsymbol{u}_{-1},\cdots,\boldsymbol{u}_{-h})$ 充满整个空间 $\mathbf{R}^n$，则系统(3.2)能控当且仅当存在 N，使得

$$\mathrm{rank}(\boldsymbol{H}_0^{N-1}\boldsymbol{H}_1^{N-1}\cdots\boldsymbol{H}_{N-1}^{N-1})=n \tag{3.14}$$

又

$$\mathrm{rank}(\boldsymbol{H}_0^{N-1}\boldsymbol{H}_1^{N-1}\cdots\boldsymbol{H}_{N-1}^{N-1})=\begin{cases}\mathrm{rank}[(\boldsymbol{A}^{(T)})(\beta_0^{N-1}\boldsymbol{B}\sum\nolimits_{i=0}^{1}\widetilde{\boldsymbol{A}}^{1-i}\beta_i^{N-2+i}\boldsymbol{B},\cdots,\\\quad\sum\nolimits_{i=0}^{N-1}\widetilde{\boldsymbol{A}}^{N-1-i}\beta_i^{i}\boldsymbol{B})], & N\leqslant h\\\mathrm{rank}[(\boldsymbol{A}^{(T)})(\beta_0^{N-1}\boldsymbol{B}\sum\nolimits_{i=0}^{1}\widetilde{\boldsymbol{A}}^{1-i}\beta_i^{N-2+i}\boldsymbol{B},\cdots,\\\quad\sum\nolimits_{i=0}^{h}\widetilde{\boldsymbol{A}}^{h-i}\beta_i^{N-1-h+i}\boldsymbol{B},\cdots,\sum\nolimits_{i=0}^{h}\widetilde{\boldsymbol{A}}^{N-1-i}\beta_i^{i}\boldsymbol{B})]=n, & N>h\end{cases}$$

其中，$\boldsymbol{A}^{(T)}=\int_0^{\mathrm{T}}\mathrm{e}^{\boldsymbol{A}(T-\tau)}\mathrm{d}\tau$，由于 $\lambda\neq(2\pi k\mathrm{j})/T$，$\boldsymbol{A}^{(T)}$ 非奇异[3]。又 $\widetilde{\boldsymbol{B}}=\boldsymbol{A}^{(T)}\boldsymbol{B}$。证毕。

注3.1 由于 $\beta_i^k(i\in\{0,1,\cdots,h\})$ 时变，根据定理3.1很难判断NCSs的能

控性。

基于假设，并且执行器总是采用最新信号，传输时延序列$\{d_k, k=0,1,\cdots\}$构成一个 Markov 链[6]，有

$$P(d_{k+1}=j \mid d_0,d_1,\cdots,d_k=i)=P(d_{k+1}=j \mid d_k=i)=q_{ij}$$

其中，$q_{ij}\geqslant 0, \sum_{j=0}^{h} q_{ij}=1$；$d_k=i$ 相应于$\beta_i^k=1, \beta_l^k=0, l\neq i$。那么引入 d_k 的状态转移概率分布 $\boldsymbol{\pi}(k)=[\pi_0(k) \quad \pi_1(k) \quad \cdots \quad \pi_h(k)]$，有

$$\boldsymbol{\pi}(k+1)=\boldsymbol{\pi}(k)\boldsymbol{Q}_h \tag{3.15}$$

其中，$\pi_i(k)=P(d_k=i)=P(\beta_i^k=1)$；$\boldsymbol{Q}_h=[q_{ij}]_{i,j\in S}$。

定理 3.2 离散时滞不确定 NCSs(3.2)均值能控当且仅当

$$\operatorname{rank}(\boldsymbol{G}_0^{N-1}\boldsymbol{G}_1^{N-1}\cdots\boldsymbol{G}_{N-1}^{N-1})=n \tag{3.16}$$

其中，

$$\boldsymbol{G}_v^{N-1}=\begin{cases}\sum_{i=0}^{N-1}\widetilde{\boldsymbol{A}}^{v-i}\pi_i(N-1-v+i)\boldsymbol{B}, & v=1,\cdots,h-1\\ \sum_{i=0}^{h}\widetilde{\boldsymbol{A}}^{v-i}\pi_i(N-1-v+i)\boldsymbol{B}, & v=h,h+1,\cdots\end{cases}$$

证明　由式(3.12)，有

$$E\boldsymbol{x}_N-\psi(N,\boldsymbol{x}_0,\boldsymbol{u}_{-1},\cdots,\boldsymbol{u}_{-h})=\sum_{i=0}^{N-1}E(\boldsymbol{H}_{N-1-i}^{N-1})\boldsymbol{u}_i$$

由定义 2.6，对任意初始值 $\boldsymbol{x}_0,\boldsymbol{u}_{-1},\boldsymbol{u}_{-2},\cdots,\boldsymbol{u}_{-h}$，任意终到状态 $E\boldsymbol{x}_N=\boldsymbol{x}_f$，系统(3.2)均值能控当且仅当

$$\operatorname{rank}(E(\boldsymbol{H}_0^{N-1})E(\boldsymbol{H}_1^{N-1})\cdots E(\boldsymbol{H}_{N-1}^{N-1}))=n \tag{3.17}$$

由于$\{d_k, k=0,1,\cdots\}$服从 Markov 链，并且 $\boldsymbol{\pi}(0)$可以从实时网络获得，由式(3.15)，反复计算可获得 $\boldsymbol{\pi}(k)(k=0,1,\cdots)$。进而有

$$E\{[\cdot]\}=[\cdot]_{\beta_l^k=1}\times\pi_l(k)+\sum_{i=0,i\neq l}^{h}\left([\cdot]_{\beta_i^k=0}\times\pi_i(k)\right)$$

有 $E(\boldsymbol{H}_v^{N-1})=G_v^{N-1}, v=1,2,\cdots$。证毕。

注 3.2 设终到状态 $\boldsymbol{x}_f=0$，根据文献[4]中 ε 均值能控的定义，有 $\lim\limits_{N\to\infty}E\|\boldsymbol{x}_N\|=0$。因为$\|E\boldsymbol{x}_N\|\leqslant E\|\boldsymbol{x}_N\|$，容易得到 $\lim\limits_{N\to\infty}E\boldsymbol{x}_N=0$。然而，在本章中由定义 2.5，可得到 $E\boldsymbol{x}_N=0$。

定理 3.3 假设网络诱导时延为常时延，如果离散 NCSs(3.2)能控，并且对矩阵 $\boldsymbol{A}$ 的每两个特征值 λ_1 和 λ_2，采样周期 $T>0$ 满足 $T(\lambda_1-\lambda_2)\neq 2\pi k\mathrm{j}, k\in\mathbf{Z}$ 且 $k\neq 0$，那么线性时不变系统(3.1)能控，$n+l$ 为系统(3.2)的一个 CRI。

证明　设网络诱导时延为 $l, l\in\{0,1,\cdots,h\}$，相应地 $\beta_i^k=1, i=l$；$\beta_i^k=0, i\neq l$。如果矩阵 $\boldsymbol{A}$ 存在一个特征值 $\lambda=(2\pi k\mathrm{j})/T, k\in\mathbf{Z}$ 且 $k\neq 0$，则 $T(\lambda-\bar{\lambda})=4\pi k\mathrm{j}$，$\bar{\lambda}$ 与 λ 共轭，这与定理假设矛盾。选择 $N=n+l$，由定理 3.1，系统(3.2)能控当且仅当

$$\operatorname{rank}[\underbrace{0\cdots0}_{l}\boldsymbol{B}\widetilde{\boldsymbol{A}}\boldsymbol{B}\cdots\widetilde{\boldsymbol{A}}^{N-1-l}\boldsymbol{B}]=n \tag{3.18}$$

即

$$\mathrm{rank}[\boldsymbol{B}\widetilde{\boldsymbol{A}}\boldsymbol{B}\cdots\widetilde{\boldsymbol{A}}^{N-1-l}\boldsymbol{B}]=n \tag{3.19}$$

充分性：显然，$\dim[\mathrm{span}(\boldsymbol{B}\widetilde{\boldsymbol{A}}\boldsymbol{B}\cdots\widetilde{\boldsymbol{A}}^{n-1}\boldsymbol{B})]=\mathrm{rank}[\boldsymbol{B}\widetilde{\boldsymbol{A}}\boldsymbol{B}\cdots\widetilde{\boldsymbol{A}}^{n-1}\boldsymbol{B}]=n$。不失一般性，$\dim[\mathrm{span}(\boldsymbol{BAB}\cdots\boldsymbol{A}^{(n-1)}\boldsymbol{B})]=m$，由 Cayley-Hamilton 定理，矩阵组$(\boldsymbol{B}\widetilde{\boldsymbol{A}}\boldsymbol{B}\cdots\widetilde{\boldsymbol{A}}^{n-1}\boldsymbol{B})$能由矩阵组$(\boldsymbol{BAB}\cdots\boldsymbol{A}^{(n-1)}\boldsymbol{B})$线性表出，则 $L(\boldsymbol{B}\widetilde{\boldsymbol{A}}\boldsymbol{B}\cdots\widetilde{\boldsymbol{A}}^{n-1}\boldsymbol{B})$是 $L(\boldsymbol{BAB}\cdots\boldsymbol{A}^{(n-1)}\boldsymbol{B})$的子空间，有 $m\geqslant n$。又 $m\leqslant n$，可得到 $m=n$，即 $\mathrm{rank}[\boldsymbol{BAB}\cdots\boldsymbol{A}^{(n-1)}\boldsymbol{B}]=n$，系统(3.1)能控。证毕。

由定义 2.5 和式(3.19)，可证 CRI 为 $n+l$。

注 3.3　定理 3.1 表明离散后时变时滞 NCSs(3.2)能控性受网络诱导时延 τ^k 的影响。

3.3　基于网络 QoS 的控制系统能观性分析

由式(3.2)和式(3.11)，有

$$\boldsymbol{y}_k=\boldsymbol{C}\psi(k,\boldsymbol{x}_0,\boldsymbol{u}_{-1},\cdots,\boldsymbol{u}_{-h})+\sum_{i=0}^{k-1}\boldsymbol{C}\boldsymbol{H}_{k-1-i}^{k-1}\boldsymbol{u}_i \tag{3.20}$$

令

$$\bar{\boldsymbol{y}}_k=\boldsymbol{C}(\widetilde{\boldsymbol{A}})^k\boldsymbol{x}_0,k\in\mathbf{Z}_0^+ \tag{3.21}$$

由于 $\boldsymbol{u}_i(i=-1,\cdots,k)$已知，系统(3.2)能观当且仅当存在 $N\in\mathbf{Z}_0^+$，使得

$$\mathrm{rank}[\boldsymbol{C}^{\mathrm{T}}\ (\boldsymbol{C}\widetilde{\boldsymbol{A}})^{\mathrm{T}}\cdots(\boldsymbol{C}\widetilde{\boldsymbol{A}}^{N-1})^{\mathrm{T}}]^{\mathrm{T}}=n \tag{3.22}$$

反之，系统(3.2)不能观当且仅当存在初始时刻 t_0，非零向量 $\boldsymbol{\xi}\in\mathbf{R}^n$，使得

$$\boldsymbol{C}(\mathrm{e}^{AT})^k\boldsymbol{\xi}=0,\quad k\in\mathbf{Z}_0^+ \tag{3.23}$$

引理 3.2　如果离散时变时滞 NCSs(3.2)能观，那么 n 为系统(3.2)的一个 ORI。

证明　反证法。假设存在某个初始时刻 t_0，状态 x_0 不能在区间$[t_0,t_{n-1}]$唯一确定。存在非零向量 $\boldsymbol{\xi}\in\mathbf{R}^n$，使得

$$\boldsymbol{C}(\mathrm{e}^{AT})^k\boldsymbol{\xi}=0 \tag{3.24}$$

其中，$k\in\{0,1,\cdots,n-1\}$。由 Cayley-Hamilton 定理，k 可扩张到 $k\in\mathbf{Z}_0^+$，可得系统(3.2)不能观，矛盾。证毕。

定理 3.4　对矩阵 $\boldsymbol{A}$ 的每两个特征值 λ_1 和 λ_2，如果采样周期 $T>0$ 满足 $T(\lambda_1-\lambda_2)\neq2\pi k\mathrm{j},k\in\mathbf{Z}$ 且 $k\neq0$，那么线性时不变系统(3.1)能观当且仅当离散时变时滞 NCSs(3.2)能观。

证明　略。

注 3.4　定理 3.4 也暗示 NCSs 的能观性与网络诱导时延无关。

3.4 算例仿真

例 3.1 考虑如下线性连续时不变系统[7]：

$$\dot{\boldsymbol{x}}(t)=\boldsymbol{A}\boldsymbol{x}(t)+\boldsymbol{B}\boldsymbol{u}(t)$$

其中，$\boldsymbol{A}=\begin{bmatrix}0 & 1\\ -3 & -4\end{bmatrix}$；$\boldsymbol{B}=\begin{bmatrix}0\\ 1\end{bmatrix}$；假定采样周期 $T=0.5\text{s}$；网络诱导时延在$[0,2T]$范围内变化，即 $d_k\in[0,1,2]$。经 Matlab 计算，获得

$$\widetilde{\boldsymbol{A}}=\begin{bmatrix}0.7982 & 0.1917\\ -0.5751 & 0.0314\end{bmatrix},\quad \widetilde{\boldsymbol{B}}=\begin{bmatrix}0.0673\\ 0.1917\end{bmatrix}$$

由实验得到 $\boldsymbol{\pi}(0)=[0.4\quad 0.3\quad 0.3]$，根据文献[6]，得到 $\boldsymbol{Q}_h$，即

$$\boldsymbol{Q}_h=\begin{bmatrix}0.4 & 0.6 & 0\\ 0.2 & 0.3 & 0.5\\ 0.2 & 0.3 & 0.5\end{bmatrix}$$

选择 $N=2$，有

$$\text{rank}(\boldsymbol{G}_0^1\boldsymbol{G}_1^1)=\text{rank}\begin{bmatrix}0 & 0.0767\\ 0.28 & 0.4326\end{bmatrix}=2$$

由定理 3.2，系统(3.2)是均值能控的。

3.5 本章小结

本章研究了 NCSs 的能控性和能观性问题。针对具有时变网络诱导时延的 NCSs，获得 NCSs 完全能控的充分必要条件，基于网络诱导时延的 Markov 特征，给出 NCSs 完全均值能控的充分必要条件。讨论了初始时不变系统和离散 NCSs 能控与能观的关系，分别推导出 NCSs 能控性指数和能观性指数。通过分析，得出 NCSs 的能控性与网络诱导时延有关、能观性与网络诱导时延无关的结论。算例仿真验证了方法的有效性。

参考文献

[1] Cosmin I, Arben C, Mongi B G. Controllability and observability of input/output delay discrete systems//Proceeding of the 2006 American control conference, 2006: 3513－3518.

[2] Yang P, Xie G, Wang L. Controllability of linear discrete-time systems with time-delay in state and control. http://dean.pku.edu.cn/bksky/1999tzlwj/4.pdf.

[3] Yang P, Xie G, Wang L. Controllability of linear discrete-time systems with time-delay in state. http://dean.pku.edu.cn/bksky/1999tzlwj/5.pdf.

［4］ Zhu Q X, Hu S S. Controllability and observability of networked control systems. Control and Decision, 2004, 19(2): 157－161.

［5］ Sontag E D. Mathematical Control Theory: Deterministic Finite Dimensional Systems. New York: Springer, 1998.

［6］ Yu Z X, Chen H T, Wang Y J. Research on control of network system with Markov delay characteristic//Proceeding of the 3rd World Congress on Intelligent Control and Automation, 2000: 3636－3640.

［7］ Sun J, Liu G P. State feedback control of networked systems-an LMI approach//Proceedings of the 2006 IEEE International Conference on Networking, Sensing and Control, 2006: 637－642.

第4章 具有时延和丢包的网络控制系统建模与控制

由于网络的介入，在网络控制系统中时延和数据包的丢失是不可避免的，严重影响系统的稳定性和性能指标。因而，构建网络控制系统模型时，有必要考虑网络诱导时延和数据包丢失问题。

有多种构建具有时延的 NCSs 模型的方法，包括确定性方法和随机方法等。文献[1]、[2]建立了长时延 NCSs 在传感器和控制器为时钟驱动，执行器为事件驱动时的数学模型，模型中没有考虑噪声。文献[3]中建立了节点对象全为时钟驱动的长时延 NCSs 闭环模型，模型中不含控制量，不便于控制器设计. 文献[4]、[5]介绍了 NCSs 连续模型，其局限在于没有考虑控制器-执行器时延. 文献[6]中建立了具有数据包丢失的 NCSs 模型，但没有考虑任意时延和噪声干扰问题。在建立 NCSs 模型时，多数文献将网络诱导时延和数据包丢失分开考虑。然而，在实际 NCSs 中网络诱导时延和数据包丢失通常是并存的，同时考虑网络诱导时延和数据包丢失建立 NCSs 模型的文献并不多见。

众所周知，控制系统中不确定性影响系统的稳定性和控制器的设计，文献[7]～[10]研究了 NCSs 的鲁棒稳定性及控制器设计方法。饱和执行器是动态系统的一个常见问题[9,11,12]，文献[9]虽然对控制器施加饱和非线性约束，但仅研究在短时延且未考虑数据包丢失情况的 NCSs 的稳定性及性能。文献[8]研究了具有随机延时和丢包的 NCSs 的 H_∞ 控制，但没有考虑输入受限问题。上述文献仅针对网络诱导时延、数据包丢失、不确定性和干扰等问题研究一个或几个。对建立具有更一般性的 NCSs 模型及其性能分析，还未得到充分的研究。

在实际系统中，数据包丢失及噪声问题是客观存在的。本章研究了具有时延和数据包丢失的 NCSs 建模和具有饱和非线性约束的 NCSs 的 H_∞ 控制问题。同时考虑 NCSs 长时延、数据包丢失和数据包错序的情况，并考虑系统具有噪声干扰这一问题，建立了具有事件率约束的异步动态切换系统。此模型建立的条件更接近实际系统情况，具有普适性；对控制器施加饱和非线性约束，保证控制输入有界，进一步研究了该系统的 H_∞ 控制问题。不同于文献[9]：①本章研究的是具有任意时延（长时延或短时延）和数据包丢失情况下 NCS 的鲁棒稳定性，而文献[9]仅给出短时延下 NCSs 鲁棒稳定性条件；②本章采用动态控制器且控制输入受到饱和非线性约束，而文献[9]控制器为状态反馈；③本章给出 H_∞ 次优、最优控制的充分条件，文献[9]忽略此问题。算例仿真验证了方法的有效性。

4.1　具有时延和数据包丢失的 NCSs 建模

本节主要研究 NCSs 建模问题。考虑长时延、数据包丢失、数据包错序和外部干扰等非理想因素，构建具有事件率约束的异步动态切换系统。此模型考虑到实际网络通信中存在的众多不利因素，具有一般性。

4.1.1　问题描述

控制对象决定建模方法，考虑如下线性定常系统：

$$\begin{cases}\dot{\boldsymbol{x}}(t) = \boldsymbol{A}\boldsymbol{x}(t) + \boldsymbol{B}\boldsymbol{u}(t) + \boldsymbol{v}(t) \\ \boldsymbol{y}(t) = \boldsymbol{C}\boldsymbol{x}(t) + \boldsymbol{w}(t)\end{cases} \tag{4.1}$$

其中，$\boldsymbol{x}(t)\in\mathbf{R}^n$；$\boldsymbol{u}(t)\in\mathbf{R}^m$；$\boldsymbol{y}(t)\in\mathbf{R}^r$；$\mathbf{R}^n$ 表示 n 维欧几里得空间；$\boldsymbol{A}$、$\boldsymbol{B}$、$\boldsymbol{C}$ 为适维矩阵；$\boldsymbol{v}(t)$、$\boldsymbol{w}(t)$为零均值白噪声向量。为便于讨论，做如下合理假设：

① 传感器、控制器和执行器均为时钟驱动；

② 网络诱导时延有界，即 $0\leqslant\tau_{sc}^k\leqslant d_1T, 0\leqslant\tau_{ca}^k\leqslant d_2T, d_1、d_2\in\mathbf{Z}^+$，$\mathbf{Z}^+$ 表示正整数集合；

③ 数据包在传感器-控制器和控制器-执行器传输中，最大连续丢包数分别为 m_1 和 m_2，m_1、$m_2\in\mathbf{Z}^+$。数据包丢失率即网络开关率随机变化。

由于在 NCSs 中数据包时序错乱在所难免，在 NCSs 中最新的数据便是最好的数据。基于该思想可对数据包错序提出如下控制方法：在数据包的发送端，在每一个待发送的数据后面加上时间戳，在网络数据包的接收端除了接收数据缓冲器之外，再设置第二缓冲器[13]。采用此方法仍能使 $0\leqslant\tau_{sc}^k\leqslant d_1T, 0\leqslant\tau_{ca}^k\leqslant d_2T$[13]。令 $D_1=d_1+m_1$ 和 $D_2=d_2+m_2$。

数据包丢失发生的时段，相当于数据传输通道暂时断开，如图 4.1 所示，具有数据包丢失的闭环网络控制系统可等效成一个开关切换系统. 以传感器-控制器之间数据包传输为例，若数据包丢失，看作 K_1 置于 $\bar{S}_1$，若数据包未丢失，可看作 K_1 置于 S_1。开关 K_2 同理。由于网络诱导时延的影响，最多有 D_1 或 D_2 个数据包在$[kT,(k+1)T]$时间段到达控制器或执行器(图 4.2)，数据包的丢失可看作开关 K_1、K_2 在$[kT,(k+1)T]$时间间隔内随机切换。由于开关 K_1 一直置于 S_1 与 K_1 在 S_1、$\bar{S}_1$ 之间切换但控制器能在$[kT,(k+1)T]$时间间隔内接收到新信号情况一致，即 $\boldsymbol{s}_k=\sum_{i=1}^{D_1}a_{k,i}y_{k-i}\left(a_{k,i}\in\{0,1\},\sum_{i=1}^{D_1}a_{k,i}=1\right)$。所以控制器在$[kT,(k+1)T]$时间间隔内若能接收到新信号，可设开关 K_1 一直置于 S_1；由于开关 K_1 一直置于 $\bar{S}_1$，即控制器在$[kT,(k+1)T]$时间间隔内未能接收到新信号，这与 K_1 在 S_1、$\bar{S}_1$ 之间切换但控制器未能在$[kT,(k+1)T]$时间间隔内接收到新信号情况一致，都为 $\boldsymbol{s}_k=\boldsymbol{s}_{k-1}$，所以控制器在 $[kT,(k+1)T]$ 时间间隔内未接收到新信号，可设 K_1 置于 $\bar{S}_1$，开关 K_2 同理。

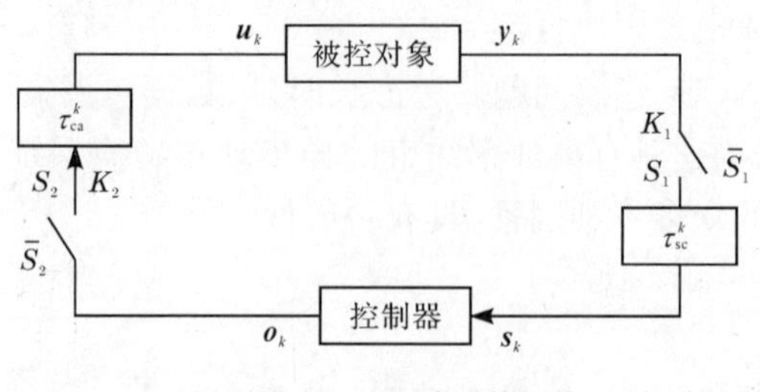

图 4.1 开关系统

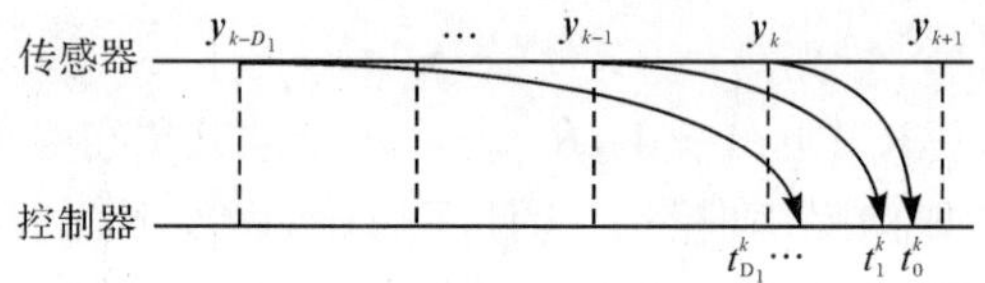

图 4.2 信号传输时序图

4.1.2 系统建模

将系统(4.1)转化为离散状态方程

$$\begin{cases}\boldsymbol{x}_{k+1}=\boldsymbol{A}_s\boldsymbol{x}_k+\boldsymbol{B}_s\boldsymbol{u}_k+\boldsymbol{v}_k\\ \boldsymbol{y}_k=\boldsymbol{C}\boldsymbol{x}_k+\boldsymbol{w}_k\end{cases}\tag{4.2}$$

其中，$\boldsymbol{x}_k=\boldsymbol{x}(kT)$；$\boldsymbol{y}_k=\boldsymbol{y}(kT)$；$\boldsymbol{A}_s=\mathrm{e}^{AT}$；$\boldsymbol{B}_s=\int_0^T \mathrm{e}^{A(T-s)}\mathrm{d}s\boldsymbol{B}$；$\boldsymbol{v}_k=\int_{kT}^{(k+1)T}\mathrm{e}^{\lambda[(k+1)T-s]}\boldsymbol{v}(s)\mathrm{d}s$；$\boldsymbol{w}_k=w(kT)$；$E(\boldsymbol{v}_k,\boldsymbol{v}_k^{\mathrm{T}})=R_1\geqslant 0$；$E(\boldsymbol{w}_k,\boldsymbol{w}_k^{\mathrm{T}})=R_2\geqslant 0$。

选用如下动态控制器：

$$\begin{cases}\boldsymbol{z}_{k+1}=\boldsymbol{F}\boldsymbol{z}_k+\boldsymbol{G}\boldsymbol{s}_k\\ \boldsymbol{o}_k=\boldsymbol{H}\boldsymbol{z}_k+\boldsymbol{J}\boldsymbol{s}_k\end{cases}\tag{4.3}$$

其中，$\boldsymbol{z}_k\in\mathbf{R}^m$；$\boldsymbol{s}_k\in\mathbf{R}^q$；$\boldsymbol{o}_k\in\mathbf{R}^p$；$\boldsymbol{F}$、$\boldsymbol{G}$、$\boldsymbol{H}$、$\boldsymbol{J}$ 为适维矩阵。具有长时延和数据包丢失的 NCSs 可以分为四种情况研究(表 4.1)。

表 4.1 网络状态与系统变量之间关系

i	K_1	K_2	$\boldsymbol{s}_k$	$\boldsymbol{u}_k$	r_i
1	通 S_1	通 S_2	$\boldsymbol{s}_k=\boldsymbol{y}_{k-i}$	$\boldsymbol{u}_k=\boldsymbol{o}_{k-i}$	$\lambda_1\lambda_2$
2	通 S_1	通 $\bar{S}_2$	$\boldsymbol{s}_k=\boldsymbol{y}_{k-i}$	$\boldsymbol{u}_k=\boldsymbol{u}_{k-1}$	$\lambda_1(1-\lambda_2)$
3	通 $\bar{S}_1$	通 $\bar{S}_2$	$\boldsymbol{s}_k=\boldsymbol{s}_{k-1}$	$\boldsymbol{u}_k=\boldsymbol{u}_{k-1}$	$(1-\lambda_1)(1-\lambda_2)$
4	通 $\bar{S}_1$	通 S_2	$\boldsymbol{s}_k=\boldsymbol{s}_{k-1}$	$\boldsymbol{u}_k=\boldsymbol{o}_{k-i}$	$(1-\lambda_1)\lambda_2$

表 4.1 中，r_i 表示事件率；λ_1、λ_2 分别表示 K_1 和 K_2 的开关率（接通率或成功传输率）。

情况 1：由于控制器和执行器均采用时间驱动，有

$$\boldsymbol{s}_k = \boldsymbol{y}_{k-i} = \sum\nolimits_{i=0}^{D_1} a_{k,i}\boldsymbol{y}_{k-i}, \quad a_{k,i} \in \{0,1\} \tag{4.4a}$$

$$\boldsymbol{u}_k = \boldsymbol{o}_{k-i} = \sum\nolimits_{i=0}^{D_2} \beta_{k,i}\boldsymbol{o}_{k-i}, \quad \beta_{k,i} \in \{0,1\} \tag{4.4b}$$

并且

$$\sum\nolimits_{i=0}^{D_1} a_{k,i} = 1, \quad \sum\nolimits_{i=0}^{D_2} \beta_{k,i} = 1 \tag{4.5}$$

情况 2：

$$\boldsymbol{s}_k = \boldsymbol{y}_{k-i} = \sum\nolimits_{i=0}^{D_1} a_{k,i}\boldsymbol{y}_{k-i} \tag{4.6a}$$

$$\boldsymbol{u}_k = \boldsymbol{u}_{k-1} \tag{4.6b}$$

情况 3：此种情况相当于在$[kT,(k+1)T]$时间间隔内，控制器一直未接收到新信号，此时间间隔内，执行器不能接收到新信号。

$$\boldsymbol{s}_k = \boldsymbol{s}_{k-1} \tag{4.7a}$$

$$\boldsymbol{u}_k = \boldsymbol{u}_{k-1} \tag{4.7b}$$

情况 4：

$$\boldsymbol{s}_k = \boldsymbol{s}_{k-1} \tag{4.8a}$$

$$\boldsymbol{u}_k = \boldsymbol{o}_{k-i} = \sum\nolimits_{i=0}^{D_2} \beta_{k,i}\boldsymbol{o}_{k-i} \tag{4.8b}$$

设 $\tilde{\boldsymbol{x}}_k = [\boldsymbol{x}_k^{\mathrm{T}}\boldsymbol{x}_{k-1}^{\mathrm{T}}\cdots\boldsymbol{x}_{k-D_1}^{\mathrm{T}}]^{\mathrm{T}} \in \mathbf{R}^{n\times D_1}$，当 NCSs 中出现数据包时序错乱时，采用第二缓冲器方法不会加大网络诱导时延，所以将式(4.2)与式(4.4a)联立，有

$$\begin{cases} \tilde{\boldsymbol{x}}_{k+1} = \tilde{\boldsymbol{A}}\tilde{\boldsymbol{x}}_k + \tilde{\boldsymbol{B}}\boldsymbol{u}_k + \boldsymbol{M}\boldsymbol{v}_k \\ \boldsymbol{s}_k = \tilde{\boldsymbol{C}}_{\tau_{\mathrm{sc}}}^k \tilde{\boldsymbol{x}}_k + \tilde{\boldsymbol{C}}_{\tau_{\mathrm{sc}}}^k \tilde{\boldsymbol{w}}_k \end{cases} \tag{4.9}$$

其中，

$$\tilde{\boldsymbol{A}} = \begin{bmatrix} \boldsymbol{A}_s & 0 & \cdots & 0 & 0 \\ \boldsymbol{I} & 0 & \cdots & 0 & 0 \\ 0 & \boldsymbol{I} & \cdots & 0 & 0 \\ \vdots & \vdots & & \vdots & \vdots \\ 0 & 0 & \cdots & \boldsymbol{I} & 0 \end{bmatrix}; \quad \tilde{\boldsymbol{B}} = \begin{bmatrix} \boldsymbol{B}_s \\ 0 \\ \vdots \\ 0 \end{bmatrix}; \quad \boldsymbol{M} = \begin{bmatrix} \boldsymbol{I} \\ 0 \\ \vdots \\ 0 \end{bmatrix}$$

$$\tilde{\boldsymbol{C}}_{\tau_{\mathrm{sc}}}^k = \{0 \quad \cdots \quad 0 \quad \boldsymbol{I} \quad 0\cdots 0\}; \quad \tilde{\boldsymbol{w}}_k = [\boldsymbol{w}_k^{\mathrm{T}}\boldsymbol{w}_{k-1}^{\mathrm{T}}\cdots\boldsymbol{w}_{k-D_1}^{\mathrm{T}}]^{\mathrm{T}}$$

联立式(4.3)和式(4.4b)，令 $\tilde{\boldsymbol{z}}_k = [\boldsymbol{z}_k^{\mathrm{T}}\boldsymbol{z}_{k-1}^{\mathrm{T}}\cdots\boldsymbol{z}_{k-D_2}^{\mathrm{T}}]^{\mathrm{T}} \in \mathbf{R}^{m\times(D_2+1)}$，$\tilde{\boldsymbol{s}}_k = [\boldsymbol{s}_k^{\mathrm{T}}\ \boldsymbol{s}_{k-1}^{\mathrm{T}}\cdots\boldsymbol{s}_{k-D_2}^{\mathrm{T}}]^{\mathrm{T}} \in \mathbf{R}^{q\times(D_2+1)}$，有

$$\begin{cases} \tilde{z}_{k+1} = \tilde{F}\tilde{z}_k + \tilde{G}s_k \\ u_k = \tilde{H}_{\tau_{ca}^k}\tilde{z}_k + \tilde{J}_{\tau_{ca}^k}\tilde{s}_k \end{cases} \tag{4.10}$$

其中，

$$\tilde{F} = \begin{bmatrix} F & 0 & \cdots & 0 & 0 \\ I & 0 & \cdots & 0 & 0 \\ 0 & I & \cdots & 0 & 0 \\ \vdots & \vdots & & \vdots & \vdots \\ 0 & 0 & \cdots & I & 0 \end{bmatrix};\quad \tilde{G} = \begin{bmatrix} G \\ 0 \\ 0 \\ \vdots \\ 0 \end{bmatrix}$$

$$\tilde{H}_{\tau_{ca}^k} = \begin{cases} [H \quad 0 \quad \cdots \quad 0 \quad 0], & \tau_{ca}^k = 0 \\ [0 \quad \cdots \quad 0 \quad H \quad 0 \quad \cdots \quad 0], & \tau_{ca}^k \neq 0 \end{cases}$$

$$\tilde{J}_{\tau_{ca}^k} = \begin{cases} [J \quad 0 \quad \cdots \quad 0 \quad 0], & \tau_{ca}^k = 0 \\ [0 \quad \cdots \quad 0 \quad J \quad 0 \quad \cdots \quad 0], & \tau_{ca}^k \neq 0 \end{cases}$$

由式(4.9)和式(4.10)，有

$$\begin{cases} \tilde{x}_{k+1} = (\tilde{A} + \tilde{B}\tilde{J}_{\tau_{ca}^k}\hat{C}_{\tau_{sc}^k})\hat{x}_k + \tilde{B}\tilde{H}_{\tau_{ca}^k}z_k + \tilde{B}\tilde{J}_{\tau_{ca}^k}\bar{C}_{\tau_{sc}^k}\tilde{w}_k + Mv_k \\ \tilde{z}_{k+1} = \tilde{F}\tilde{z}_k + \tilde{G}\hat{C}_{\tau_{sc}^k}\tilde{x}_k + \hat{G}\bar{C}_{\tau_{sc}^k}\tilde{w}_k \\ u_k = \tilde{H}_{\tau_{ca}^k}\tilde{z}_k + \tilde{J}_{\tau_{ca}^k}\hat{C}_{\tau_{sc}^k}\tilde{x}_k + \tilde{J}\bar{C}_{\tau_{sc}^k}\tilde{w}_k \\ \tilde{s}_k = \hat{C}_{\tau_{sc}^k}\tilde{x}_k + \bar{C}_{\tau_{sc}^k}\tilde{w}_k \end{cases}$$

令 $\bar{x}_{k+1} = \{\tilde{x}_k^{\mathrm{T}}\tilde{z}_k^{\mathrm{T}}u_{k-1}^{\mathrm{T}}s_{k-1}^{\mathrm{T}}\}^{\mathrm{T}}$，有

$$\bar{x}_{k+1} = A_1\bar{x}_k + \Gamma_1 e \tag{4.11}$$

其中，

$$A_1 = \begin{bmatrix} \tilde{A} + \tilde{B}\tilde{J}_{\tau_{ca}^k}\tilde{C}_{\tau_{sc}^k} & \tilde{B}\tilde{H}_{\tau_{ca}^k} & 0 & 0 \\ \hat{G}\hat{C}_{\tau_{sc}^k} & \tilde{F} & 0 & 0 \\ \tilde{J}_{\tau_{ca}^k}\hat{C}_{\tau_{sc}^k} & \tilde{H} & 0 & 0 \\ \hat{C}_{\tau_{sc}^k} & 0 & 0 & 0 \end{bmatrix}$$

$$\Gamma_1 = \begin{bmatrix} M & \tilde{B}\tilde{J}_{\tau_{ca}^k}\bar{C}_{\tau_{sc}^k} \\ 0 & \hat{G}\bar{C}_{\tau_{sc}^k} \\ 0 & \tilde{J}_{\tau_{ca}^k}\bar{C}_{\tau_{sc}^k} \\ 0 & \bar{C}_{\tau_{sc}^k} \end{bmatrix};\quad e = \begin{bmatrix} v_k \\ \tilde{w}_k \end{bmatrix}$$

$$\hat{\boldsymbol{C}}_{\tau_{sc}^k}=\begin{bmatrix}\boldsymbol{C}\widetilde{\boldsymbol{C}}_{\tau_{sc}^k}\\0\\\vdots\\0\end{bmatrix};\quad \bar{\boldsymbol{C}}_{\tau_{sc}^k}=\begin{bmatrix}\widetilde{\boldsymbol{C}}_{\tau_{sc}^k}\\0\\\vdots\\0\end{bmatrix};\quad \hat{\boldsymbol{G}}=\begin{bmatrix}\hat{\boldsymbol{G}} & 0 & \cdots & 0\end{bmatrix}$$

类似情况 1,对于情况 2,有

$$\bar{\boldsymbol{x}}_{k+1}=\boldsymbol{A}_2\bar{\boldsymbol{x}}_k+\boldsymbol{\Gamma}_2\boldsymbol{e} \tag{4.12}$$

其中,

$$\boldsymbol{A}_2=\begin{bmatrix}\widetilde{\boldsymbol{A}} & 0 & \widetilde{\boldsymbol{B}} & 0\\\hat{\boldsymbol{G}}\hat{\boldsymbol{C}}_{\tau_{sc}^k} & \widetilde{\boldsymbol{F}} & 0 & 0\\0 & 0 & \boldsymbol{I} & 0\\\hat{\boldsymbol{C}}_{\tau_{sc}^k} & 0 & 0 & 0\end{bmatrix};\quad \boldsymbol{\Gamma}_2=\begin{bmatrix}\boldsymbol{M} & 0\\0 & \hat{\boldsymbol{G}}\bar{\boldsymbol{C}}_{\tau_{sc}^k}\\0 & 0\\0 & \bar{\boldsymbol{C}}_{\tau_{sc}^k}\end{bmatrix}$$

情况 3:

$$\bar{\boldsymbol{x}}_{k+1}=\boldsymbol{A}_3\bar{\boldsymbol{x}}_k+\boldsymbol{\Gamma}_3\boldsymbol{e} \tag{4.13}$$

其中,

$$\boldsymbol{A}_3=\begin{bmatrix}\widetilde{\boldsymbol{A}} & 0 & \widetilde{\boldsymbol{B}} & 0\\0 & \widetilde{\boldsymbol{F}} & 0 & \hat{\boldsymbol{G}}\hat{\boldsymbol{I}}\\0 & 0 & \boldsymbol{I} & 0\\0 & 0 & 0 & \boldsymbol{I}\end{bmatrix};\quad \boldsymbol{\Gamma}_3=\begin{bmatrix}\boldsymbol{M} & 0\\0 & 0\\0 & 0\\0 & 0\end{bmatrix};\quad \hat{\boldsymbol{I}}=\begin{bmatrix}\boldsymbol{I} & 0 & \cdots & 0 & 0\\\boldsymbol{I} & 0 & \cdots & 0 & 0\\\vdots & \vdots & \ddots & \vdots & \vdots\\0 & 0 & \cdots & \boldsymbol{I} & 0\end{bmatrix}$$

情况 4:

$$\bar{\boldsymbol{x}}_{k+1}=\boldsymbol{A}_4\bar{\boldsymbol{x}}_k+\boldsymbol{\Gamma}_4\boldsymbol{e} \tag{4.14}$$

其中,

$$\boldsymbol{A}_4=\begin{bmatrix}\widetilde{\boldsymbol{A}} & \widetilde{\boldsymbol{B}}\widetilde{\boldsymbol{H}}_{\tau_{ca}^k} & 0 & \widetilde{\boldsymbol{B}}\widetilde{\boldsymbol{J}}_{\tau_{ca}^k}\hat{\boldsymbol{I}}\\0 & \widetilde{\boldsymbol{F}} & 0 & \hat{\boldsymbol{G}}\hat{\boldsymbol{I}}\\0 & \widetilde{\boldsymbol{H}}_{\tau_{ca}^k} & 0 & \widetilde{\boldsymbol{J}}_{\tau_{ca}^k}\hat{\boldsymbol{I}}\\0 & 0 & 0 & \hat{\boldsymbol{I}}\end{bmatrix};\quad \boldsymbol{\Gamma}_4=\begin{bmatrix}\boldsymbol{M} & 0\\0 & 0\\0 & 0\\0 & 0\end{bmatrix}$$

由式(4.11)～式(4.14),可得事件率约束的动态切换系统

$$\bar{\boldsymbol{x}}_{k+1}=\boldsymbol{A}_i\bar{\boldsymbol{x}}_k+\boldsymbol{\Gamma}_i\boldsymbol{e}\quad (i=1,2,3,4) \tag{4.15}$$

4.1.3 算例仿真

设被控对象系统方程为

$$\begin{cases}\dot{\boldsymbol{x}}(t)=\begin{bmatrix}0 & 5\\ -4 & -6\end{bmatrix}\boldsymbol{x}(t)+\begin{bmatrix}0\\ 1\end{bmatrix}\boldsymbol{u}(t)+\boldsymbol{v}(t)\\ \boldsymbol{y}(t)=\begin{bmatrix}0.01 & 0\end{bmatrix}\boldsymbol{x}(t)+\boldsymbol{w}(t)\end{cases}$$

控制器为

$$\boldsymbol{F}=\begin{bmatrix}0.0170 & 0\\ 0 & 0.0170\end{bmatrix},\quad \boldsymbol{G}=\begin{bmatrix}0.1\\ 0\end{bmatrix}$$

$$\boldsymbol{H}=\begin{bmatrix}-0.0050 & 0\end{bmatrix},\quad \boldsymbol{J}=0$$

取采样周期 $T=0.005\text{s}$,不失一般性,取 $D_1=D_2=2$,$\tau_{ca}^k=0$,$0<\tau_{sc}^k<T$。由 Matlab 计算可得

$$\boldsymbol{A}_s=\begin{bmatrix}0.9998 & 0.0246\\ -0.0197 & 0.9702\end{bmatrix},\quad \boldsymbol{B}_s=\begin{bmatrix}0.0001\\ 0.0049\end{bmatrix}$$

对于具有事件率约束的动态开关系统 $\bar{\boldsymbol{x}}_{k+1}=\boldsymbol{A}_i\bar{\boldsymbol{x}}_k+\boldsymbol{\Gamma}_i\boldsymbol{e}$,($i=1,2,3,4$),有

$$\boldsymbol{A}_1=\begin{bmatrix}
0.9998 & 0.0246 & 0 & 0 & 0 & 0 & 0 & 0 & 0 & 0 & 0 & 0 & 0 & 0 & 0 & 0\\
-0.0197 & 0.9702 & 0 & 0 & 0 & 0 & 0 & 0 & 0 & 0 & 0 & 0 & 0 & 0 & 0 & 0\\
1 & 0 & 0 & 0 & 0 & 0 & 0 & 0 & 0 & 0 & 0 & 0 & 0 & 0 & 0 & 0\\
0 & 1 & 0 & 0 & 0 & 0 & 0 & 0 & 0 & 0 & 0 & 0 & 0 & 0 & 0 & 0\\
0 & 0 & 1 & 0 & 0 & 0 & 0 & 0 & 0 & 0 & 0 & 0 & 0 & 0 & 0 & 0\\
0 & 0 & 0 & 1 & 0 & 0 & 0 & 0 & 0 & 0 & 0 & 0 & 0 & 0 & 0 & 0\\
0 & 0 & 0.001 & 0 & 0 & 0 & 0.0170 & 0 & 0 & 0 & 0 & 0 & 0 & 0 & 0 & 0\\
0 & 0 & 0 & 0 & 0 & 0 & 0 & 0.0170 & 0 & 0 & 0 & 0 & 0 & 0 & 0 & 0\\
0 & 0 & 0 & 0 & 0 & 0 & 1 & 0 & 0 & 0 & 0 & 0 & 0 & 0 & 0 & 0\\
0 & 0 & 0 & 0 & 0 & 0 & 0 & 1 & 0 & 0 & 0 & 0 & 0 & 0 & 0 & 0\\
0 & 0 & 0 & 0 & 0 & 0 & 0 & 0 & 1 & 0 & 0 & 0 & 0 & 0 & 0 & 0\\
0 & 0 & 0 & 0 & 0 & 0 & 0 & 0 & 0 & 1 & 0 & 0 & 0 & 0 & 0 & 0\\
0 & 0 & 0 & 0 & 0 & 0 & -0.005 & 0 & 0 & 0 & 0 & 0 & 0 & 0 & 0 & 0\\
0 & 0 & 0.01 & 0 & 0 & 0 & 0 & 0 & 0 & 0 & 0 & 0 & 0 & 0 & 0 & 0\\
0 & 0 & 0 & 0 & 0 & 0 & 0 & 0 & 0 & 1 & 0 & 0 & 0 & 0 & 0 & 0\\
0 & 0 & 0 & 0 & 0 & 0 & 0 & 0 & 0 & 1 & 0 & 0 & 0 & 0 & 0 & 0
\end{bmatrix}$$

$$\boldsymbol{\Gamma}_1^{\mathrm{T}}=\begin{bmatrix}
1 & 0 & 0 & 0 & 0 & 0 & 0 & 0 & 0 & 0 & 0 & 0 & 0 & 0 & 0 & 0\\
0 & 1 & 0 & 0 & 0 & 0 & 0 & 0 & 0 & 0 & 0 & 0 & 0 & 0 & 0 & 0\\
0 & 0 & 0 & 0 & 0 & 0 & 0 & 0 & 0 & 0 & 0 & 0 & 0 & 0 & 0 & 0\\
0 & 0 & 0 & 0 & 0 & 0 & 0.1 & 0 & 0 & 0 & 0 & 0 & 0 & 1 & 0 & 0\\
0 & 0 & 0 & 0 & 0 & 0 & 0 & 0 & 0 & 0 & 0 & 0 & 0 & 0 & 0 & 0
\end{bmatrix}$$

同样方法可得 $\boldsymbol{A}_2$,$\boldsymbol{\Gamma}_2$,$\boldsymbol{A}_3$,$\boldsymbol{\Gamma}_3$,$\boldsymbol{A}_4$,$\boldsymbol{\Gamma}_4$。

4.2 具有饱和非线性约束的 NCSs 鲁棒 H_∞ 控制

本节研究具有饱和非线性约束的 NCSs 的 H_∞ 控制问题。考虑到系统的不确定性、网络诱导时延、丢包、干扰等因素,对动态控制器施加饱和非线性约束,保证控制输入有界,得到系统的 H_∞ 控制判据。

4.2.1 问题描述

为便于讨论,做如下合理假设:①传感器、控制器和执行器均为时钟驱动;②假定网络诱导时延有界,数据包丢失有界,丢包问题看做是加大了网络诱导时延,即 $0\leqslant\tau_{sc}^k\leqslant D_1T$,$0\leqslant\tau_{ca}^k\leqslant D_2T$($T$ 为采样周期,$D_1,D_2\in\mathbf{Z}^+$),τ_{sc}^k表示传感器-控制器时延,τ_{ca}^k表示控制器-执行器时延。考虑如下被控对象方程:

$$\begin{cases}\boldsymbol{x}_{p,k+1}=(\boldsymbol{A}+\Delta\boldsymbol{A}(k))\boldsymbol{x}_{p,k}+(\boldsymbol{B}+\Delta\boldsymbol{B}(k))\boldsymbol{u}_{p,k}+\boldsymbol{H}_1\boldsymbol{w}_k\\ \boldsymbol{y}_{p,k}=\boldsymbol{C}_{p_1}\boldsymbol{x}_{p,k}+\boldsymbol{H}_2\boldsymbol{w}_k\\ \boldsymbol{z}_{p,k}=\boldsymbol{C}_{p_2}\boldsymbol{x}_{p,k}+\boldsymbol{H}_3\boldsymbol{w}_k\end{cases}\tag{4.16}$$

其中,$\boldsymbol{x}_{p,k}$、$\boldsymbol{u}_{p,k}$、$\boldsymbol{w}_k$、$\boldsymbol{y}_{p,k}$、$\boldsymbol{z}_{p,k}$分别为系统的状态、控制输入、扰动输入、控制输出和被调输出;$\boldsymbol{A}$、$\boldsymbol{B}$、$\boldsymbol{C}_{p_1}$、$\boldsymbol{C}_{p_2}$、$\boldsymbol{H}_1$、$\boldsymbol{H}_2$、$\boldsymbol{H}_3$ 为适维矩阵;$(\Delta\boldsymbol{A}(k),\Delta\boldsymbol{B}(k))=\boldsymbol{DF}(k)(\boldsymbol{E}_1,\boldsymbol{E}_2)$,$\boldsymbol{F}(k)^{\mathrm{T}}\boldsymbol{F}(k)<I$。设控制器为

$$\begin{cases}\boldsymbol{x}_{c,k+1}=\boldsymbol{A}_c\boldsymbol{x}_{c,k}+\boldsymbol{B}_c\boldsymbol{y}_{c,k}\\ \boldsymbol{u}_{c,k}=\boldsymbol{C}_c\boldsymbol{x}_{c,k}+\boldsymbol{D}_c\boldsymbol{y}_{c,k}\end{cases}\tag{4.17}$$

其中,$\boldsymbol{x}_{c,k}$、$\boldsymbol{y}_{c,k}$、$\boldsymbol{u}_{c,k}$分别为控制器的状态、输入和输出;$\boldsymbol{A}_c$、$\boldsymbol{B}_c$、$\boldsymbol{C}_c$、$\boldsymbol{D}_c$ 为适维矩阵。根据假设,有

$$\boldsymbol{y}_{c,k}=\boldsymbol{y}_{p,k-i}=\sum\nolimits_{i=0}^{D_1}a_{k,i}y_{p,k-i},\quad a_{k,i}\in\{0,1\}\tag{4.18}$$

$$\boldsymbol{u}_{p,k}=\boldsymbol{u}_{c,k-i}=\sum\nolimits_{i=0}^{D_2}\beta_{k,i}u_{c,k-i},\quad \beta_{k,i}\in\{0,1\}\tag{4.19}$$

其中,$\sum\nolimits_{i=0}^{D_1}a_{k,i}=1$;$\sum\nolimits_{i=0}^{D_1}\beta_{k,i}=1$。设输入最大幅值为 $u_{\max}$,满足$|\boldsymbol{u}_{p,k}|\leqslant u_{\max}$,定义函数 $g(y_{c,k})$ 为

$$g(y_{c,k})=\begin{cases}1, & |\boldsymbol{C}_c\boldsymbol{x}_{c,k}+\boldsymbol{D}_c\boldsymbol{y}_{c,k}|\leqslant u_{\max}\\ u_{\max}/|\boldsymbol{C}_c\boldsymbol{x}_{c,k}+\boldsymbol{D}_cy_{c,k}|, & |\boldsymbol{C}_c\boldsymbol{x}_{c,k}+\boldsymbol{D}_c\boldsymbol{y}_{c,k}|>u_{\max}\end{cases}$$

其中,$g(y_{c,k})\in(0,1]$。则重写控制器模型(4.17)为

$$\begin{cases}\boldsymbol{x}_{c,k+1}=\boldsymbol{A}_c\boldsymbol{x}_{c,k}+\boldsymbol{B}_c\boldsymbol{y}_{c,k}\\ \boldsymbol{u}_{c,k}=g(y_{c,k})(\boldsymbol{C}_c\boldsymbol{x}_{c,k}+\boldsymbol{D}_c\boldsymbol{y}_{c,k})\end{cases}\tag{4.20}$$

设 $\tilde{\boldsymbol{x}}_k=[\boldsymbol{x}_{p,k}^{\mathrm{T}}\boldsymbol{x}_{p,k-1}^{\mathrm{T}}\cdots\boldsymbol{x}_{p,k-D_1}^{\mathrm{T}}]^{\mathrm{T}}$,$\tilde{\boldsymbol{w}}_k=[\boldsymbol{w}_k^{\mathrm{T}}\boldsymbol{w}_{k-1}^{\mathrm{T}}\cdots\boldsymbol{w}_{k-D_1}^{\mathrm{T}}]^{\mathrm{T}}$,$\tilde{\boldsymbol{z}}_k=[\boldsymbol{x}_{c,k}^{\mathrm{T}}\boldsymbol{u}_{c,k-1}^{\mathrm{T}}\cdots\boldsymbol{u}_{c,k-D_2}^{\mathrm{T}}]^{\mathrm{T}}$,$\bar{\boldsymbol{x}}_k=(\tilde{\boldsymbol{x}}_k^{\mathrm{T}}\tilde{\boldsymbol{z}}_k^{\mathrm{T}})^{\mathrm{T}}$,由式(4.16)~式(4.20),建立增广系统

$$\bar{x}_{k+1}=\begin{bmatrix}\tilde{A}+\tilde{B}\tilde{J}_{\tau_{ca}^k}C_p\tilde{C}_{\tau_{sc}^k} & \tilde{B}\tilde{H}_{\tau_{ca}^k}\\ \tilde{G}C_p\tilde{C}_{\tau_{sc}^k} & \tilde{F}\end{bmatrix}\bar{x}_k+\begin{bmatrix}\tilde{B}H_2\tilde{J}_{\tau_{ca}^k}\tilde{C}_{\tau_{sc}^k}+W\\ \tilde{G}H_2\tilde{C}_{\tau_{sc}^k}\end{bmatrix}\tilde{w}_k \tag{4.21}$$

$$z_{p,k}=\tilde{C}_{p_2}\tilde{x}_k+\tilde{D}\tilde{w}_k$$

其中，

$$\tilde{A}=\bar{A}+\bar{D}F\tilde{E}_1;\quad \tilde{B}=\bar{B}+\bar{D}F\tilde{E}_2;\quad \tilde{D}=[H_3\quad 0\quad\cdots\quad 0]$$

$$\bar{A}=\begin{bmatrix}A & 0 & \cdots & 0 & 0\\ I & 0 & \cdots & 0 & 0\\ 0 & I & \cdots & 0 & 0\\ \vdots & \vdots & & \vdots & \vdots\\ 0 & 0 & \cdots & I & 0\end{bmatrix};\quad \bar{B}=\begin{bmatrix}B\\ 0\\ \vdots\\ 0\end{bmatrix};\quad \tilde{E}_2=\begin{bmatrix}E_2\\ 0\\ \vdots\\ 0\end{bmatrix}$$

$$\tilde{C}_{\tau_{sc}^k}=[0\quad\cdots\quad 0\quad I\quad 0\quad\cdots\quad 0]^{\mathrm{T}};\quad \tilde{E}_1=[E_1\quad 0\quad\cdots\quad 0]$$

$$\tilde{C}_{p_2}=[\tilde{C}_{p_2}\,0\cdots 0];\quad \bar{D}=[D\quad 0\quad\cdots\quad 0]^{\mathrm{T}}$$

$$W=\begin{bmatrix}H_1 & 0 & \cdots & 0\\ 0 & 0 & \cdots & 0\\ \vdots & \vdots & & \vdots\\ 0 & 0 & \cdots & 0\end{bmatrix};\quad \tilde{F}=\begin{bmatrix}A_c & 0 & \cdots & 0 & 0\\ gC_c & 0 & \cdots & 0 & 0\\ 0 & I & \cdots & 0 & 0\\ \vdots & \vdots & & \vdots & \vdots\\ 0 & 0 & \cdots & I & 0\end{bmatrix}$$

$$\tilde{H}_{\tau_{ca}^k}=\begin{cases}[gC_c\quad 0\quad\cdots\quad 0], & \tau_{ca}^k=0\\ [0\quad\cdots\quad 0\quad I\quad 0\quad\cdots\quad 0], & \tau_{ca}^k\neq 0\end{cases}$$

$$\tilde{J}_{\tau_{ca}^k}=\begin{cases}gD_c, & \tau_{ca}^k=0\\ 0, & \tau_{ca}^k\neq 0\end{cases};\quad \tilde{G}=[B_c^{\mathrm{T}},gD_c^{\mathrm{T}},0,\cdots,0]^{\mathrm{T}}$$

注 4.1　不同于文献[9]，模型(4.21)综合考虑网络传输时延（长时延或短时延）和数据包丢失情况，设计动态控制器。而文献[9]仅针对短时延建模，控制器为状态反馈。

4.2.2　稳定性分析与控制器设计

定理 4.1　如果存在正定矩阵 P,Q 满足条件

$$\begin{bmatrix}-P+\varepsilon^{-1}G^{\mathrm{T}}G & \varepsilon^{-1}G^{\mathrm{T}}\tilde{E}_2\tilde{H} & M^{\mathrm{T}} & A_2^{\mathrm{T}}\\ * & -Q+\varepsilon^{-1}(\tilde{E}_2\tilde{H})^{\mathrm{T}}\tilde{E}_2\tilde{H} & (\bar{B}\tilde{H})^{\mathrm{T}} & \tilde{F}\\ * & * & -P^{-1}+\varepsilon\bar{D}\bar{D}^{\mathrm{T}} & 0\\ * & * & * & -Q^{-1}\end{bmatrix}<0 \tag{4.22}$$

则具有饱和非线性约束的 NCSs(4.21)是渐近稳定的。其中，

$$\boldsymbol{M}=\bar{\boldsymbol{A}}+\bar{\boldsymbol{B}}\tilde{\boldsymbol{J}}_{\tau_{ca}^k}\boldsymbol{C}_p\tilde{\boldsymbol{C}}_{\tau_{sc}^k};\quad \boldsymbol{G}=\tilde{\boldsymbol{E}}_1+\tilde{\boldsymbol{E}}_2\tilde{\boldsymbol{J}}_{\tau_{ca}^k}\boldsymbol{C}_p\tilde{\boldsymbol{C}}_{\tau_{sc}^k}$$

证明　选择正定矩阵 $\boldsymbol{P},\boldsymbol{Q}$，定义 Lyapunov 函数

$$V(\boldsymbol{x}(k))=\tilde{\boldsymbol{x}}_K^{\mathrm{T}}\boldsymbol{P}\tilde{\boldsymbol{x}}_k+\tilde{\boldsymbol{z}}_k^{\mathrm{T}}\boldsymbol{Q}\tilde{\boldsymbol{z}}_k \tag{4.23}$$

有

$$\Delta V(\boldsymbol{x}(k))=\begin{bmatrix}\tilde{\boldsymbol{x}}_k^{\mathrm{T}} & \tilde{\boldsymbol{z}}_k^{\mathrm{T}}\end{bmatrix}\begin{bmatrix}\boldsymbol{M}_{11} & \boldsymbol{M}_{12}\\ * & \boldsymbol{M}_{22}\end{bmatrix}\begin{bmatrix}\tilde{\boldsymbol{x}}_k\\ \tilde{\boldsymbol{z}}_k\end{bmatrix}$$

其中，

$$\boldsymbol{M}_{11}=\boldsymbol{A}_1^{\mathrm{T}}\boldsymbol{P}\boldsymbol{A}_1+\boldsymbol{A}_2^{\mathrm{T}}\boldsymbol{Q}\boldsymbol{A}_2-\boldsymbol{P};\quad \boldsymbol{M}_{12}=\boldsymbol{A}_1^{\mathrm{T}}\boldsymbol{P}\boldsymbol{B}_1+\boldsymbol{A}_2^{\mathrm{T}}\boldsymbol{Q}\tilde{\boldsymbol{F}}$$

$$\boldsymbol{M}_{22}=\boldsymbol{B}_1^{\mathrm{T}}\boldsymbol{P}\boldsymbol{B}_1+\tilde{\boldsymbol{F}}^{\mathrm{T}}\boldsymbol{Q}\tilde{\boldsymbol{F}}-\boldsymbol{Q};\quad \boldsymbol{A}_1=\tilde{\boldsymbol{A}}+\tilde{\boldsymbol{B}}\tilde{\boldsymbol{J}}_{\tau_{ca}^k}\boldsymbol{C}_p\tilde{\boldsymbol{C}}_{\tau_{sc}^k}$$

$$\boldsymbol{A}_2=\tilde{\boldsymbol{G}}\boldsymbol{C}_p\tilde{\boldsymbol{C}}_{\tau_{sc}^k};\quad \boldsymbol{B}_1=\tilde{\boldsymbol{B}}\tilde{\boldsymbol{H}}_{\tau_{ca}^k}$$

若使系统(4.21)稳定需要

$$\boldsymbol{M}=\begin{bmatrix}\boldsymbol{M}_{11} & \boldsymbol{M}_{12}\\ * & \boldsymbol{M}_{22}\end{bmatrix}<0$$

由引理 2.1,可得

$$\begin{bmatrix}-\boldsymbol{P} & 0 & \boldsymbol{A}_1^{\mathrm{T}} & \boldsymbol{A}_2^{\mathrm{T}}\\ * & -\boldsymbol{Q} & \boldsymbol{B}_1^{\mathrm{T}} & \tilde{\boldsymbol{F}}^{\mathrm{T}}\\ * & * & -\boldsymbol{P}^{-1} & 0\\ * & * & * & -\boldsymbol{Q}^{-1}\end{bmatrix}<0 \tag{4.24}$$

上式 $\boldsymbol{A}_1,\boldsymbol{B}_1$ 中含有不确定项 $F(k)$，由引理 2.2 可得式(4.22)。证毕。

定理 4.2　给定任意常数 $\gamma>0$，如果存在矩阵 $\boldsymbol{Y}>0,\boldsymbol{X}>0,\boldsymbol{W}_1,\boldsymbol{W}_2,\varepsilon>0$，满足条件

$$\begin{bmatrix}-\boldsymbol{Y} & 0 & 0 & \boldsymbol{Y}\boldsymbol{M}^{\mathrm{T}} & \boldsymbol{W}_1^{\mathrm{T}} & \boldsymbol{Y}\tilde{\boldsymbol{C}}_{p_2}^{\mathrm{T}} & \boldsymbol{Y}\boldsymbol{G}^{\mathrm{T}} & 0 & 0 & 0\\ * & -\boldsymbol{X} & 0 & \boldsymbol{X}(\bar{\boldsymbol{B}}\tilde{\boldsymbol{H}})^{\mathrm{T}} & \boldsymbol{W}_2^{\mathrm{T}} & 0 & 0 & \boldsymbol{X}(\tilde{\boldsymbol{E}}_2\tilde{\boldsymbol{H}})^{\mathrm{T}} & 0 & 0\\ * & * & -\gamma^2\boldsymbol{I} & \tilde{\boldsymbol{W}}_1^{\mathrm{T}} & \tilde{\boldsymbol{W}}_2^{\mathrm{T}} & \tilde{\boldsymbol{D}}^{\mathrm{T}} & 0 & 0 & \boldsymbol{S}^{\mathrm{T}} & 0\\ * & * & * & -\boldsymbol{Y} & 0 & 0 & 0 & 0 & 0 & \varepsilon\bar{\boldsymbol{D}}\\ * & * & * & * & -\boldsymbol{X} & 0 & 0 & 0 & 0 & 0\\ * & * & * & * & * & -\boldsymbol{I} & 0 & 0 & 0 & 0\\ * & * & * & * & * & * & -\varepsilon\boldsymbol{I} & 0 & 0 & 0\\ * & * & * & * & * & * & * & -\varepsilon\boldsymbol{I} & 0 & 0\\ * & * & * & * & * & * & * & * & -\varepsilon\boldsymbol{I} & 0\\ * & * & * & * & * & * & * & * & * & -\varepsilon\boldsymbol{I}\end{bmatrix}<0 \tag{4.25}$$

则系统(4.21)具有鲁棒 H_∞ 扰动衰减度 γ。其中，

$$\boldsymbol{W}_1=\boldsymbol{A}_2\boldsymbol{Y};\quad \boldsymbol{W}_2=\widetilde{\boldsymbol{F}}\boldsymbol{X};\quad \boldsymbol{S}=\widetilde{\boldsymbol{E}}_2\boldsymbol{H}_2\widetilde{\boldsymbol{J}}_{\tau_{ca}^k}\widetilde{\boldsymbol{C}}_{\tau_{sc}^k}$$

$$\widetilde{\boldsymbol{W}}_1=\bar{\boldsymbol{B}}\boldsymbol{H}_2\widetilde{\boldsymbol{J}}_{\tau_{ca}^k}\widetilde{\boldsymbol{C}}_{\tau_{sc}^k}+\boldsymbol{W};\quad \widetilde{\boldsymbol{W}}_2=\widetilde{\boldsymbol{G}}\boldsymbol{H}_2\widetilde{\boldsymbol{C}}_{\tau_{sc}^k}$$

证明　令 $J_{z_{p,k}}=\sum_{k=0}^{\infty}[\boldsymbol{z}_{p,k}^{\mathrm{T}}\boldsymbol{z}_{p,k}-\gamma^2\widetilde{\boldsymbol{w}}_k^{\mathrm{T}}\widetilde{\boldsymbol{w}}_k]$，若使 $\|\boldsymbol{z}_{p,k}\|_2\leqslant\gamma\|\widetilde{\boldsymbol{w}}_k\|_2$，需使 $J_{z_{p,k}}\leqslant 0$。对于 NCSs(4.21) 选择 Lyapunov 函数为式(4.23)，在零初始条件下，对于 $\forall\boldsymbol{w}_k\in l_2[0,\infty]$，有

$$\begin{aligned}J_{z_{p,k}}&\leqslant\sum\nolimits_{k=0}^{\infty}[\boldsymbol{z}_{p,k}^{\mathrm{T}}\boldsymbol{z}_{p,k}-\gamma^2\widetilde{\boldsymbol{w}}_k^{\mathrm{T}}\widetilde{\boldsymbol{w}}_k+\Delta V(\boldsymbol{x}(k))]\\&=\begin{bmatrix}\widetilde{\boldsymbol{x}}_k\\\widetilde{\boldsymbol{z}}_k\\\widetilde{\boldsymbol{w}}_k\end{bmatrix}^{\mathrm{T}}\boldsymbol{N}\begin{bmatrix}\widetilde{\boldsymbol{x}}_k\\\widetilde{\boldsymbol{z}}_k\\\widetilde{\boldsymbol{w}}_k\end{bmatrix}=\begin{bmatrix}\widetilde{\boldsymbol{x}}_k\\\widetilde{\boldsymbol{z}}_k\\\widetilde{\boldsymbol{w}}_k\end{bmatrix}^{\mathrm{T}}\begin{bmatrix}\boldsymbol{N}_{11}&\boldsymbol{N}_{12}&\boldsymbol{N}_{13}\\ *&\boldsymbol{N}_{22}&\boldsymbol{N}_{23}\\ *&*&\boldsymbol{N}_{33}\end{bmatrix}\begin{bmatrix}\widetilde{\boldsymbol{x}}_k\\\widetilde{\boldsymbol{z}}_k\\\widetilde{\boldsymbol{w}}_k\end{bmatrix}\end{aligned}$$

其中，

$$\boldsymbol{N}_{11}=\boldsymbol{A}_1^{\mathrm{T}}\boldsymbol{P}\boldsymbol{A}_1+\boldsymbol{A}_2^{\mathrm{T}}\boldsymbol{Q}\boldsymbol{A}_2+\widetilde{\boldsymbol{C}}_{p_2}^{\mathrm{T}}\widetilde{\boldsymbol{C}}_{p_2}-\boldsymbol{P};\quad \boldsymbol{N}_{12}=\boldsymbol{A}_1^{\mathrm{T}}\boldsymbol{P}\boldsymbol{B}_1+\boldsymbol{A}_2^{\mathrm{T}}\boldsymbol{Q}\widetilde{\boldsymbol{F}}$$

$$\boldsymbol{N}_{13}=\boldsymbol{A}_1^{\mathrm{T}}\boldsymbol{P}(\widetilde{\boldsymbol{B}}\boldsymbol{H}_2\widetilde{\boldsymbol{J}}_{\tau_{ca}^k}\widetilde{\boldsymbol{C}}_{\tau_{sc}^k}+\boldsymbol{W})+\boldsymbol{A}_2^{\mathrm{T}}\boldsymbol{Q}\widetilde{\boldsymbol{G}}\boldsymbol{H}_2\widetilde{\boldsymbol{C}}_{\tau_{sc}^k}+\widetilde{\boldsymbol{C}}_{p_2}^{\mathrm{T}}\widetilde{\boldsymbol{D}}$$

$$\boldsymbol{N}_{22}=\boldsymbol{B}_1^{\mathrm{T}}\boldsymbol{P}\boldsymbol{B}_1+\widetilde{\boldsymbol{F}}^{\mathrm{T}}\boldsymbol{Q}\widetilde{\boldsymbol{F}}-\boldsymbol{Q}$$

$$\boldsymbol{N}_{23}=\boldsymbol{B}_1^{\mathrm{T}}\boldsymbol{P}(\widetilde{\boldsymbol{B}}\boldsymbol{H}_2\widetilde{\boldsymbol{J}}_{\tau_{ca}^k}\widetilde{\boldsymbol{C}}_{\tau_{sc}^k}+\boldsymbol{W})+\widetilde{\boldsymbol{F}}^{\mathrm{T}}\boldsymbol{Q}\widetilde{\boldsymbol{G}}\boldsymbol{H}_2\widetilde{\boldsymbol{C}}_{\tau_{sc}^k}$$

$$\begin{aligned}\boldsymbol{N}_{33}=&(\widetilde{\boldsymbol{B}}\boldsymbol{H}_2\widetilde{\boldsymbol{J}}_{\tau_{ca}^k}\widetilde{\boldsymbol{C}}_{\tau_{sc}^k}+\boldsymbol{W})^{\mathrm{T}}\boldsymbol{P}(\widetilde{\boldsymbol{B}}\boldsymbol{H}_2\widetilde{\boldsymbol{J}}_{\tau_{ca}^k}\widetilde{\boldsymbol{C}}_{\tau_{sc}^k}+\boldsymbol{W})+(\widetilde{\boldsymbol{G}}\boldsymbol{H}_2\widetilde{\boldsymbol{C}}_{\tau_{sc}^k})^{\mathrm{T}}\boldsymbol{Q}\widetilde{\boldsymbol{G}}\boldsymbol{H}_2\widetilde{\boldsymbol{C}}_{\tau_{sc}^k}\\&+\widetilde{\boldsymbol{D}}^{\mathrm{T}}\widetilde{\boldsymbol{D}}-\gamma^2\boldsymbol{I}\end{aligned}$$

若使 $J_{z_{p,k}}\leqslant 0$，需要 $\boldsymbol{N}<0$，由引理 2.1 和上式，可得 $\boldsymbol{M}<0$。由定理 4.1，系统(4.21)渐近稳定，同定理 4.1 的证明，令 $\boldsymbol{P}^{-1}=\boldsymbol{Y}$，$\boldsymbol{Q}^{-1}=\boldsymbol{X}$，可得式(4.25)。证毕。

利用 Matlab 工具箱中求解器 mincx 求解如下优化问题：

$$\begin{gathered}\min_{\boldsymbol{Y}>0,\boldsymbol{X}>0,u>0,\boldsymbol{W}_1,\boldsymbol{W}_2}u\\ \text{s. t. 式(4.25)}\end{gathered}\tag{4.26}$$

由于 $\boldsymbol{A}_2\boldsymbol{Y}=\boldsymbol{W}_1$，$\widetilde{\boldsymbol{F}}\boldsymbol{X}=\boldsymbol{W}_2$，得到最优控制律 $\boldsymbol{A}_c$，$\boldsymbol{B}_c$，$\boldsymbol{C}_c$，$\boldsymbol{D}_c$，最优 H_∞ 扰动衰减度 $\gamma^*=\sqrt{u^*}$。

4.2.3 算例仿真

取被控对象为离散系统模型：

$$\boldsymbol{A}=\begin{bmatrix}0.9998&0.0246\\-0.0197&0.9702\end{bmatrix},\quad \boldsymbol{B}=\begin{bmatrix}0.0001\\0.0049\end{bmatrix},\quad \boldsymbol{E}_2=\begin{bmatrix}0\\100\end{bmatrix}$$

$$\boldsymbol{H}_1=\begin{bmatrix}0.0482 & 0.1585\\ 0.1585 & -0.0537\end{bmatrix},\boldsymbol{D}=\begin{bmatrix}0 & 0.0001\\ 0 & -0.0001\end{bmatrix}$$

$$\boldsymbol{H}_2=0,\quad \boldsymbol{C}_{p_2}=[0.01\quad 0],\quad \boldsymbol{C}_{p_1}=[1\quad 0]$$

$$\boldsymbol{H}_3=[-0.11\quad 0.2],\quad \boldsymbol{F}=\begin{bmatrix}-\tau_k & 0\\ 0 & \mathrm{e}^{-0.1(T-\tau_k)}\end{bmatrix}$$

$$\boldsymbol{E}_1=\begin{bmatrix}0 & 0\\ 0 & -0.0001\end{bmatrix}$$

假定采样周期 $T=10\mathrm{s}$,$g=1$,$u_{c,\max}=0.3\times10^{-5}$,调用 Matlab 中 LMIs 工具箱,可得最优控制器增益:

$$\boldsymbol{A}_c=\begin{bmatrix}0.8417 & 0\\ 0 & 0.8417\end{bmatrix},\quad \boldsymbol{B}_c=\begin{bmatrix}1\\ 0\end{bmatrix},\quad \boldsymbol{C}_c=[-1\quad 0],\quad \boldsymbol{D}_c=0$$

最优 H_∞ 扰动衰减度 $\gamma^*=\sqrt{u^*}=0.4111$。图 4.3 和图 4.4 分别给出系统状态响应曲线和控制输入曲线,表明即使在随机时延和丢包情况下用幅值较小的控制器增益仍可镇定系统。图 4.4 给出控制输入 u_1 和受限后控制输入 u_2,表明本节饱和非线性约束方法的有效性。

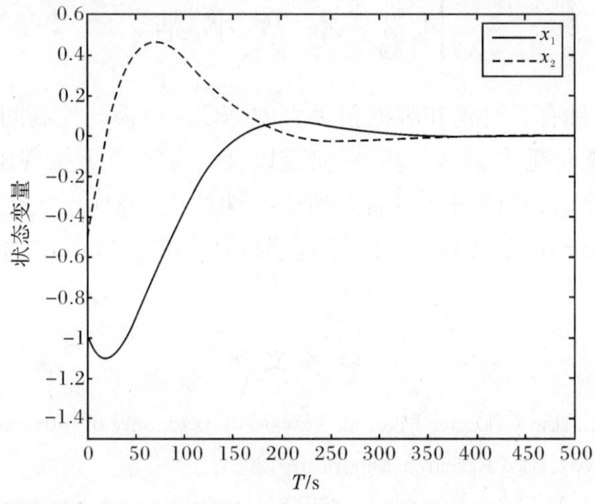

图 4.3 闭环系统状态响应

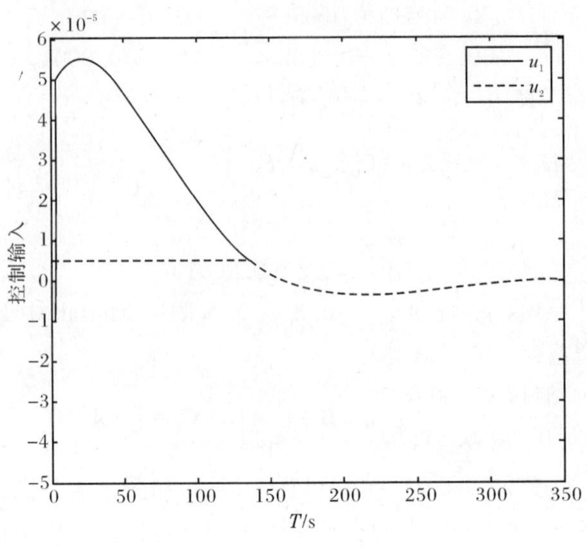

图 4.4　闭环系统控制输入

4.3　本章小结

本章研究了具有长时延和数据包丢失的 NCSs 建模与控制问题. 首先，考虑网络诱导时延、数据包丢失、数据包时序错乱以及外部噪声干扰现象，构建异步动态切换系统模型；然后，对控制器施加饱和非线性约束，得到 γ 次优鲁棒 H_∞ 控制律存在的充分条件，给出最优鲁棒 H_∞ 控制器设计方案。Matlab 仿真验证了方法的有效性。

参考文献

[1] Alessandri D, Cachin C, Dacier M, et al. Towards a taxonomy of intrusion detection systems and attacks. Switz: IBM Research Laboratory, 2001.

[2] Frank S, Ross J A. The resurrecting ducking: security issues for ad-hoc wireless networks. Lecture Notes in Computer Science, 1999: 172−194.

[3] Chan H, Ozgiiner O. Closed-loop control of systems over a communication network with queues. International Journal of Control, 1995, 62(3): 493−510.

[4] Beldiman O, Walsh G C. Predictors for networked control systems//Proceeding of the American Control Conference, 2000: 2347−2351.

[5] Walsh G C, Ye H, Bushnell L. Stability analysis of networked control systems. IEEE Transactions on Control Systems Technology, 2002, 10(3): 438−446.

[6] 樊卫华. 网络控制系统的建模与控制. 南京：南京理工大学博士学位论文，2004.

[7] 樊卫华，蔡骅，陈庆伟，等. 时延网络控制系统的稳定性. 控制理论与应用，2004，21(6)：880－884.

[8] Yue D, Han Q L, Lam J. Network-based robust H_∞ control of systems with uncertainty. Automatica, 2005, 41(6): 999－1007.

[9] 邱占芝，张庆灵. 一类不确定时延状态反馈网络化系统鲁棒稳定性. 东北大学学报(自然科学版)，2006，27(2)：131－133.

[10] Lin H, Zhai G, Antsaklis P J. Robust stability and disturbanceattenuation analysis of a class of networked control systems//Proceedings of the 42nd IEEE Conference on Decision and Control, 2003: 1182－1187.

[11] Bernstein D S, Michel A N. A chronological bibliography on saturating actuators. International Journal of Robust and Nonlinear Control, 1995, 5(5): 375－380.

[12] Gǒkcek C, Kabamba P T, Meerkov S M. An LQR/LQG theory for systems with saturating actuators. IEEE Transactions on Automatic Control, 2001, 46(10): 1529－1542.

[13] 邬春学，余镇危. 长时延 NCS 的结构特性与建模. 计算机工程与应用，2005，20(3)：22－24.

第5章　具有丢包补偿的网络控制系统 H_∞ 控制

NCSs 中数据包丢失是不可避免的，这不仅影响系统的稳定性，还会降低系统的性能指标。在现有文献中一般采用估计和预测方法，以便消除丢包对系统性能的影响。

文献[1]为数据包丢失提出补偿方案，根据网络是否丢包设计开环估计和闭环估计，并分析了系统的稳定性。文献[2]通过运用被控系统的近似模型，提出对时延与数据包丢失的联合估计和补偿方法，进而分析这一系统的指数稳定性。注意到，文献[2]假定时延小于一个采样周期。文献[3]、[4]引入基于网络的预测模型控制策略，将时延序列包封包同时传输给被控对象。文献[5]提出事件驱动方式的 NCSs 预测模型，根据系统输出设计预测方案，改进文献[3]、[4]中的方法。文献[6]给出具有任意有界时延的 NCSs 预测控制方法，进而给出稳定性判据。应该指出的是，现存文献中，估计和预测方法往往将网络诱导时延和数据包丢失分开讨论，补偿网络诱导时延和数据包丢失的 NCSs 优化控制问题还未得到充分地研究。

本章首先给出具有任意时延和数据包丢失的 NCSs 模型，获得其渐近稳定的充分条件。在此基础上，建立了具有任意时延和丢包补偿器的切换系统，同时给出其稳定性判据，得到 H_∞ 干扰衰减度 γ 存在的充分条件及控制器设计方案。仿真对比表明：具有丢包补偿器的 NCSs 稳定效果更好。进一步，设计状态观测器，将具有网络诱导时延和数据包丢失补偿的 NCSs 建模为 Markov 跳变系统，给出使系统随机稳定且具有 H_∞ 范数界 γ 的充分条件。基于 LMIs 技术，获得控制器设计方案。算例仿真表明在更为一般的网络框架下，本章方法具有较好的仿真效果。

5.1　具有任意时延和丢包补偿的 NCSs H_∞ 控制

本节考虑任意网络诱导时延、数据包丢失和外部干扰情况，首先给出具有任意时延和数据包丢失的 NCSs 模型，并给出其渐近稳定的充分条件，在此基础上建立了具有任意时延和丢包补偿器的切换系统，同时给出其稳定性判据，得到 H_∞ 干扰衰减度 γ 存在的充分条件以及控制律。仿真对比表明：具有丢包补偿器的NCSs 的稳定效果更好。

5.1.1　问题描述

首先给出网络传输中存在数据包丢失和任意网络诱导时延(时延大于或小于一个采样周期)情况下的 NCSs 增广模型;其次针对 NCSs 中存在的上述情况,在系统中增加丢包补偿器以改进系统,建立新的 NCSs 增广系统。如图 5.1 所示,τ_{sc}^k表示传感器-控制器时延,τ_{ca}^k表示控制器-执行器时延。

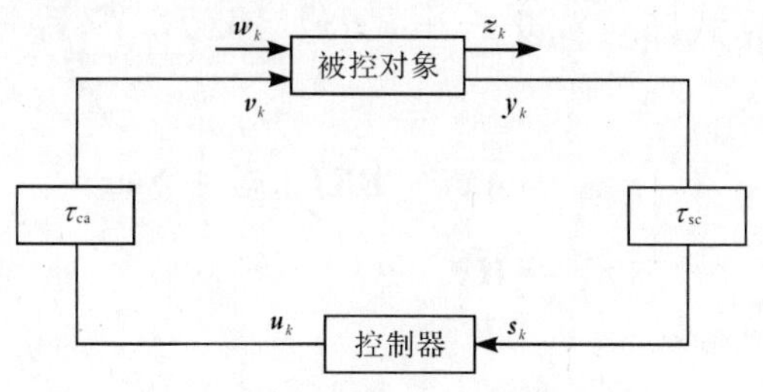

图 5.1　网络控制系统模型

为便于讨论,做如下合理假设:

① 传感器、控制器和执行器均为时钟驱动;

② 网络诱导时延有界,即 $0\leqslant\tau_{sc}^k\leqslant D_1T$,$0\leqslant\tau_{ca}^k\leqslant D_2T$($T$ 为采样周期,D_1、$D_2\in\mathbf{Z}^+$)。

1. 具有任意时延和丢包的 NCSs 建模

考虑如下系统:

$$\begin{cases}\dot{\boldsymbol{x}}(t)=\boldsymbol{A}\boldsymbol{x}(t)+\boldsymbol{B}\boldsymbol{v}(t)+\boldsymbol{H}_1\boldsymbol{w}(t)\\ \boldsymbol{y}(t)=\boldsymbol{C}\boldsymbol{x}(t)\\ \boldsymbol{z}(t)=\boldsymbol{C}_1\boldsymbol{x}(t)+\boldsymbol{H}_2\boldsymbol{w}(t)\end{cases}\tag{5.1}$$

其中,$\boldsymbol{x}(t)$、$\boldsymbol{v}(t)$、$\boldsymbol{y}(t)$和 $\boldsymbol{z}(t)$分别为系统的状态、控制输入、控制输出和被调输出;$\boldsymbol{w}(t)$为外加扰动且属于集合 $l_2[0,\infty]$;$\boldsymbol{A}$、$\boldsymbol{B}$、$\boldsymbol{C}$ 为适维矩阵。

将线性时不变系统(5.1)转化为离散状态方程为

$$\begin{cases}\boldsymbol{x}_{k+1}=\boldsymbol{A}_s\boldsymbol{x}_k+\boldsymbol{B}_s\boldsymbol{v}_k+\boldsymbol{H}_s\boldsymbol{w}_k\\ \boldsymbol{y}_k=\boldsymbol{C}\boldsymbol{x}_k\\ \boldsymbol{z}_k=\boldsymbol{C}_1\boldsymbol{x}_k+\boldsymbol{H}_2\boldsymbol{w}_k\end{cases}\tag{5.2}$$

其中,$\boldsymbol{x}_k=\boldsymbol{x}(kT)$;$\boldsymbol{y}_k=\boldsymbol{y}(kT)$;$\boldsymbol{A}_s=\mathrm{e}^{\boldsymbol{A}T}$;$\boldsymbol{B}_s=\int_0^T\mathrm{e}^{\boldsymbol{A}(T-s)}\mathrm{d}s\boldsymbol{B}$;$\boldsymbol{H}_s=\int_0^T\mathrm{e}^{\boldsymbol{A}(T-s)}\mathrm{d}s\boldsymbol{H}_1$。

选用如下反馈控制器:

$$\boldsymbol{u}_k=-\boldsymbol{K}\boldsymbol{s}_k\tag{5.3}$$

其中,$\boldsymbol{s}_k$ 和 $\boldsymbol{u}_k$ 分别为控制器的输入和输出;$\boldsymbol{K}$ 为控制器增益,具有适当维数。

基于假设，并考虑网络通信中存在数据包丢失现象，那么在一个采样周期内控制器和执行器分别至多收到 D_1+1 和 D_2+1 个信号，即

$$\boldsymbol{s}_k=\boldsymbol{y}_{k-i}=\sum\nolimits_{i=0}^{D_1}a_{k,i}y_{k-i} \tag{5.4a}$$

$$\boldsymbol{v}_k=\boldsymbol{u}_{k-i}=\sum\nolimits_{i=0}^{D_2}\beta_{k,i}u_{k-i} \tag{5.4b}$$

其中，$a_{k,i}\in\{0,1\}$；$\beta_{k,i}\in\{0,1\}$；$\sum\nolimits_{i=0}^{D_1}a_{k,i}=1$；$\sum\nolimits_{i=0}^{D_2}\beta_{k,i}=1$。

联立式(5.2)～式(5.4)，设 $\tilde{\boldsymbol{x}}_k=[\boldsymbol{x}_k^{\mathrm{T}}\boldsymbol{x}_{k-1}^{\mathrm{T}}\cdots\boldsymbol{x}_{k-D_1}^{\mathrm{T}}]^{\mathrm{T}}$，$\tilde{\boldsymbol{s}}_k=[\boldsymbol{s}_k^{\mathrm{T}}\boldsymbol{s}_{k-1}^{\mathrm{T}}\cdots\boldsymbol{s}_{k-D_2}^{\mathrm{T}}]^{\mathrm{T}}$，有

$$\begin{cases}\tilde{\boldsymbol{x}}_{k+1}=\tilde{\boldsymbol{A}}\tilde{\boldsymbol{x}}_k-\tilde{\boldsymbol{B}}\boldsymbol{K}\tilde{\boldsymbol{J}}_{\tau_{\mathrm{ca}}^k}\tilde{\boldsymbol{s}}_k+\boldsymbol{N}\boldsymbol{w}_k\\ \tilde{\boldsymbol{s}}_{k+1}=\tilde{\boldsymbol{H}}\tilde{\boldsymbol{x}}_k\end{cases} \tag{5.5}$$

其中，

$$\tilde{\boldsymbol{A}}=\begin{bmatrix}\boldsymbol{A}_s & 0 & \cdots & 0 & 0\\ \boldsymbol{I} & 0 & \cdots & 0 & 0\\ 0 & \boldsymbol{I} & \cdots & 0 & 0\\ \vdots & \vdots & & \vdots & \vdots\\ 0 & 0 & \cdots & \boldsymbol{I} & 0\end{bmatrix};\quad \tilde{\boldsymbol{B}}=\begin{bmatrix}\boldsymbol{B}_s\\ 0\\ \vdots\\ 0\end{bmatrix}$$

$$\tilde{\boldsymbol{C}}_{\tau_{\mathrm{sc}}^k}=[0\ \ \cdots\ \ 0\ \ \boldsymbol{I}\ \ 0\ \ \cdots\ \ 0]$$

$$\tilde{\boldsymbol{J}}_{\tau_{\mathrm{ca}}^k}=[0\ \ \cdots\ \ 0\ \ \boldsymbol{I}\ \ 0\ \ \cdots\ \ 0]$$

$$\tilde{\boldsymbol{H}}=\begin{bmatrix}0 & \boldsymbol{C}\tilde{\boldsymbol{C}}_{\tau_{\mathrm{sc}}^k} & 0 & \cdots & 0\end{bmatrix}^{\mathrm{T}};\quad \boldsymbol{N}=[\boldsymbol{H}_s\ \ 0\ \ \cdots\ \ 0]^{\mathrm{T}}$$

令 $\bar{\boldsymbol{x}}_k=[\tilde{\boldsymbol{x}}_k^{\mathrm{T}}\tilde{\boldsymbol{s}}_k^{\mathrm{T}}]^{\mathrm{T}}$，有

$$\begin{cases}\bar{\boldsymbol{x}}_{k+1}=\boldsymbol{A}\bar{\boldsymbol{x}}_k+\bar{\boldsymbol{N}}_1\boldsymbol{w}_k\\ \boldsymbol{z}_k=\bar{\boldsymbol{C}}_1\boldsymbol{x}_k+\boldsymbol{H}_2\boldsymbol{w}_k\end{cases} \tag{5.6}$$

2. 具有丢包补偿器的 NCSs 建模

本部分增加丢包补偿器，建立新的系统模型。如图 5.2 所示，传感器-控制器可能存在数据包丢失，当 $d_k(i)=1$ 时，表示数据包 y_{k-i} 丢失，则数据包 $\hat{y}_{k-i}$ 补偿；当 $d_k(i)=0$ 时，表示数据包 y_{k-i} 未丢失。

被控对象采用具有任意时延和丢包的 NCSs 建模中的相同模型，设补偿器状态方程为

$$\begin{cases}\hat{\boldsymbol{x}}_{k+1}=\boldsymbol{A}_f\hat{\boldsymbol{x}}_k+\boldsymbol{B}_f\boldsymbol{s}_k\\ \hat{\boldsymbol{y}}_k=\boldsymbol{C}_f\hat{\boldsymbol{x}}_k\end{cases} \tag{5.7}$$

其中，$\boldsymbol{x}_k$、$\boldsymbol{v}_k$、$\boldsymbol{y}_k$、$\hat{\boldsymbol{x}}_k$、$\boldsymbol{s}_k$、$\hat{\boldsymbol{y}}_k$ 分别为被控系统的状态、控制输入、控制输出，补偿器的

状态、输入、输出。

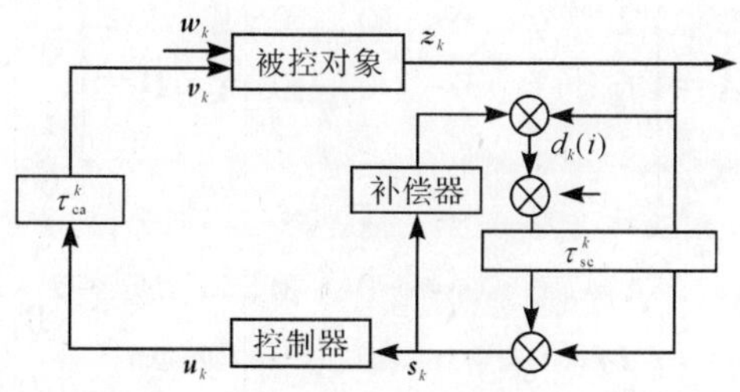

图 5.2　具有丢包补偿器的 NCSs

考虑如下反馈控制律：

$$\boldsymbol{u}_k = -K\boldsymbol{s}_k \tag{5.8}$$

类似于具有任意时延和丢包的 NCSs 建模中的分析，由于网络诱导时延的影响，有

$$\boldsymbol{s}_k = \theta_k \boldsymbol{y}_{k-i} + (1-\theta_k)\hat{\boldsymbol{y}}_{k-i} = \theta_k \sum_{i=0}^{D_1} \alpha_{k,i} \boldsymbol{y}_{k-i} + (1-\theta_k)\sum_{i=0}^{D_1} \gamma_{k,i}\hat{\boldsymbol{y}}_{k-i} \tag{5.9a}$$

$$\boldsymbol{v}_k = \sum_{i=0}^{D_2} \beta_{k,i} \boldsymbol{u}_{k-i} \tag{5.9b}$$

其中，$\theta_k=0$ 或 1。$d_k(i)=1$ 时，取 $\theta_k=0$；$d_k(i)=0$ 时，取 $\theta_k=1$。

设 $\tilde{\boldsymbol{x}}_k=[\boldsymbol{x}_k^{\mathrm{T}}\boldsymbol{x}_{k-1}^{\mathrm{T}}\cdots\boldsymbol{x}_{k-D_1}^{\mathrm{T}}]^{\mathrm{T}}$，$\tilde{\hat{\boldsymbol{x}}}_k=[\hat{\boldsymbol{x}}_k^{\mathrm{T}}\quad\hat{\boldsymbol{x}}_{k-1}^{\mathrm{T}}\quad\cdots\quad\hat{\boldsymbol{x}}_{k-D_1}^{\mathrm{T}}]^{\mathrm{T}}$，$\tilde{\boldsymbol{s}}_k=[\boldsymbol{s}_k^{\mathrm{T}}\boldsymbol{s}_{k-1}^{\mathrm{T}}\cdots\boldsymbol{s}_{k-D_2}^{\mathrm{T}}]^{\mathrm{T}}$ 和 $\boldsymbol{\zeta}_k=[\tilde{\boldsymbol{x}}_k^{\mathrm{T}}\ \tilde{\hat{\boldsymbol{x}}}_k^{\mathrm{T}}\tilde{\boldsymbol{s}}_k^{\mathrm{T}}]^{\mathrm{T}}$，由式(5.2)、式(5.7)～式(5.9)得，具有任意时延和丢包补偿器的 NCSs 增广模型为

$$\begin{cases}\boldsymbol{\zeta}_{k+1} = \boldsymbol{A}_{\theta_k}\boldsymbol{\zeta}_k + \bar{\boldsymbol{N}}_2\boldsymbol{w}_k \\ \boldsymbol{z}_k = \bar{\boldsymbol{C}}_2\boldsymbol{\zeta}_k + \boldsymbol{H}_2\boldsymbol{w}_k\end{cases} \tag{5.10}$$

其中，

$$\tilde{\boldsymbol{C}}_{\tau_{sc}^k} = [0\ \ \cdots\ \ 0\ \ \boldsymbol{I}\ \ 0\ \ \cdots\ \ 0]$$

$$\tilde{\boldsymbol{J}}_{\tau_{ca}^k} = [0\ \ \cdots\ \ 0\ \ \boldsymbol{I}\ \ 0\ \ \cdots\ \ 0];\quad \bar{\boldsymbol{C}}_2 = \begin{bmatrix}\tilde{\boldsymbol{C}}_1 & 0 & 0\end{bmatrix}$$

$$\boldsymbol{A}_{\theta_k} = \begin{bmatrix} \tilde{\boldsymbol{A}} & 0 & -\tilde{\boldsymbol{B}}\boldsymbol{K}\tilde{\boldsymbol{J}}_{\tau_{ca}^k} \\ \tilde{\boldsymbol{B}}_f\theta_k\boldsymbol{C}\tilde{\boldsymbol{C}}_{\tau_{sc}^k} & \tilde{\boldsymbol{A}}_f + \tilde{\boldsymbol{B}}_f(1-\theta_k)\boldsymbol{C}_f\tilde{\boldsymbol{C}}_{\tau_{sc}^k} & 0 \\ \theta_k\tilde{\boldsymbol{H}} & (1-\theta_k)\tilde{\hat{\boldsymbol{H}}} & 0 \end{bmatrix}$$

$$\widetilde{\boldsymbol{A}}=\begin{bmatrix}\boldsymbol{A}_s & 0 & \cdots & 0 & 0\\ \boldsymbol{I} & 0 & \cdots & 0 & 0\\ 0 & \boldsymbol{I} & \cdots & 0 & 0\\ \vdots & \vdots & & \vdots & \vdots\\ 0 & 0 & \cdots & \boldsymbol{I} & 0\end{bmatrix};\quad \widetilde{\boldsymbol{B}}=\begin{bmatrix}\boldsymbol{B}_s\\ 0\\ \vdots\\ 0\end{bmatrix}$$

$$\widetilde{\boldsymbol{A}}_f=\begin{bmatrix}\boldsymbol{A}_f & 0 & \cdots & 0 & 0\\ \boldsymbol{I} & 0 & \cdots & 0 & 0\\ 0 & \boldsymbol{I} & \cdots & 0 & 0\\ \vdots & \vdots & & \vdots & \vdots\\ 0 & 0 & \cdots & \boldsymbol{I} & 0\end{bmatrix};\quad \widetilde{\boldsymbol{B}}_f=\begin{bmatrix}\boldsymbol{B}_f\\ 0\\ \vdots\\ 0\end{bmatrix}$$

$$\widetilde{\boldsymbol{H}}=\begin{bmatrix}0\\ \boldsymbol{C}\widetilde{\boldsymbol{C}}_{\tau_{\mathrm{sc}}^k}\\ 0\\ \vdots\\ 0\end{bmatrix};\quad \widetilde{\widetilde{\boldsymbol{H}}}=\begin{bmatrix}0\\ \boldsymbol{C}_f\widetilde{\boldsymbol{C}}_{\tau_{\mathrm{sc}}^k}\\ 0\\ \vdots\\ 0\end{bmatrix};\quad \overline{\boldsymbol{N}}_2=\begin{bmatrix}\boldsymbol{N}\\ 0\\ 0\end{bmatrix}$$

注 5.1 系统(5.10)是一随机切换系统。

5.1.2 H_∞控制

本小节将分别给出具有数据包丢失和任意时延的系统(5.6)、具有丢包补偿器的系统(5.10)渐近稳定的充分条件,并求出控制器增益。在此基础上,研究系统(5.10)的 γ 次优 H_∞ 控制器设计方案。

定理 5.1 如果存在正定矩阵 $\boldsymbol{Y}$、$\boldsymbol{S}$ 和矩阵 $\boldsymbol{W}$,满足条件

$$\begin{bmatrix}-\boldsymbol{Y} & 0 & \boldsymbol{Y}\widetilde{\boldsymbol{A}}^{\mathrm{T}} & \boldsymbol{Y}\widetilde{\boldsymbol{H}}^{\mathrm{T}}\\ * & -\boldsymbol{S} & -\boldsymbol{W}(\widetilde{\boldsymbol{B}}\widetilde{\boldsymbol{J}}_{\tau_{\mathrm{ca}}^k})^{\mathrm{T}} & 0\\ * & * & -\boldsymbol{Y} & 0\\ * & * & * & -\boldsymbol{S}\end{bmatrix}<0 \tag{5.11}$$

则具有任意时延和数据包丢失的 NCSs(5.6)是渐近稳定的。

其中,$\boldsymbol{W}=\boldsymbol{K}\boldsymbol{S}$。

以 $\boldsymbol{W}$ 为变量,求解矩阵不等式(5.11),如果有可行解,可以得到保证系统稳定的输出反馈控制律为

$$\boldsymbol{K}\boldsymbol{I}=\boldsymbol{W}\boldsymbol{S}^{-1}$$

证明 假定 $w_k=0$,选择正定矩阵 $\boldsymbol{P}$、$\boldsymbol{Q}$,定义 Lyapunov 函数

$$V(\boldsymbol{x}(k))=\widetilde{\boldsymbol{x}}_k^{\mathrm{T}}\boldsymbol{P}\widetilde{\boldsymbol{x}}_k+\widetilde{\boldsymbol{s}}_k^{\mathrm{T}}\boldsymbol{Q}\widetilde{\boldsymbol{s}}_k \tag{5.12}$$

有

$$\Delta V=V(\boldsymbol{x}(k+1))-V(\boldsymbol{x}(k))=\tilde{\boldsymbol{x}}_{k+1}^{\mathrm{T}}\boldsymbol{P}\tilde{\boldsymbol{x}}_{k+1}+\tilde{\boldsymbol{s}}_{k+1}^{\mathrm{T}}\boldsymbol{Q}\tilde{\boldsymbol{s}}_{k+1}-\tilde{\boldsymbol{x}}_{k}^{\mathrm{T}}\boldsymbol{P}\tilde{\boldsymbol{x}}_{k}-\tilde{\boldsymbol{s}}_{k}^{\mathrm{T}}\boldsymbol{Q}\tilde{\boldsymbol{s}}_{k}$$

由式(5.8)，

$$\Delta V=\begin{bmatrix}\tilde{\boldsymbol{x}}_k\\ \tilde{\boldsymbol{s}}_k\end{bmatrix}^{\mathrm{T}}\begin{bmatrix}\tilde{\boldsymbol{A}}^{\mathrm{T}}\boldsymbol{P}\tilde{\boldsymbol{A}}+\tilde{\boldsymbol{H}}^{\mathrm{T}}\boldsymbol{Q}\tilde{\boldsymbol{H}}-\boldsymbol{P} & -\tilde{\boldsymbol{A}}^{\mathrm{T}}\boldsymbol{P}\tilde{\boldsymbol{B}}\boldsymbol{K}\tilde{\boldsymbol{J}}_{\tau_{\mathrm{ca}}^k}\\ -(\tilde{\boldsymbol{B}}\boldsymbol{K}\tilde{\boldsymbol{J}}_{\tau_{\mathrm{ca}}^k})^{\mathrm{T}}\boldsymbol{P}\tilde{\boldsymbol{A}} & (\tilde{\boldsymbol{B}}\boldsymbol{K}\tilde{\boldsymbol{J}}_{\tau_{\mathrm{ca}}^k})^{\mathrm{T}}\boldsymbol{P}\tilde{\boldsymbol{B}}\boldsymbol{K}\tilde{\boldsymbol{J}}_{\tau_{\mathrm{ca}}^k}-\boldsymbol{Q}\end{bmatrix}\begin{bmatrix}\tilde{\boldsymbol{x}}_k\\ \tilde{\boldsymbol{s}}_k\end{bmatrix}<0$$

由定义 2.2，若使系统(5.6)渐近稳定需要 ΔV 负定，即需要

$$\begin{bmatrix}\tilde{\boldsymbol{A}}^{\mathrm{T}}\boldsymbol{P}\tilde{\boldsymbol{A}}+\tilde{\boldsymbol{H}}^{\mathrm{T}}\boldsymbol{Q}\tilde{\boldsymbol{H}}-\boldsymbol{P} & -\tilde{\boldsymbol{A}}^{\mathrm{T}}\boldsymbol{P}\tilde{\boldsymbol{B}}\boldsymbol{K}\tilde{\boldsymbol{J}}_{\tau_{\mathrm{ca}}^k}\\ -(\tilde{\boldsymbol{B}}\boldsymbol{K}\tilde{\boldsymbol{J}}_{\tau_{\mathrm{ca}}^k})^{\mathrm{T}}\boldsymbol{P}\tilde{\boldsymbol{A}} & (\tilde{\boldsymbol{B}}\boldsymbol{K}\tilde{\boldsymbol{J}}_{\tau_{\mathrm{ca}}^k})^{\mathrm{T}}\boldsymbol{P}\tilde{\boldsymbol{B}}\boldsymbol{K}\tilde{\boldsymbol{J}}_{\tau_{\mathrm{ca}}^k}-\boldsymbol{Q}\end{bmatrix}<0 \tag{5.13}$$

由引理 2.1，有

$$\begin{bmatrix}-\boldsymbol{P} & 0 & \tilde{\boldsymbol{A}}^{\mathrm{T}} & \tilde{\boldsymbol{H}}^{\mathrm{T}}\\ 0 & -\boldsymbol{Q} & -(\tilde{\boldsymbol{B}}\boldsymbol{K}\tilde{\boldsymbol{J}}_{\tau_{\mathrm{ca}}^k})^{\mathrm{T}} & 0\\ \tilde{\boldsymbol{A}} & -\tilde{\boldsymbol{B}}\boldsymbol{K}\tilde{\boldsymbol{J}}_{\tau_{\mathrm{ca}}^k} & -\boldsymbol{P}^{-1} & 0\\ \tilde{\boldsymbol{H}} & 0 & 0 & -\boldsymbol{Q}^{-1}\end{bmatrix}<0 \tag{5.14}$$

式(5.14)左、右分别乘 $\mathrm{diag}(\boldsymbol{P}^{-1},\boldsymbol{Q}^{-1},\boldsymbol{I},\boldsymbol{I})$，有

$$\begin{bmatrix}-\boldsymbol{P}^{-1} & 0 & \boldsymbol{P}^{-1}\tilde{\boldsymbol{A}}^{\mathrm{T}} & \boldsymbol{P}^{-1}\tilde{\boldsymbol{H}}^{\mathrm{T}}\\ 0 & -\boldsymbol{Q}^{-1} & -\boldsymbol{Q}^{-1}(\tilde{\boldsymbol{B}}\boldsymbol{K}\tilde{\boldsymbol{J}}_{\tau_{\mathrm{ca}}^k})^{\mathrm{T}} & 0\\ \tilde{\boldsymbol{A}}\boldsymbol{P}^{-1} & -(\tilde{\boldsymbol{B}}\boldsymbol{K}\tilde{\boldsymbol{J}}_{\tau_{\mathrm{ca}}^k})\boldsymbol{Q}^{-1} & -\boldsymbol{P}^{-1} & 0\\ \tilde{\boldsymbol{H}}\boldsymbol{P}^{-1} & 0 & 0 & -\boldsymbol{Q}^{-1}\end{bmatrix}<0 \tag{5.15}$$

令 $\boldsymbol{Y}=\boldsymbol{P}^{-1}$，$\boldsymbol{S}=\boldsymbol{Q}^{-1}$，$\boldsymbol{W}=\boldsymbol{K}\boldsymbol{S}$，则式(5.15)等价于式(5.11)。证毕。

定理 5.2　如果存在正定矩阵 $\boldsymbol{Y}$、$\boldsymbol{X}$、$\boldsymbol{S}$ 和矩阵 $\boldsymbol{W}$，满足条件

$$\begin{bmatrix}-\boldsymbol{Y} & 0 & 0 & \boldsymbol{Y}\tilde{\boldsymbol{A}}^{\mathrm{T}} & \boldsymbol{Y}(\tilde{\boldsymbol{B}}_f\theta_k\boldsymbol{C}\tilde{\boldsymbol{C}}_{\tau_{\mathrm{sc}}^k})^{\mathrm{T}} & \boldsymbol{Y}\theta_k\tilde{\boldsymbol{H}}^{\mathrm{T}}\\ * & -\boldsymbol{S} & 0 & 0 & \boldsymbol{S}(\tilde{\boldsymbol{A}}_f+\tilde{\boldsymbol{B}}_f(1-\theta_k)\boldsymbol{C}_f\tilde{\boldsymbol{C}}_{\tau_{\mathrm{sc}}^k})^{\mathrm{T}} & \boldsymbol{S}(1-\theta_k)\tilde{\tilde{\boldsymbol{H}}}^{\mathrm{T}}\\ * & * & -\boldsymbol{X} & -\boldsymbol{W}(\tilde{\boldsymbol{B}}\tilde{\boldsymbol{J}}_{\tau_{\mathrm{ca}}^k})^{\mathrm{T}} & 0 & 0\\ * & * & * & -\boldsymbol{Y} & 0 & 0\\ * & * & * & * & -\boldsymbol{S} & 0\\ * & * & * & * & * & -\boldsymbol{X}\end{bmatrix}<0 \tag{5.16}$$

则具有任意网络诱导时延且具有丢包补偿器的 NCSs(5.10)是渐近稳定的。

其中,$\theta_k=0$ 或 1,以 $\boldsymbol{W}$ 为变量,求解矩阵不等式(5.16),如果有可行解,可以进一步得到保证系统稳定的输出反馈控制律为

$$\boldsymbol{KI}=\boldsymbol{WX}^{-1}$$

证明　选取正定矩阵 $\boldsymbol{P}$、$\boldsymbol{M}$、$\boldsymbol{Q}$,定义 Lyapunov 函数 $V(\boldsymbol{x}(k))=\tilde{\boldsymbol{x}}_k^{\mathrm{T}}\boldsymbol{P}\tilde{\boldsymbol{x}}_k+\tilde{\tilde{\boldsymbol{x}}}_k^{\mathrm{T}}\boldsymbol{M}\tilde{\tilde{\boldsymbol{x}}}_k+\tilde{\boldsymbol{s}}_k^{\mathrm{T}}\boldsymbol{Q}\tilde{\boldsymbol{s}}_k$,证明同定理 5.1。略。

定理 5.3　给定任意常数 $\gamma>0$,如果存在矩阵 $\boldsymbol{Y}>0$,$\boldsymbol{S}>0$,$\boldsymbol{X}>0$,$\boldsymbol{W}$ 满足条件

$$\begin{bmatrix}-\boldsymbol{Y} & 0 & 0 & 0 & \boldsymbol{Y}\tilde{\boldsymbol{A}}^{\mathrm{T}} & \boldsymbol{Y}(\tilde{\boldsymbol{B}}_f\theta_k\boldsymbol{C}\tilde{\boldsymbol{C}}_{\tau_{sc}^k})^{\mathrm{T}} & \boldsymbol{Y}\theta_k\tilde{\boldsymbol{H}}^{\mathrm{T}} & \boldsymbol{Y}\tilde{\boldsymbol{C}}_1^{\mathrm{T}}\\ * & -\boldsymbol{S} & 0 & 0 & 0 & \boldsymbol{S}(\tilde{\boldsymbol{A}}_f+\tilde{\boldsymbol{B}}_f(1-\theta_k)\boldsymbol{C}_f\tilde{\boldsymbol{C}}_{\tau_{sc}^k})^{\mathrm{T}} & \boldsymbol{S}(1-\theta_k)\tilde{\tilde{\boldsymbol{H}}}^{\mathrm{T}} & 0\\ * & * & -\boldsymbol{X} & 0 & -\boldsymbol{W}(\tilde{\boldsymbol{B}}\tilde{\boldsymbol{J}}_{\tau_{ca}^k})^{\mathrm{T}} & 0 & 0 & 0\\ * & * & * & -\gamma^2\boldsymbol{I} & \boldsymbol{N}^{\mathrm{T}} & 0 & 0 & \boldsymbol{H}_2^{\mathrm{T}}\\ * & * & * & * & -\boldsymbol{Y} & 0 & 0 & 0\\ * & * & * & * & * & -\boldsymbol{S} & 0 & 0\\ * & * & * & * & * & * & -\boldsymbol{X} & 0\\ * & * & * & * & * & * & * & -\boldsymbol{I}\end{bmatrix}<0 \tag{5.17}$$

则 γ 次优动态输出反馈 H_∞ 控制律存在,使系统(5.10)具有 H_∞ 扰动衰减度 γ。其中,$\boldsymbol{W}=\boldsymbol{KS}$;$\boldsymbol{KI}=\boldsymbol{WX}^{-1}$;$\theta_k=0$ 或 1。

证明　令 $J_{z_k}=\sum_{k=0}^{\infty}[\boldsymbol{z}_k^{\mathrm{T}}\boldsymbol{z}_k-\gamma^2\boldsymbol{w}_k^{\mathrm{T}}\boldsymbol{w}_k]$,若使 $\|\boldsymbol{z}_k\|_2\leqslant\gamma\|\boldsymbol{w}_k\|_2$,需使 $J_{z_k}\leqslant 0$。对于 NCSs(5.10),选择 Lyapunov 函数 $V(\boldsymbol{x}(k))=\tilde{\boldsymbol{x}}_k^{\mathrm{T}}\boldsymbol{P}\tilde{\boldsymbol{x}}_k+\tilde{\tilde{\boldsymbol{x}}}_k^{\mathrm{T}}\boldsymbol{M}\tilde{\tilde{\boldsymbol{x}}}_k+\tilde{\boldsymbol{s}}_k^{\mathrm{T}}\boldsymbol{Q}\tilde{\boldsymbol{s}}_k$,在零初始条件下,结合系统(5.10),对于 $\forall\,\boldsymbol{w}_k\in l_2[0,\infty]$,有

$$J_{z_k}\leqslant\sum_{k=0}^{\infty}[\boldsymbol{z}_k^{\mathrm{T}}\boldsymbol{z}_k-\gamma^2\boldsymbol{w}_k^{\mathrm{T}}\boldsymbol{w}_k+\Delta V(\boldsymbol{x}(k))]$$

$$=\sum_{k=0}^{\infty}\begin{bmatrix}\tilde{\boldsymbol{x}}_k\\ \tilde{\tilde{\boldsymbol{x}}}_k\\ \tilde{\boldsymbol{s}}_k\\ \boldsymbol{w}_k\end{bmatrix}^{\mathrm{T}}\begin{bmatrix}\boldsymbol{N}_{11} & \boldsymbol{N}_{12} & \boldsymbol{N}_{13} & \boldsymbol{N}_{14}\\ * & \boldsymbol{N}_{21} & \boldsymbol{N}_{23} & \boldsymbol{N}_{24}\\ * & * & \boldsymbol{N}_{33} & \boldsymbol{N}_{34}\\ * & * & * & \boldsymbol{N}_{44}\end{bmatrix}\begin{bmatrix}\tilde{\boldsymbol{x}}_k\\ \tilde{\tilde{\boldsymbol{x}}}_k\\ \tilde{\boldsymbol{s}}_k\\ \boldsymbol{w}_k\end{bmatrix} \tag{5.18}$$

其中,

$$\boldsymbol{N}_{11}=\tilde{\boldsymbol{A}}^{\mathrm{T}}\boldsymbol{P}\tilde{\boldsymbol{A}}+(\tilde{\boldsymbol{B}}_f\theta_k\boldsymbol{C}\tilde{\boldsymbol{C}}_{\tau_{sc}^k})^{\mathrm{T}}\boldsymbol{M}(\tilde{\boldsymbol{B}}_f\theta_k\boldsymbol{C}\tilde{\boldsymbol{C}}_{\tau_{sc}^k})+(\theta_k\tilde{\boldsymbol{H}})^{\mathrm{T}}\boldsymbol{Q}(\theta_k\tilde{\boldsymbol{H}})-\boldsymbol{P}+\tilde{\boldsymbol{C}}_1^{\mathrm{T}}\tilde{\boldsymbol{C}}_1$$

$$\boldsymbol{N}_{12}=(\tilde{\boldsymbol{B}}_f\theta_k\boldsymbol{C}\tilde{\boldsymbol{C}}_{\tau_{sc}^k})^{\mathrm{T}}\boldsymbol{M}(\tilde{\boldsymbol{A}}_f+\tilde{\boldsymbol{B}}_f(1-\theta_k)\boldsymbol{C}_f\tilde{\boldsymbol{C}}_{\tau_{sc}^k})+(\theta_k\tilde{\boldsymbol{H}})^{\mathrm{T}}\boldsymbol{Q}(1-\theta_k)\tilde{\boldsymbol{H}}$$

$$\boldsymbol{N}_{13}=\tilde{\boldsymbol{A}}^{\mathrm{T}}\boldsymbol{P}(-\tilde{\boldsymbol{B}}\boldsymbol{K}\tilde{\boldsymbol{J}}_{\tau_{ca}^k});\quad \boldsymbol{N}_{14}=\tilde{\boldsymbol{A}}^{\mathrm{T}}\boldsymbol{PN}+\tilde{\boldsymbol{C}}_1^{\mathrm{T}}\boldsymbol{H}_2$$

$$\boldsymbol{N}_{22}=(\widetilde{\boldsymbol{A}}_f+\widetilde{\boldsymbol{B}}_f(1-\theta_k)\boldsymbol{C}_f\widetilde{\boldsymbol{C}}_{\tau_{sc}^k})^{\mathrm{T}}\boldsymbol{M}(\widetilde{\boldsymbol{A}}_f+\widetilde{\boldsymbol{B}}_f(1-\theta_k)\boldsymbol{C}_f\widetilde{\boldsymbol{C}}_{\tau_{sc}^k})+(1-\theta_k)\widetilde{\widetilde{\boldsymbol{H}}}^{\mathrm{T}}\boldsymbol{Q}(1-\theta_k)\widetilde{\widetilde{\boldsymbol{H}}}-\boldsymbol{M}$$

$$\boldsymbol{N}_{23}=0;\quad \boldsymbol{N}_{24}=0;\quad \boldsymbol{N}_{33}=(\widetilde{\boldsymbol{B}}\boldsymbol{K}\widetilde{\boldsymbol{J}}_{\tau_{ca}^k})^{\mathrm{T}}\boldsymbol{P}\widetilde{\boldsymbol{B}}\boldsymbol{K}\widetilde{\boldsymbol{J}}_{\tau_{ca}^k}-\boldsymbol{Q}$$

$$\boldsymbol{N}_{34}=-(\widetilde{\boldsymbol{B}}\boldsymbol{K}\widetilde{\boldsymbol{J}}_{\tau_{ca}^k})^{\mathrm{T}}\boldsymbol{P}\boldsymbol{N};\quad \boldsymbol{N}_{44}=\boldsymbol{N}^{\mathrm{T}}\boldsymbol{P}\boldsymbol{N}+\boldsymbol{H}_2^{\mathrm{T}}\boldsymbol{H}_2-\gamma^2\boldsymbol{I}$$

令 $\boldsymbol{\xi}_k=[\widetilde{\boldsymbol{x}}_k^{\mathrm{T}}\widetilde{\boldsymbol{s}}_k^{\mathrm{T}}\widetilde{\boldsymbol{w}}_k^{\mathrm{T}}]^{\mathrm{T}}$，式(5.18)可写为 $J_{z_k}\leqslant\sum_{k=0}^{\infty}\boldsymbol{\xi}^{\mathrm{T}}\boldsymbol{N}\boldsymbol{\xi}$。由定义 2.4，需使 $J_{z_k}\leqslant 0$，从而有

$$\boldsymbol{N}=\begin{bmatrix}\boldsymbol{N}_{11} & \boldsymbol{N}_{12} & \boldsymbol{N}_{13} & \boldsymbol{N}_{14}\\ * & \boldsymbol{N}_{22} & \boldsymbol{N}_{23} & \boldsymbol{N}_{24}\\ * & * & \boldsymbol{N}_{33} & \boldsymbol{N}_{34}\\ * & * & * & \boldsymbol{N}_{44}\end{bmatrix}<0 \tag{5.19}$$

由引理 2.1，$\boldsymbol{N}<0$，则式(5.13)成立，由此系统(5.10)一定是渐近稳定的。同定理 5.1 的证明，对于式(5.18)，先利用引理 2.1，再左、右分别乘 diag($\boldsymbol{P}^{-1}$，$\boldsymbol{M}^{-1}$，$\boldsymbol{Q}^{-1}$，$\boldsymbol{I}$，$\boldsymbol{I}$，$\boldsymbol{I}$，$\boldsymbol{I}$，$\boldsymbol{I}$)及其转置，令 $\boldsymbol{Y}=\boldsymbol{P}^{-1}$，$\boldsymbol{S}=\boldsymbol{M}^{-1}$，$\boldsymbol{X}=\boldsymbol{Q}^{-1}$，$\boldsymbol{W}=\boldsymbol{K}\boldsymbol{X}$，可得式(5.17)。证毕。

推论 5.1　如果如下优化问题有可行解：

$$\min_{\boldsymbol{Y}>0,\boldsymbol{X}>0,\boldsymbol{S}>0,\boldsymbol{W},u} u$$

s. t.

$$\begin{bmatrix}-\boldsymbol{Y} & 0 & 0 & 0 & \boldsymbol{Y}\widetilde{\boldsymbol{A}}^{\mathrm{T}} & \boldsymbol{Y}(\widetilde{\boldsymbol{B}}_f\theta_k\boldsymbol{C}\widetilde{\boldsymbol{C}})^{\mathrm{T}} & \boldsymbol{Y}\theta_k\widetilde{\boldsymbol{H}}^{\mathrm{T}} & \boldsymbol{Y}\widetilde{\boldsymbol{C}}_1^{\mathrm{T}}\\ * & -\boldsymbol{S} & 0 & 0 & 0 & \boldsymbol{S}[\widetilde{\boldsymbol{A}}_f+\widetilde{\boldsymbol{B}}_f(1-\theta_k)\boldsymbol{C}_f\widetilde{\boldsymbol{C}}]^{\mathrm{T}} & \boldsymbol{S}(1-\theta_k)\widetilde{\widetilde{\boldsymbol{H}}}^{\mathrm{T}} & 0\\ * & * & -\boldsymbol{X} & 0 & -\boldsymbol{W}(\widetilde{\boldsymbol{B}}\widetilde{\boldsymbol{J}})^{\mathrm{T}} & 0 & 0 & 0\\ * & * & * & -u\boldsymbol{I} & \boldsymbol{N}^{\mathrm{T}} & 0 & 0 & \boldsymbol{H}_2^{\mathrm{T}}\\ * & * & * & * & -\boldsymbol{Y} & 0 & 0 & 0\\ * & * & * & * & * & -\boldsymbol{S} & 0 & 0\\ * & * & * & * & * & * & -\boldsymbol{X} & 0\\ * & * & * & * & * & * & * & -\boldsymbol{I}\end{bmatrix}<0 \tag{5.20}$$

则系统(5.10)具有 γ 最优输出反馈 H_∞ 控制律。

利用 Matlab 工具箱中的优化问题求解器 mincx，得到最优解 u^*，从而获得最优输出反馈 H_∞ 控制器增益 $\boldsymbol{K}^*=\boldsymbol{W}\boldsymbol{X}^{-1}$，最小 H_∞ 扰动衰减度 $\gamma^*=\sqrt{u^*}$。

5.1.3　算例仿真

本小节分别针对同一被控对象无数据包丢失补偿和存在数据包丢包补偿两

种情况进行算例仿真。仿真结果表明，具有丢包补偿器的切换系统存在的输出反馈控制增益，使其具有 H_∞ 扰动衰减度 γ，并且趋于稳定的速度快于无数据包丢包补偿的情况。

例 5.1　考虑如下系统：

$$\begin{cases}\dot{\boldsymbol{x}}(t)=\begin{bmatrix}0 & 1\\ -1 & -2\end{bmatrix}\boldsymbol{x}(t)+\begin{bmatrix}0\\ 1\end{bmatrix}\boldsymbol{u}(t)+\begin{bmatrix}0.1\\ 0\end{bmatrix}\boldsymbol{w}(t)\\ \boldsymbol{y}(t)=\begin{bmatrix}1 & 0\end{bmatrix}\boldsymbol{x}(t)\\ \boldsymbol{z}(t)=\begin{bmatrix}0.01 & 0\end{bmatrix}\boldsymbol{x}(t)-0.11\boldsymbol{w}(t)\end{cases}$$

假定采样周期 $T=0.5\text{s}$，有

$$\boldsymbol{A}_s=\mathrm{e}^{\boldsymbol{A}T}=\begin{bmatrix}0.0404 & 0.0337\\ -0.0337 & -0.0270\end{bmatrix},\quad \boldsymbol{B}_s=\int_0^{0.5}\mathrm{e}^{\boldsymbol{A}(T-s)}\,\mathrm{d}s\boldsymbol{B}=\begin{bmatrix}0.0902\\ 0.3033\end{bmatrix}$$

$$\boldsymbol{H}_s=\int_0^{0.5}\mathrm{e}^{\boldsymbol{A}(T-s)}\,\mathrm{d}s\boldsymbol{H}_1=\begin{bmatrix}0.0484\\ -0.0090\end{bmatrix}$$

（1）针对具有长时延和无数据包丢失补偿的 NCSs 进行仿真

由定理 5.1，调用 Matlab 中 LMIs 工具箱，得到最优解为

$$\boldsymbol{W}=\mathrm{diag}(302620,760,302620)$$
$$\boldsymbol{S}=\mathrm{diag}(271840,680,271840)$$
$$\boldsymbol{KI}=\boldsymbol{WS}^{-1}=1.1132\boldsymbol{I},\quad K=1.1132$$

（2）针对具有长时延和丢包补偿器的 NCSs 进行仿真

针对例 5.1 中同一被控对象，研究具有丢包补偿器的 NCSs 最优 H_∞ 控制。设补偿器状态方程为

$$\begin{cases}\dot{\hat{\boldsymbol{x}}}(t)=\begin{bmatrix}0 & 0.9600\\ -1.1100 & -1.9000\end{bmatrix}\hat{\boldsymbol{x}}(t)+\begin{bmatrix}0\\ 0.102\end{bmatrix}\boldsymbol{s}(t)\\ \hat{\boldsymbol{y}}(t)=\begin{bmatrix}0.99 & 0\end{bmatrix}\hat{\boldsymbol{x}}(t)\end{cases}$$

假定采样周期 $T=0.5\text{s}$，有

$$\boldsymbol{A}_f=\mathrm{e}^{\boldsymbol{A}_1T}=\begin{bmatrix}0.0146 & 0.0185\\ -0.0214 & -0.0221\end{bmatrix}$$

$$\boldsymbol{B}_f=1.0\mathrm{e}-003*\begin{bmatrix}0.0012\\ 0.5076\end{bmatrix}$$

由推论 5.1，调用 Matlab LMIs 工具箱，得到最优解为

$$\boldsymbol{X}=\mathrm{diag}(130,978480,601070),\quad \boldsymbol{W}=\mathrm{diag}(100,108920,669100)$$

$$\boldsymbol{KI}=\boldsymbol{WX}^{-1}=1.1132I,\quad K=1.1132,\quad \gamma^*=\sqrt{u^*}=\sqrt{0.0122}=0.1105$$

结果分析：由图 5.3 和图 5.4 可知，在初始条件 $\boldsymbol{x}_0=[1.5\quad -0.5]^{\mathrm{T}}$ 下，对于同一被控对象，在相同控制器增益 $\boldsymbol{K}=1.1132$ 下，具有丢包补偿的 NCSs 更快趋

于稳定。

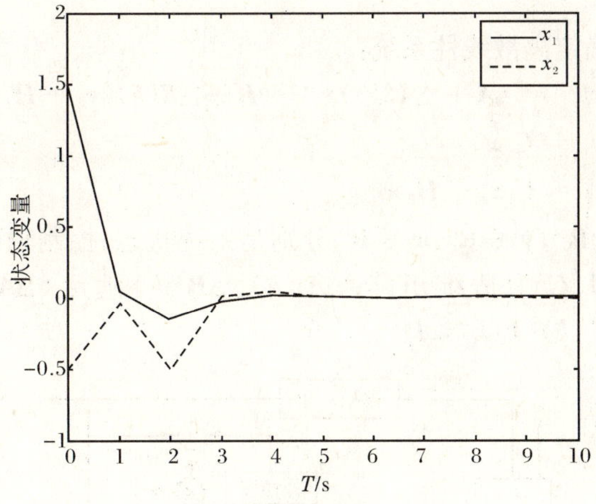

图 5.3 NCSs 状态曲线

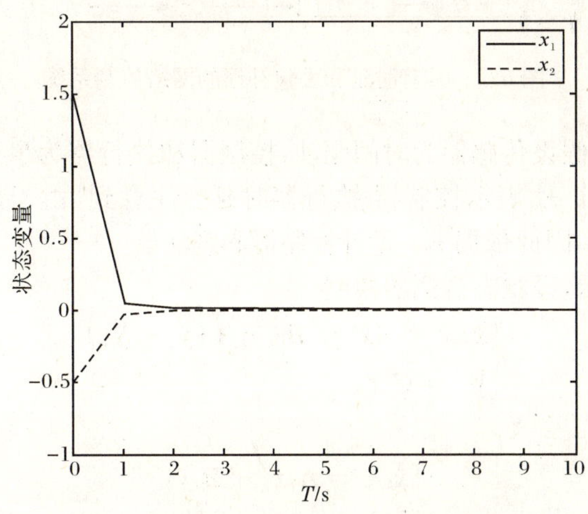

图 5.4 带有丢包补偿器的 NCSs 状态曲线

5.2 具有丢包补偿和 Markov 跳变参数的 NCSs H_∞ 控制

本节设计状态观测器，将具有网络时延和丢包补偿的网络控制系统建模为 Markov 跳变系统，给出使系统随机稳定且具有 H_∞ 范数界 γ 的充分条件。基于 LMIs 技术，获得控制器。算例表明在更为一般的网络框架下，本节方法具有较好的仿真效果。

5.2.1　问题描述

考虑如下不确定离散线性系统：

$$\begin{cases} \boldsymbol{x}_{k+1} = (\boldsymbol{A} + \Delta\boldsymbol{A}(k))\boldsymbol{x}_k + (\boldsymbol{B} + \Delta\boldsymbol{B}(k))\boldsymbol{v}_k + \boldsymbol{H}_1\boldsymbol{w}_k \\ \boldsymbol{y}_k = \boldsymbol{C}_1\boldsymbol{x}_k \\ \boldsymbol{z}_k = \boldsymbol{C}_2\boldsymbol{x}_k + \boldsymbol{H}_2\boldsymbol{w}_k \end{cases} \tag{5.21}$$

其中，$\boldsymbol{x}_k \in \mathbf{R}^n$、$\boldsymbol{v}_k \in \mathbf{R}^m$、$\boldsymbol{y}_k \in \mathbf{R}^r$、$\boldsymbol{w}_k \in \mathbf{R}^q$ 分别是系统状态、控制输入、控制输出和外界干扰输入；$\boldsymbol{A}$、$\boldsymbol{B}$、$\boldsymbol{C}$ 为适维矩阵；$\Delta\boldsymbol{A}(k)$、$\Delta\boldsymbol{B}(k)$ 满足 $(\Delta\boldsymbol{A}(k), \Delta\boldsymbol{B}(k)) = \boldsymbol{D}\boldsymbol{F}(k)(\boldsymbol{E}_1, \boldsymbol{E}_2)$，$\boldsymbol{F}(k)^{\mathrm{T}}\boldsymbol{F}(k) < \boldsymbol{I}$。

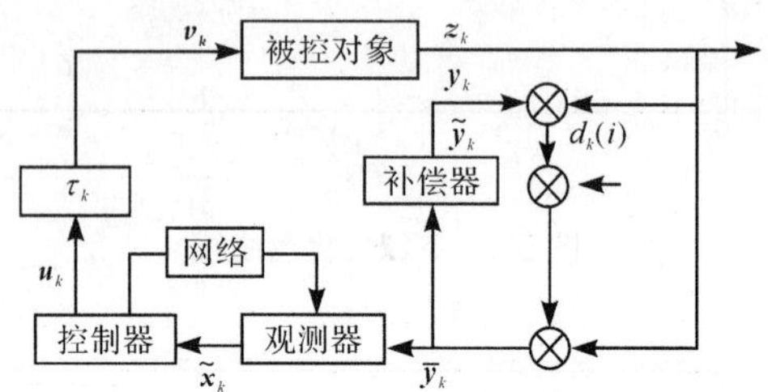

图 5.5　具有时延和丢包补偿的网络控制系统

为便于讨论，假设传感器为时间驱动，控制器和执行器为事件驱动，不考虑传感器-控制器时延。τ_k 表示控制器-执行器时延。注意到，由于计算控制输入时，不能确切知道 τ_k。因此依据 τ_{k-1} 设计控制器和观测器。

如图 5.5 所示，设状态观测器模型

$$\begin{cases} \tilde{\boldsymbol{x}}_{k+1} = \boldsymbol{A}\tilde{\boldsymbol{x}}_k + \boldsymbol{B}\boldsymbol{v}_k + \boldsymbol{L}(\bar{\boldsymbol{y}}_k - \tilde{\boldsymbol{y}}_k) \\ \tilde{\boldsymbol{y}}_k = \boldsymbol{C}_1\tilde{\boldsymbol{x}}_k \end{cases} \tag{5.22}$$

丢包补偿器

$$\begin{cases} \hat{\boldsymbol{x}}_{k+1} = \boldsymbol{A}_f\hat{\boldsymbol{x}}_k + \boldsymbol{B}_f\bar{\boldsymbol{y}}_k \\ \hat{\boldsymbol{y}}_k = \boldsymbol{C}_f\hat{\boldsymbol{x}}_k \end{cases} \tag{5.23}$$

其中，$\bar{\boldsymbol{y}}_k = \theta_k\boldsymbol{y}_k + (1-\theta_k)\hat{\boldsymbol{y}}_k (\theta_k \in \{0,1\})$。$\theta_k = 0$ 表示数据包丢失，否则 $\theta_k = 1$。

设控制律为 $\boldsymbol{u}_k = \boldsymbol{K}\tilde{\boldsymbol{x}}_k$，由于 $\boldsymbol{v}_k = \boldsymbol{u}(k-\tau_k)$，采用时滞依赖控制器增益，有

$$\boldsymbol{v}_k = \boldsymbol{K}_{\tau_{k-1}}\tilde{\boldsymbol{x}}(k-\tau_k) \tag{5.24}$$

假设 $\tau_k (k \geqslant 0)$ 有界且属于有限集合，即 $0 \leqslant \tau_k \leqslant \bar{\tau}$，$\tau_k \in S = \{1,2,\cdots,\bar{\tau}\}$，并且服从 Markov 链。设 $\tau_{k-1} = i$，$\tau_k = j$，有 $\Pr[\tau_k = j \mid \tau_{k-1} = i] = \pi_{ij}$，$\forall i、j \in S$。其中，$\pi_{ij} \geqslant 0, i \neq j$，$\sum_{j=1,j\neq i}^{s}\pi_{ij} = 1 - \pi_{ii}$，得到转移概率矩阵 $\boldsymbol{\Pi} = [\pi_{ij}]_{i,j\in S}$。根据文献[7]，有 $\Pr[\tau_k > \tau_{k-1} + 1] = 0$。

定义 $\boldsymbol{e}_1 = \boldsymbol{x}_k - \hat{\boldsymbol{x}}_k$，$\boldsymbol{e}_2 = \boldsymbol{x}_k - \tilde{\boldsymbol{x}}_k$ 和 $\boldsymbol{\xi}_k = (\boldsymbol{x}_k^{\mathrm{T}}\boldsymbol{e}_1^{\mathrm{T}}(k)\boldsymbol{e}_2^{\mathrm{T}}(k))^{\mathrm{T}}$。由式(5.21)～

式(5.24)，获得如下闭环系统模型：

$$\begin{cases}\boldsymbol{\xi}_{k+1}=\boldsymbol{\Lambda}_1\boldsymbol{\xi}_k+\boldsymbol{\Lambda}_2\boldsymbol{\xi}_{k-\tau_k}+\widetilde{\boldsymbol{H}}_1\boldsymbol{w}_k\\ \boldsymbol{z}_k=\boldsymbol{C}_2\boldsymbol{x}_k+\boldsymbol{H}_2\boldsymbol{w}_k\end{cases}\tag{5.25}$$

其中，

$$\bar{\boldsymbol{A}}_1=\boldsymbol{A}+\boldsymbol{DFE}_1$$

$$\bar{\boldsymbol{A}}_2=\boldsymbol{A}+\boldsymbol{DFE}_1-\boldsymbol{A}_f-\boldsymbol{B}_f(1-\theta_k)\boldsymbol{C}_f-\boldsymbol{B}_f\theta_k\boldsymbol{C}_1$$

$$\bar{\boldsymbol{A}}_3=\boldsymbol{DFE}_1+\boldsymbol{LC}_1-\boldsymbol{L}(1-\theta_k)\boldsymbol{C}_f-\boldsymbol{L}\theta_k\boldsymbol{C}_1$$

$$\boldsymbol{C}=[\boldsymbol{C}_1-(1-\theta_k)\boldsymbol{C}_f-\theta_k\boldsymbol{C}_1\quad (1-\theta_k)\boldsymbol{C}_f\quad -\boldsymbol{C}_1]$$

$$\boldsymbol{M}_{11}=\begin{bmatrix}\boldsymbol{A} & 0 & 0\\ \boldsymbol{A}-\boldsymbol{A}_f-\boldsymbol{B}_f(1-\theta_k)\boldsymbol{C}_f-\boldsymbol{B}_f\theta_k\boldsymbol{C}_1 & \boldsymbol{A}_f+\boldsymbol{B}_f(1-\theta_k)\boldsymbol{C}_f & 0\\ 0 & 0 & \boldsymbol{A}\end{bmatrix}$$

$$\widetilde{\boldsymbol{I}}=\begin{bmatrix}0\\0\\\boldsymbol{I}\end{bmatrix};\quad \widetilde{\boldsymbol{D}}=\begin{bmatrix}\boldsymbol{D}\\\boldsymbol{D}\\\boldsymbol{D}\end{bmatrix};\quad \bar{\bar{\boldsymbol{B}}}_1=\begin{bmatrix}\boldsymbol{B}\\\boldsymbol{B}\\0\end{bmatrix};\quad \widetilde{\boldsymbol{H}}_1=\begin{bmatrix}\boldsymbol{H}_1\\\boldsymbol{H}_1\\\boldsymbol{H}_1\end{bmatrix}$$

$$\widetilde{\boldsymbol{E}}_1=[\boldsymbol{E}_1\quad 0\quad 0];\quad \widetilde{\boldsymbol{E}}_2=[\boldsymbol{E}_2\quad 0\quad -\boldsymbol{E}_2]$$

$$\boldsymbol{\Lambda}_1=\begin{bmatrix}\bar{\boldsymbol{A}}_1 & 0 & 0\\ \bar{\boldsymbol{A}}_2 & \boldsymbol{A}_f+\boldsymbol{B}_f(1-\theta_k)\boldsymbol{C}_f & 0\\ \bar{\boldsymbol{A}}_3 & \boldsymbol{L}_{\tau_{k-1}}(1-\theta_k)\boldsymbol{C}_f & \boldsymbol{A}-\boldsymbol{L}_{\tau_{k-1}}\boldsymbol{C}_1\end{bmatrix}=\boldsymbol{M}_{11}+\widetilde{\boldsymbol{I}}\boldsymbol{L}_{\tau_{k-1}}\boldsymbol{C}+\widetilde{\boldsymbol{D}}\boldsymbol{F}\widetilde{\boldsymbol{E}}_1$$

$$\boldsymbol{\Lambda}_2=\begin{bmatrix}(\boldsymbol{B}+\boldsymbol{DFE}_2)\boldsymbol{K}_{\tau_{k-1}} & 0 & -(\boldsymbol{B}+\boldsymbol{DFE}_2)\boldsymbol{K}_{\tau_{k-1}}\\ (\boldsymbol{B}+\boldsymbol{DFE}_2)\boldsymbol{K}_{\tau_{k-1}} & 0 & -(\boldsymbol{B}+\boldsymbol{DFE}_2)\boldsymbol{K}_{\tau_{k-1}}\\ (\boldsymbol{B}+\boldsymbol{DFE}_2)\boldsymbol{K}_{\tau_{k-1}} & 0 & -(\boldsymbol{B}+\boldsymbol{DFE}_2)\boldsymbol{K}_{\tau_{k-1}}\end{bmatrix}=\bar{\bar{\boldsymbol{B}}}_1\boldsymbol{K}_{\tau_{k-1}}\boldsymbol{\Gamma}_1+\widetilde{\boldsymbol{D}}\boldsymbol{FE}_2\boldsymbol{K}_{\tau_{k-1}}\boldsymbol{\Gamma}_1$$

$$\boldsymbol{\Gamma}_1=[\boldsymbol{I}\quad 0\quad \boldsymbol{I}]$$

为分析随机稳定性，设 $\boldsymbol{X}_k=(\boldsymbol{\xi}_k^{\mathrm{T}}\boldsymbol{\xi}_{k-1}^{\mathrm{T}}\cdots\boldsymbol{\xi}_{k-\bar{\tau}}^{\mathrm{T}})^{\mathrm{T}}$，重写系统(5.25)为

$$\begin{cases}\boldsymbol{X}_{k+1}=\bar{\boldsymbol{A}}_{\tau_k}\boldsymbol{X}_k+\hat{\boldsymbol{H}}_1\boldsymbol{w}_k\\ \boldsymbol{z}_k=\hat{\boldsymbol{C}}_2\boldsymbol{X}_k+\boldsymbol{H}_2\boldsymbol{w}_k\end{cases}\tag{5.26}$$

其中，

$$\begin{aligned}\bar{\boldsymbol{A}}_{\tau_k}=&\widetilde{\boldsymbol{M}}_{11}+\hat{\boldsymbol{I}}\boldsymbol{L}_{\tau_{k-1}}\widetilde{\boldsymbol{C}}+\hat{\boldsymbol{D}}\boldsymbol{F}\hat{\boldsymbol{E}}_1+\hat{\boldsymbol{B}}_1\boldsymbol{K}_{\tau_{k-1}}\boldsymbol{\Gamma}_2\widetilde{\boldsymbol{E}}(\tau_k)\\ &+\hat{\boldsymbol{D}}\boldsymbol{FE}_2\boldsymbol{K}_{\tau_{k-1}}\boldsymbol{\Gamma}_2\widetilde{\boldsymbol{E}}(\tau_k)\end{aligned}$$

$$\widetilde{M}_{11}=\begin{bmatrix}M_{11} & 0 & 0 & \cdots & 0 & 0\\ I & 0 & 0 & \cdots & 0 & 0\\ 0 & I & 0 & \cdots & 0 & 0\\ \vdots & \vdots & \vdots & & \vdots & \vdots\\ 0 & 0 & 0 & \cdots & I & 0\end{bmatrix};\quad \hat{I}=\begin{bmatrix}\widetilde{I}\\ 0\\ \vdots\\ 0\end{bmatrix}$$

$$\widetilde{C}=[C\quad 0\quad \cdots\quad 0];\quad \hat{E}_1=\left[\widetilde{E}_1\quad 0\quad \cdots\quad 0\right]$$

$$\widetilde{E}(\tau_k)=[0\quad 0\quad \cdots\quad I\quad 0\quad \cdots\quad 0];\quad \widetilde{C}_2=[C_2\quad 0\quad 0]$$

$$\hat{C}_2=\left[\widetilde{C}_2\quad 0\quad \cdots\quad 0\right];\quad \hat{B}_1=\left[\bar{\bar{B}}_1^{\mathrm{T}}\quad 0\quad \cdots\quad 0\right]^{\mathrm{T}}$$

$$\hat{H}_1=\left[\widetilde{H}_1^{\mathrm{T}}\quad 0\quad \cdots\quad 0\right]^{\mathrm{T}};\quad \Gamma_2=[I\quad 0\quad -I]$$

注 5.2 系统(5.26)为 Markov 跳变系统。

5.2.2 H_∞控制

本小节将给出系统随机稳定且具有 H_∞ 范数界 γ 的充分条件,以及控制器设计方案。

定理 5.4 给定标量 $\gamma>0$,如果存在矩阵 $P_i>0(i\in S)$和标量 $\varepsilon>0$,对所有不确定性满足下述不等式:

$$\begin{bmatrix}-P_i+\sum_{j=0}^{\bar{\tau}}\varepsilon_j^{-1}\sqrt{\pi_{ij}}\Psi_{2j}^{\mathrm{T}}\Psi_{2j} & 0 & \hat{C}_2^{\mathrm{T}} & \sqrt{\pi_{i0}}\Psi_{10}^{\mathrm{T}} & \cdots & \sqrt{\pi_{i\bar{\tau}}}\Psi_{1\bar{\tau}}^{\mathrm{T}}\\ * & -\gamma^2 I & H_2^{\mathrm{T}} & \hat{H}_1^{\mathrm{T}} & \cdots & \hat{H}_1^{\mathrm{T}}\\ * & * & -I & 0 & \cdots & 0\\ * & * & * & -P_0^{-1}+\varepsilon_0\sqrt{\pi_{i0}}\hat{D}\hat{D}^{\mathrm{T}} & \cdots & 0\\ \vdots & \vdots & \vdots & \vdots & & \vdots\\ * & * & * & * & \cdots & -P_{\bar{\tau}}^{-1}+\varepsilon_{\bar{\tau}}\sqrt{\pi_{i\bar{\tau}}}\hat{D}\hat{D}^{\mathrm{T}}\end{bmatrix}<0 \tag{5.27}$$

成立,则闭环系统(5.26)是鲁棒随机稳定的,且具有 H_∞范数界 γ。

其中,$\Psi_{1j}=\widetilde{M}_{11}+\hat{I}L\widetilde{C}+\hat{B}_1K_i\Gamma_2\widetilde{E}(j)$;$\Psi_{2j}=\hat{E}_1+E_2K_i\Gamma_2\widetilde{E}(j)$。

证明 考虑 Markov 跳变系统(5.26),给出 Lyapunov 函数 $V(x_k,k)=X_k^{\mathrm{T}}P_{\tau_{k-1}}X_k$,有

$$\begin{aligned}&E[V(x_{k+1},k+1)/\hbar_{k-1}]-V(x_k,k)\\ &=X_k^{\mathrm{T}}\Theta_iX_k+2X_k^{\mathrm{T}}\sum_{j=0}^{\bar{\tau}}\pi_{ij}\bar{A}^{\mathrm{T}}P_j\hat{H}_1w_k+\sum_{j=0}^{\bar{\tau}}\pi_{ij}w_k^{\mathrm{T}}\hat{H}_1^{\mathrm{T}}P_j\hat{H}_1w_k\end{aligned}$$

令 $\tau_{k-1}=i,\tau_k=j,P_{\tau_{k-1}}=P_i,\Theta_i=\sum_{j=0}^{\bar{\tau}}\pi_{ij}\bar{A}_j^{\mathrm{T}}P_j\bar{A}_j-P_i$。如果 $w_k\equiv0$,有

$$E[V(\boldsymbol{x}_{k+1},k+1)/\hbar_{k-1}]-V(\boldsymbol{x}_k,k)=\boldsymbol{X}_k^{\mathrm{T}}\boldsymbol{\Theta}_i\boldsymbol{X}_k\leqslant-\lambda_{\min}(-\boldsymbol{\Theta}_i)\boldsymbol{X}_k^{\mathrm{T}}\boldsymbol{X}_k\leqslant-\beta\boldsymbol{x}_k^{\mathrm{T}}\boldsymbol{x}_k$$

其中，$\beta=\min\{\lambda_{\min}(-\boldsymbol{\Theta}_i),i\in S\}$。进而有

$$E[V(\boldsymbol{x}_{k+1},k+1)/\hbar_{k-1}]-E[V(\varphi,\tau_{-1})]\leqslant-\beta\sum_{k=0}^{t}E[\boldsymbol{x}_k^{\mathrm{T}}\boldsymbol{x}_k]$$

有 $\sum_{k=0}^{t}E[\boldsymbol{x}_k^{\mathrm{T}}\boldsymbol{x}_k]\leqslant\frac{1}{\beta}E[V(\varphi,\tau_{-1})]$，进而 $\sum_{k=0}^{\infty}E[\boldsymbol{x}_k^{\mathrm{T}}\boldsymbol{x}_k]\leqslant\frac{1}{\beta}E[V(\varphi,\tau_{-1})]<\infty$。根据定义 2.3，如果 $\boldsymbol{\Theta}_i<0$，系统(5.26) 是随机稳定的。假定零初始条件 $\boldsymbol{x}_k=0(k=-\tau_M,-\tau_M+1,\cdots,-1)$，定义

$$J_N=\|\boldsymbol{z}\|_2^2-\gamma^2\ \|\boldsymbol{w}\|_2^2=E[\boldsymbol{z}_k-\gamma^2\boldsymbol{w}_k^{\mathrm{T}}\boldsymbol{w}_k]$$

由于 $V_0(\varphi,\tau_{-1})=0$，有

$$\begin{aligned}J_N&\leqslant E\sum_{k=0}^{N-1}[\boldsymbol{z}_k^{\mathrm{T}}\boldsymbol{z}_k-\gamma^2\boldsymbol{w}_k^{\mathrm{T}}\boldsymbol{w}_k+V(\boldsymbol{x}_{k+1},k+1)-V(\boldsymbol{x}_k,k)]\\&=\sum_{k=0}^{N-1}\begin{bmatrix}\boldsymbol{X}_k\\\boldsymbol{w}_k\end{bmatrix}^{\mathrm{T}}\begin{bmatrix}\boldsymbol{A}_{11}&\boldsymbol{A}_{12}\\ *&\boldsymbol{A}_{22}\end{bmatrix}\begin{bmatrix}\boldsymbol{X}_k\\\boldsymbol{w}_k\end{bmatrix}\end{aligned}\tag{5.28}$$

其中，

$$\boldsymbol{A}_{11}=\boldsymbol{\Theta}_i+\hat{\boldsymbol{C}}_2^{\mathrm{T}}\hat{\boldsymbol{C}}_2$$

$$\boldsymbol{A}_{22}=\sum_{j=0}^{\bar{\tau}}\pi_{ij}\hat{\boldsymbol{H}}_1^{\mathrm{T}}\boldsymbol{P}_j\hat{\boldsymbol{H}}_1+\boldsymbol{H}_2^{\mathrm{T}}\boldsymbol{H}_2-\gamma^2\boldsymbol{I}$$

$$\boldsymbol{A}_{12}=\hat{\boldsymbol{C}}_2^{\mathrm{T}}\boldsymbol{H}_2+\sum_{j=0}^{\bar{\tau}}\pi_{ij}\bar{\boldsymbol{A}}_j^{\mathrm{T}}\boldsymbol{P}_j\hat{\boldsymbol{H}}_1$$

由于

$$\begin{bmatrix}\boldsymbol{A}_{11}&\boldsymbol{A}_{12}\\ *&\boldsymbol{A}_{22}\end{bmatrix}<0\Rightarrow\boldsymbol{\Theta}_i+\hat{\boldsymbol{C}}_2^{\mathrm{T}}\hat{\boldsymbol{C}}_2<0\Rightarrow\boldsymbol{\Theta}_i<0$$

系统是鲁棒随机稳定的。根据引理 2.1，有

$$\begin{bmatrix}\boldsymbol{A}_{11}&\boldsymbol{A}_{12}\\ *&\boldsymbol{A}_{22}\end{bmatrix}<0\Leftrightarrow\begin{bmatrix}\boldsymbol{\Theta}_i&\sum_{j=0}^{\bar{\tau}}\pi_{ij}\bar{\boldsymbol{A}}_j^{\mathrm{T}}\boldsymbol{P}_j\hat{\boldsymbol{H}}_1&\hat{\boldsymbol{C}}_2^{\mathrm{T}}\\ *&\sum_{j=0}^{\bar{\tau}}\pi_{ij}\hat{\boldsymbol{H}}_1^{\mathrm{T}}\boldsymbol{P}_j\hat{\boldsymbol{H}}_1-\gamma^2\boldsymbol{I}&\boldsymbol{H}_2^{\mathrm{T}}\\ *&*&-\boldsymbol{I}\end{bmatrix}<0\tag{5.29}$$

根据引理 2.2 和引理 2.1，式(5.29)等价于式(5.27)，以至于 $J_N<0$，即 $\|\boldsymbol{z}\|_2^2<\gamma^2\ \|\boldsymbol{w}\|_2^2$。

定理 5.5　给出系统鲁棒随机稳定且具有 H_∞ 范数界 γ 的充分条件，然而，式(5.27)不是 LMI。由引理 2.2，左右分别乘 $\mathrm{diag}(\boldsymbol{P}_i^{-1},\boldsymbol{I},\cdots,\boldsymbol{I})$ 及其转置，令 $\boldsymbol{P}_i^{-1}=\boldsymbol{Y}_i$，$\boldsymbol{\Gamma}_2\tilde{\boldsymbol{E}}(j)\boldsymbol{Y}_i=\boldsymbol{S}_i\boldsymbol{\Gamma}_2\tilde{\boldsymbol{E}}(j)$，$\tilde{\boldsymbol{C}}\boldsymbol{Y}_i=\boldsymbol{W}_i\tilde{\boldsymbol{C}}$（参见文献[8]）。令 $\boldsymbol{K}_i\boldsymbol{S}_i=\boldsymbol{X}_i$，$\boldsymbol{L}_i\boldsymbol{W}_i=\boldsymbol{Z}_i$，获

得定理 5.6。

定理 5.6 给定标量 $\gamma>0$ 和 $\lambda>0$，如果存在 $\varepsilon_i>0$，$\boldsymbol{Y}_i>0$，$\boldsymbol{X}_i$、$\boldsymbol{Z}_i$ 和 $\boldsymbol{W}_i(i\in S)$ 满足下述不等式：

$$\begin{bmatrix} -\boldsymbol{Y}_i & 0 & \boldsymbol{Y}_i\hat{\boldsymbol{C}}_2^{\mathrm{T}} & \boldsymbol{\Lambda}_{10}^{\mathrm{T}} & \cdots & \boldsymbol{\Lambda}_{1\bar{\tau}}^{\mathrm{T}} & \boldsymbol{\Phi}_{20}^{\mathrm{T}} & \cdots & \boldsymbol{\Phi}_{2\bar{\tau}}^{\mathrm{T}} \\ * & -\gamma^2\boldsymbol{I} & \boldsymbol{H}_2^{\mathrm{T}} & \hat{\boldsymbol{H}}_1^{\mathrm{T}} & \cdots & \hat{\boldsymbol{H}}_1^{\mathrm{T}} & 0 & \cdots & 0 \\ * & * & -\boldsymbol{I} & 0 & \cdots & 0 & 0 & \cdots & 0 \\ * & * & * & -\boldsymbol{Y}_0+\varepsilon_0\sqrt{\pi_{i0}}\hat{\boldsymbol{D}}\hat{\boldsymbol{D}}^{\mathrm{T}} & \cdots & 0 & 0 & \cdots & 0 \\ * & * & * & * & \ddots & 0 & 0 & \cdots & 0 \\ * & * & * & * & & -\boldsymbol{Y}_{\bar{\tau}}+\varepsilon_{\bar{\tau}}\sqrt{\pi_{i\bar{\tau}}}\hat{\boldsymbol{D}}\hat{\boldsymbol{D}}^{\mathrm{T}} & 0 & \cdots & 0 \\ * & * & * & * & * & * & -\varepsilon_0\boldsymbol{I} & \cdots & 0 \\ * & * & * & * & * & * & * & \ddots & 0 \\ * & * & * & * & * & * & * & * & -\varepsilon_{\bar{\tau}}\boldsymbol{I} \end{bmatrix}<0 \tag{5.30}$$

$$\boldsymbol{\Gamma}_2\,\widetilde{\boldsymbol{E}}(j)\boldsymbol{Y}_i=\boldsymbol{S}_i\boldsymbol{\Gamma}_2\,\widetilde{\boldsymbol{E}}(j) \tag{5.31}$$

$$\widetilde{\boldsymbol{C}}\boldsymbol{Y}_i=\boldsymbol{W}_i\widetilde{\boldsymbol{C}} \tag{5.32}$$

成立，则控制器增益矩阵 $\boldsymbol{K}_i=\boldsymbol{X}_i\boldsymbol{S}_i^{-1}$ 和观测器增益矩阵 $\boldsymbol{L}_i=\boldsymbol{Z}_i\boldsymbol{W}_i^{-1}$ 保证系统(5.26)随机稳定，且具有 H_∞ 范数界 γ。

其中，

$$u=\gamma^2;\quad \boldsymbol{\Lambda}_{1j}=\sqrt{\pi_{ij}}[\widetilde{\boldsymbol{M}}_{11}\boldsymbol{Y}_i+\hat{\boldsymbol{I}}\boldsymbol{Z}_i\widetilde{\boldsymbol{C}}+\hat{\boldsymbol{B}}_1\boldsymbol{X}_i\boldsymbol{\Gamma}_2\,\widetilde{\boldsymbol{E}}(j)]$$

$$\boldsymbol{\Phi}_{2j}=(\pi_{ij})^{\frac{1}{4}}[\hat{\boldsymbol{E}}_1\boldsymbol{Y}_i+\boldsymbol{E}_2\boldsymbol{X}_i\boldsymbol{\Gamma}_2\,\widetilde{\boldsymbol{E}}(j)]$$

求解如下问题，获得 H_∞ 优化控制器。

$$\min_{\boldsymbol{P}_i>0,\boldsymbol{X}_j>0,\boldsymbol{S}_j>0,\varepsilon>0} u$$

s. t. 式(5.30) 和式(5.31)

其中，i、$j\in S$；$u=\gamma^2$。利用 LMIs 工具箱，获得 $\gamma^*=\sqrt{u^*}$，$\boldsymbol{K}_i=\boldsymbol{X}_i\boldsymbol{S}_i^{-1}$，$\boldsymbol{L}_i=\boldsymbol{Z}_i\boldsymbol{W}_i^{-1}$。

5.2.3 算例仿真

例 5.2 考虑如下参数不确定系统：

$$\begin{cases} \boldsymbol{x}_{k+1}=(\boldsymbol{A}+\Delta\boldsymbol{A}(k))\boldsymbol{x}_k+(\boldsymbol{B}+\Delta\boldsymbol{B}(k))\boldsymbol{v}_k+\boldsymbol{H}_1\boldsymbol{w}_k \\ \boldsymbol{y}_k=\boldsymbol{C}_1\boldsymbol{x}_k \\ \boldsymbol{z}_k=\boldsymbol{C}_2\boldsymbol{x}_k+\boldsymbol{H}_2\boldsymbol{w}_k \end{cases}$$

其中，

$$A=\begin{bmatrix}-1 & 0 & -0.5\\ 1 & -0.5 & 0\\ 0 & 0 & 0.5\end{bmatrix};\quad B=\begin{bmatrix}0\\0\\1\end{bmatrix}$$

$$H_1=\begin{bmatrix}1\\1\\1\end{bmatrix};\quad C_1^{\mathrm{T}}=\begin{bmatrix}1\\0\\0\end{bmatrix}$$

$$H_2=0.1;\quad E_2=0$$

$$C_2^{\mathrm{T}}=\begin{bmatrix}1\\0\\1\end{bmatrix};\quad D=\begin{bmatrix}0.1\\0\\0.01\end{bmatrix};\quad E_1^{\mathrm{T}}=\begin{bmatrix}0.032\\0.001\\0.0001\end{bmatrix}$$

设任意时延 $\tau_k\in\{0,1,2\}$，转移概率矩阵为

$$\Pi=\begin{bmatrix}0.5 & 0.5 & 0\\ 0.3 & 0.6 & 0.1\\ 0.3 & 0.6 & 0.1\end{bmatrix}$$

应用 Matlab 求解凸优化问题，在干扰水平 $\gamma=8.6443$ 下，获得

$$K_0=[0.1444\ \ -0.0116\ \ -0.1670]$$

$$K_1=[0.1402\ \ -0.0137\ \ -0.1622]$$

$$K_2=[0.1668\ \ -0.0043\ \ -0.1979]$$

$$L_0=\begin{bmatrix}-0.8998\\0.9234\\-0.0901\end{bmatrix},\quad L_1=\begin{bmatrix}-0.8966\\0.9191\\-0.0915\end{bmatrix},\quad L_2=\begin{bmatrix}-0.9683\\0.9735\\-0.0223\end{bmatrix}$$

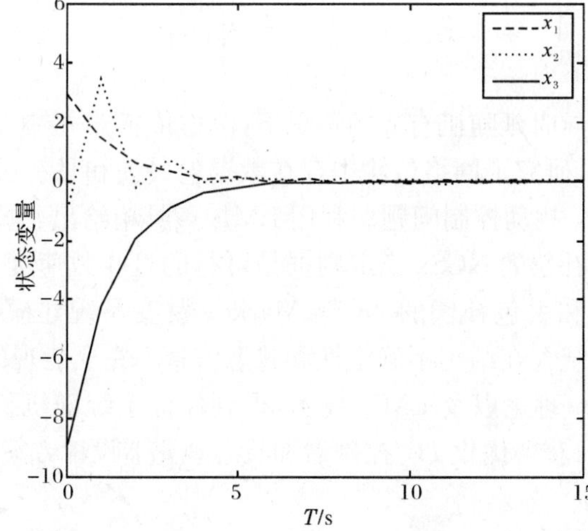

图 5.6　具有一般框架的 NCSs 状态响应曲线

设初始状态 $\boldsymbol{x}_0=[3 -1 -9]^{\mathrm{T}}$，图5.6给出系统状态响应曲线。对于同一例子，应用文献[9]中定理13，获得 $\boldsymbol{K}=[0.3788 \quad -0.0449 \quad -0.1555]$。注意到，文献[9]将数据包丢失建成Markov跳变过程，没有考虑网络诱导时延和丢包补偿。图5.7给出在控制器 $\boldsymbol{K}=[0.3788 \quad -0.0449 \quad -0.1555]$ 下的系统状态响应曲线。图5.6和图5.7表明在更为一般的情况下，即系统存在不确定性，网络中存在时延、数据包丢失和外界干扰的情况，本节采用数据包丢包补偿器方法仍使系统具有较好的稳定性效果。

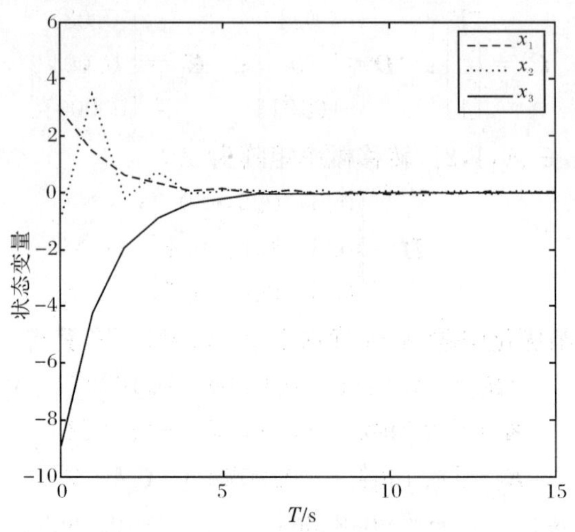

图5.7 具有数据包丢失的NCSs状态响应曲线

5.3 本章小结

在假定网络诱导时延随机有界的情况下，考虑传感器-控制器、控制器-执行器均存在网络的情况，研究了网络传输中存在数据包丢失和具有丢包补偿器的两类系统的稳定性及 H_∞ 扰动控制问题。利用LMIs工具箱给出了反馈控制律。算例仿真表明具有丢包补偿的NCSs稳定判据是可行的且收敛速度更快。进一步，研究了具有网络时延和丢包补偿的NCSs Markov跳变系统建模和 H_∞ 控制问题。建模中考虑被控系统存在结构不确定性和状态信息不完全能观的情况，基于Lyapunov方法、Markov理论以及LMIs技术，得到保证系统随机稳定且具有 H_∞ 范数界 γ 的充分条件，获得优化 H_∞ 控制器和状态观测器设计方案.算例仿真验证了方法的有效性。

参考文献

[1] Long C N, Dai S F, Guan X P. The compensation method of networked control system with data-packet dropout//Proceedings of the 5th World Congress on Intelligent Control and Automation, 2004: 1348—1351.

[2] Soglo B A, Yang X H. Networked control system compensator design and stability analysis//International Conference on Control and Automation, 2005: 27—29.

[3] Liu G P, Rees D. Stability criteria of networked predictive control systems with random network delay//Proceedings of the 44th IEEE Conference on Decision and Control, and the European Control Conference, 2005: 203—208.

[4] Xia Y Q, Chen J, Liu G P, et al. Stability analysis of networked predictive control systems with random network delay//Proceedings of the 2007 IEEE International Conference on Networking, Sensing and Control, 2007: 815—820.

[5] Hu W S, Liu G P, Rees D. Event-driven networked predictive control. IEEE Transactions on Industrial Electronics, 2007, 54(3): 1603—1613.

[6] Liu G P, Xia Y Q, Rees D, et al. Design and stability criteria of networked predictive control systems with random network delay in the feedback channel. IEEE Transactions on Systems, Man, and Cybernetics-part C: Applications and Review, 2007, 37(2): 173—184.

[7] Lin X, Hassibi A, How J. Control with random communication delays via a discrete-time jump system approach//Proceedings of American Control Conference, 2000: 2199—2204.

[8] Daafouz J, Riedinger P, Iung C. Stability analysis and control synthesis for switched systems: a switched Lyapunov function approach. IEEE Transactions on Automatic Control, 2002, 47(11): 1883—1887.

[9] Xiong J L, Lam J. Stabilization of linear systems over networks with bounded packet loss. Automatica, 2007, 43(1): 80—87.

第 6 章　具有数据包错序的网络控制系统 H_∞ 控制

网络诱导时延是网络控制系统研究的一个主要问题，已得到广泛关注。对于不同网络调度协议，网络诱导时延可以为定常、时变，甚至是任意的[1]。针对网络诱导时延，采用的设计方法有确定性方法[2~5]、随机方法[6~9]、鲁棒方法[10~15]、时滞方法[16~19]、时延切换[20]方法等。Nilsson 等人[8]采用随机控制方法，即假定网络诱导时延服从某种概率分布，将 NCSs 建成随机系统模型进行分析与控制。文献[8]及其参考文献系统地研究了随机 NCSs 的建模与分析。针对状态信息完全能观和部分信息能观两种情况，文献[7]给出网络诱导时延长于一个采样周期的优化控制器设计方案。注意到，文献[7]、[8]没有讨论控制输入变化时刻的概率分布，这使得很难获得优化控制律。文献[10]针对网络诱导时延小于一个采样周期的 NCSs，将 NCSs 建模成参数不确定时滞系统，进而研究了系统的稳定性。文献[13]考虑时延的影响，通过等效变换将时延和采样周期的不确定性转化为系统参数的不确定性，从而将 NCSs 建模为一类具有参数不确定性的离散时间系统，并给出了系统 D-稳定的控制器设计方法，实现了 NCSs 的控制与调度协同设计。针对长时延 NCSs，分解网络诱导时延为固定和时变两部分[11,14,15]，或假定网络诱导时延属于某个区间[12]，建模 NCSs 为参数不确定系统。很明显，由于网络诱导时延受限制，文献[11]、[12]、[14]、[15]的方法存在一定的保守性。时延切换方法将时延属于某个区间的 NCSs 建模成切换系统[20]，进而研究系统的稳定性和性能优化问题。但此种方法随着划分区间的增多，计算复杂性增大。文献[16]～[19]考虑连续系统和离散控制器，将 NCSs 建成连续＋离散系统模型，基于时滞理论研究系统的稳定性和 H_∞ 控制。

H_∞ 控制是 NCSs 的一个重要问题，近几年已获得许多研究成果。文献[21]针对具有传输受限的远程控制问题，提出 H_∞ 控制方法。文献[22]研究了具有不确定网络诱导时延和数据包丢失的一类 NCSs 的干扰衰减问题。文献[23]提出随机丢包 NCSs 跳变系统模型，给出优化控制器设计方案。

数据包错序，即数据包到达接收端时顺序错乱，在 Internet 上是一个日益严重的现象[24,25]。错序严重影响端对端的用户性能指标，对网络和用户终端而言，错序导致资源的无效利用[24,26]。值得指出的是，上述文献[1~13,15~19,21~23]的研究结果均假定网络通信中不存在错序现象。据作者所知，到目前为止，NCSs 的数据包错序问题还未得到充分研究。文献[14]假定如果新的信息已被接收，旧的未收到信息将被抛弃，给出稳定性判据。在此基础上，文献[20]给出时延和数据包错序补偿方法，获得 H_∞ 控制器设计方案。注意到，文献[14]、[20]中 NCSs 模型不能充分描述网络中的数据包错序现象，并且文献[14]假定至多有两个控制输入被执行，这具有一定的保守性。文献[20]没有显示如何抛弃错序包，选用最新信息预测控制信号. 很明显，构建能充分描述错序现象的 NCSs 模型非常重要，这将有利于具有数据包错序的 NCSs 控制与优化。文献[17]、[27]考虑到网络诱导时延和数据包错序等问题，研究了不确定 NCSs 的鲁棒控制器设计问题。注意到，H_∞ 性能分析和控制综合是基于连续系统框架，并且获得的 H_∞ 范数界和网络诱导时延的最大允许值是保守的，仍需改进。文献[18]为获得比文献[17]、[27]少于保守的结果，给出改进的 Lyapunov 泛函。正如文献[28]所言，既然稳定性判据能表示成 LMIs 形式，Lyapunov 泛函的选取尤为重要。然而，什么样的形式才是最一般的 Lyapunov 泛函，至今还不能确定[29]。文献[18]充分利用时变时延的上下界，基于时滞方式给出 Lyapunov 泛函。注意到，网络诱导时延的上界由 $\eta_{\max}$ 确定，其中，$\eta_{\max}=(i_{k+1}-i_k)T+\tau^k$。为此，文献[18]的结果仍存在一定的保守性。并且在文献[18]中，即使作者已经避免了文献[17]、[27]中 $-\int_{t-\eta}^{t}\dot{\boldsymbol{x}}^{\mathrm{T}}(s)\boldsymbol{R}_1\dot{\boldsymbol{x}}(s)\mathrm{d}s$ 放大为 $-\int_{i_kh}^{t}\dot{\boldsymbol{x}}^{\mathrm{T}}(s)\boldsymbol{R}_1\dot{\boldsymbol{x}}(s)\mathrm{d}s$，但是标量 $-\delta$ 被分别放大为 $-[(t-\tau_m)-i_kh]$ 和 $-[i_kh-(t-\eta)]$，这又引入新的保守性。

本章研究了具有数据包错序的 NCSs 建模、控制与优化问题，提出能充分描述错序现象并能有效消除错序影响的新的 NCSs 模型，基于矩阵理论，此模型转化为多时滞参数不确定离散系统。进一步，利用网络时延的上下界信息，通过引入矩阵 $\boldsymbol{R}_i$ 和 $\boldsymbol{S}_i(i=1,2,\cdots,h)$，以二次型形式给出多种系统状态和滞后状态信息的组合，提出改进的 Lyapunov 函数，给出新的 H_∞ 稳定性判据。不同于以往方法，为获得少于保守的结果，获得的稳定性判据避免了交叉项和网络时延界的放大（如 $-\tau_m\int_{t-\tau_m}^{t}\dot{\boldsymbol{x}}^{\mathrm{T}}(s)\boldsymbol{R}_1\dot{\boldsymbol{x}}(s)\mathrm{d}s$[17,18]）。利用 LMIs 技术，获得 H_∞ 优化控制器设计方案。最后，算例仿真表明所提方法的有效性。

6.1　具有错序和长时延的 NCSs 建模与镇定

本节引入数据包偏移值的概念，给出能充分描述网络中数据包错序现象并能有效消除数据包错序对系统性能影响的新的 NCSs 模型。基于矩阵理论，此模型转化为具有多步时滞的参数不确定离散系统，得到系统稳定的充分条件，获得保证系统稳定的最大 MADB，基于 LMIs 方法，设计控制器。算例仿真验证所提方法的有效性。

6.1.1 问题描述

考虑如下系统：

$$\dot{\boldsymbol{x}}(t)=\boldsymbol{A}\boldsymbol{x}(t)+\boldsymbol{B}\boldsymbol{u}(t) \tag{6.1}$$

其中，$\boldsymbol{x}(t)\in\mathbf{R}^n$、$\boldsymbol{u}(t)\in\mathbf{R}^r$ 分别为系统状态、控制输入；$\boldsymbol{A}$、$\boldsymbol{B}$ 为适维矩阵。

假定系统(6.1)通过某一网络控制。网络的存在不可避免地导致信号传输时延和数据包错序。为便于分析，做如下假设：

① 传感器为时间驱动；控制器和执行器为事件驱动；

② 网络诱导时延有界，即 $0<\tau^k=\tau_{\mathrm{sc}}^k+\tau_{\mathrm{ca}}^k\leqslant hT$，$h$ 为正整数，T 为传感器采样周期，τ_{sc}^k表示传感器-控制器时延，τ_{ca}^k表示控制器-执行器时延。

在每个采样时刻，应用时间戳技术，每个被控状态均已知。执行器接收端设置长为 2 的缓存，新的信息已被接收时，抛弃旧的未被接收信息，执行器总是采用最新信号。根据假设在一个采样区间$[kT,(k+1)T)$内，控制输入为分段常数，最多有 $h+1$ 个不同值，有 $h+1$ 种情况。在采样区间$[kT,(k+1)T)$内，只有一个控制输入作用被控对象；当只有一个新的控制输入到达执行器时，有两个控制输入作用被控对象；以此类推，当有 h 个新的控制输入到达执行器时，有 $h+1$ 个控制输入作用被控对象。测量已表明在 Internet 上数据包错序经常发生，并且由于链路连接和用户终端的增加，使网络错序日趋严重[24,25]。不失一般性，考虑序列包$(\boldsymbol{x}_{k-h},\boldsymbol{x}_{k-h+1},\cdots,\boldsymbol{x}_k)$，相应期望到达序列数为$(1,2,\cdots,h+1)$。易知数据包 $\boldsymbol{x}_{k-i}$的期望到达序列数为$h+1-i(i=0,1,\cdots,h)$。当序列包到达测量终端时，这里指执行器，接收索引$(1,2,\cdots,h+1)$分配给每个不重复数据包。不失一般性，如果数据包在$(k+1)T$ 时刻前未到达执行器，我们假设其在$(k+1)T$ 时刻后按正常顺序到达。对于一个已经到达的序列包，如果期望到达序列数与接收索引相同，那么没有错序发生；如果第 $m(m=1,2,\cdots,h+1)$个数据包的接收索引为$(m+d_m^k)$[30,31]，$d_m^k\neq0$，那么错序已经发生。如果 $d_m^k>0$，表明数据包 m 来晚了；如果$d_m^k<0$，表明数据包 m 来早了；如果 $d_m^k=0$，表明数据包 m 按期望顺序到达执行器。表 6.1 给出序列包$(\boldsymbol{x}_{k-5},\boldsymbol{x}_{k-4},\boldsymbol{x}_{k-3},\boldsymbol{x}_{k-2},\boldsymbol{x}_{k-1},\boldsymbol{x}_k)$的期望到达序列数、接收索引和序列包的偏移值。在此例中，$h=5$。数据包 $\boldsymbol{x}_{k-5}$、$\boldsymbol{x}_{k-3}$和 $\boldsymbol{x}_{k-2}$滞后 1 个位置，数据包 $\boldsymbol{x}_{k-4}$提前 1 个位置，数据包 $\boldsymbol{x}_{k-1}$提前 2 个位置，数据包 $\boldsymbol{x}_k$ 按顺序到达。

在采样区间$[kT,(k+1)T)$内，如图 6.1 所示，设控制输入 $\boldsymbol{u}(t)$到达执行器的时刻为 $kT+t_{i-d_{h+1-i}^k}^k$，并且 $0\leqslant t_{i-d_{h+1-i}^k}^k\leqslant T(i=0,1,\cdots,h)$。由于控制器为事件驱动，$\boldsymbol{u}_k$ 用来表达根据信号 $\boldsymbol{x}_k$ 计算的控制量。结合式(6.1)，有

$$\boldsymbol{x}_{k+1}=\boldsymbol{A}_s\boldsymbol{x}_k+\sum_{i=0}^{h}\boldsymbol{B}_i^k\boldsymbol{u}_{k-i} \tag{6.2}$$

其中，$\boldsymbol{x}_k=\boldsymbol{x}(kT)$；$\boldsymbol{u}_k=\boldsymbol{u}(kT)$；$\boldsymbol{B}_i^k=\int_{t_{i-d_{h+1-i}^k}^k}^{t_{i-1-d_{h+2-i}^k}^k}\mathrm{e}^{\boldsymbol{A}(T-\tau)}\mathrm{d}\tau\boldsymbol{B}$。如果 $i-d_{h+1-i}^k\geqslant j-$

d_{h+1-j}^k，那么 $t_{i-d_{h+1-i}^k}^k \leqslant t_{j-d_{h+1-j}^k}^k (i,j=0,1,\cdots,h)$，$\boldsymbol{A}_s = \mathrm{e}^{\boldsymbol{A}T}$，$d_{h+2}^k=0$，$t_h^k=0$，$t_{-1}^k=T$。

表 6.1　错序序列的例子

数据包	$\boldsymbol{x}_{k-5}$	$\boldsymbol{x}_{k-4}$	$\boldsymbol{x}_{k-3}$	$\boldsymbol{x}_{k-2}$	$\boldsymbol{x}_{k-1}$	$\boldsymbol{x}_k$
期望序列数(m)	1	2	3	4	5	6
接收索引($m+d_m^k$)	2	1	4	5	3	6
偏移值(d_m^k)	1	−1	1	1	−2	0

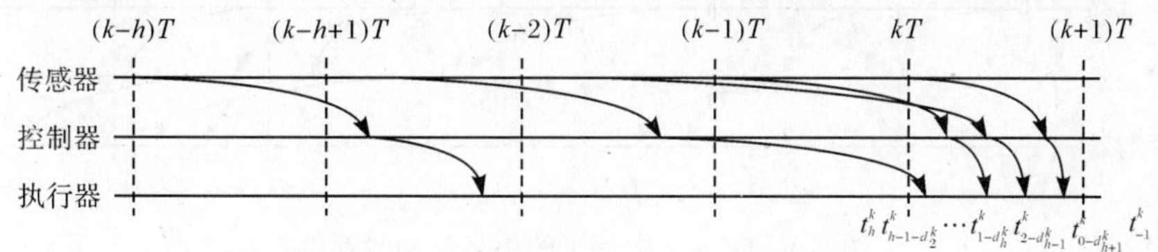

图 6.1　具有错序的 NCSs 信号传输时序图

注 6.1　数据包错序可能发生在传感器-控制器传输中，也可能发生在控制器-执行器传输中，由于控制器为事件驱动，当数据包 x_{k-i} 到达执行器时，分配接收索引$(h+1-i+d_{h+1-i}^k)$。

注 6.2　数据包 x_{k-i} 的偏移值$d_{h+1-i}^k(i=0,1,\cdots,h)$是时变的，基于假设，我们有 $-h\leqslant d_{h+1-i}^k \leqslant h$，并且$\sum_{i=0}^h d_{h+1-i}^k=0$。如果 $d_{h+1-i}^k=0$，那么在网络传输中不存在数据包错序现象。很明显，如果网络诱导时延小于一个采样周期，数据包传输错序是不可能发生的，这时 $d_{h+1-i}^k=0$，模型(6.2)表示不存在错序的 NCSs。不要求 $t_{i-d_{h+1-i}^k}^k < t_{i-1-d_{h+2-i}^k}^k$，如果 $i-1-d_{h-i+2}^k \geqslant i-d_{h-i+1}^k$，控制输入 $\boldsymbol{u}(t)$ 在积分区间$[t_{i-d_{h+1-i}^k}^k, t_{i-1-d_{h+2-i}^k}^k]$选取旧的控制信号 $\boldsymbol{u}_{k-(i+1)}$，这样能阻止错序对 NCSs 性能的影响，以便于最新的信号能被执行器采用。如果数据包 $\boldsymbol{x}_{k-i}$ 在kT时刻前到达执行器，那么 $t_{i-d_{h+1-i}^k}^k = t_h^k$；如果数据包 $\boldsymbol{x}_{k-i}$ 在$(k+1)T$时刻后到达执行器，那么 $t_{i-d_{h+1-i}^k}^k = t_{-1}^k$。很明显，数据包在 kT 时刻前或在$(k+1)T$时刻后到达执行器，不影响系统建模。

为进一步解释模型(6.2)，研究表 6.1 中的例子。$h=5$，控制输入 $\boldsymbol{u}(t)$变化时刻如图 6.2 所示，有

$$
\begin{aligned}
\boldsymbol{x}_{k+1} = {} & \boldsymbol{A}_s\boldsymbol{x}_k + \int_{t_{0-d_{h+1}^k}^k}^{t_{-1-d_{h+2}^k}^k} \mathrm{e}^{\boldsymbol{A}(T-\tau)}\,\mathrm{d}\tau\boldsymbol{B}\boldsymbol{u}_k + \int_{t_{1-d_h^k}^k}^{t_{0-d_{h+1}^k}^k} \mathrm{e}^{\boldsymbol{A}(T-\tau)}\,\mathrm{d}\tau\boldsymbol{B}\boldsymbol{u}_{k-1} + \int_{t_{2-d_{h-1}^k}^k}^{t_{1-d_h^k}^k} \mathrm{e}^{\boldsymbol{A}(T-\tau)}\,\mathrm{d}\tau\boldsymbol{B}\boldsymbol{u}_{k-2} \\
& + \int_{t_{3-d_{h-2}^k}^k}^{t_{2-d_{h-1}^k}^k} \mathrm{e}^{\boldsymbol{A}(T-\tau)}\,\mathrm{d}\tau\boldsymbol{B}\boldsymbol{u}_{k-3} + \int_{t_{4-d_{h-3}^k}^k}^{t_{3-d_{h-2}^k}^k} \mathrm{e}^{\boldsymbol{A}(T-\tau)}\,\mathrm{d}\tau\boldsymbol{B}\boldsymbol{u}_{k-4} \\
= {} & \boldsymbol{A}_s\boldsymbol{x}_k + \int_{t_{-1}^k}^{t_{-1}^k} \mathrm{e}^{\boldsymbol{A}(T-\tau)}\,\mathrm{d}\tau\boldsymbol{B}\boldsymbol{u}_k + \int_{t_3^k}^{t_{-1}^k} \mathrm{e}^{\boldsymbol{A}(T-\tau)}\,\mathrm{d}\tau\boldsymbol{B}\boldsymbol{u}_{k-1} + \int_{t_1^k}^{t_3^k} \mathrm{e}^{\boldsymbol{A}(T-\tau)}\,\mathrm{d}\tau\boldsymbol{B}\boldsymbol{u}_{k-3}
\end{aligned}
$$

$$+\int_{t_2^k}^{t_1^k} e^{A(T-\tau)}\mathrm{d}\tau \boldsymbol{B}\boldsymbol{u}_{k-3}+\int_{t_5^k}^{t_2^k} e^{A(T-\tau)}\mathrm{d}\tau \boldsymbol{B}\boldsymbol{u}_{k-4}$$

$$=\boldsymbol{A}_s\boldsymbol{x}_k+\int_{t_3^k}^{t_{-1}^k} e^{A(T-\tau)}\mathrm{d}\tau \boldsymbol{B}\boldsymbol{u}_{k-1}+\int_{t_2^k}^{t_3^k} e^{A(T-\tau)}\mathrm{d}\tau \boldsymbol{B}\boldsymbol{u}_{k-4}+\int_{t_5^k}^{t_2^k} e^{A(T-\tau)}\mathrm{d}\tau \boldsymbol{B}\boldsymbol{u}_{k-4}$$

$$=\boldsymbol{A}_s\boldsymbol{x}_k+\int_{t_3^k}^{t_{-1}^k} e^{A(T-\tau)}\mathrm{d}\tau \boldsymbol{B}\boldsymbol{u}_{k-1}+\int_{t_5^k}^{t_3^k} e^{A(T-\tau)}\mathrm{d}\tau \boldsymbol{B}\boldsymbol{u}_{k-4}$$

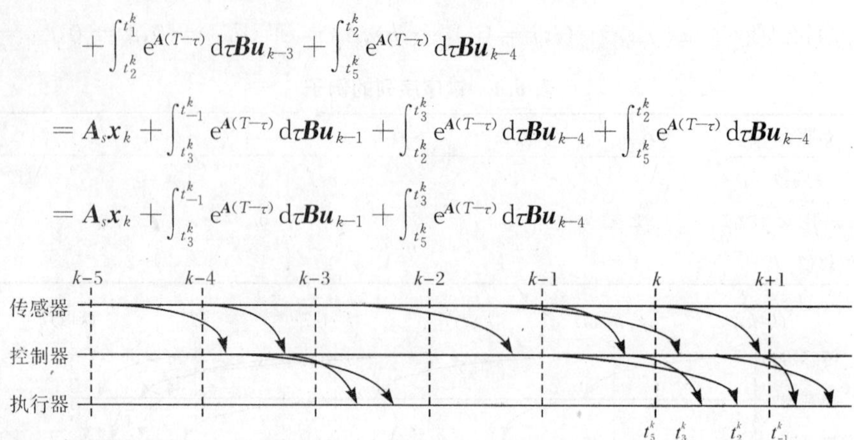

图 6.2 表 6.1 中例子的信号传输时序图

注 6.3 模型(6.2)扩展了文献[7]、[8]、[32]中的 NCSs 模型。假定 $d_{h+1-i}^k=0(i=0,1,\cdots,h)$,模型(6.2)为文献[7]中所述模型;当 $h=1,d_{h+1-i}^k=0$ 时,为文献[8]、[32]中模型。

注 6.4 不同于文献[17]、[27],在那里控制器设计方法基于连续模型。通过引入数据包偏移值概念,本节提出能充分描述错序现象并能有效消除错序影响的离散 NCSs 模型,并且本节方法是基于离散领域的。

为获得控制器,根据矩阵理论,适当转换上述模型(类似文献[13])。令 $\widetilde{\boldsymbol{B}}_i^k=\int_{t_{i-d_{h+1-i}^k}^k}^{0} e^{A(T-\tau)}\mathrm{d}\tau\boldsymbol{B}$,有 $\boldsymbol{B}_i^k=\widetilde{\boldsymbol{B}}_i^k-\widetilde{\boldsymbol{B}}_{i-1}^k$。

情况 1 假定矩阵 $\boldsymbol{A}$ 有 n 个不同特征值 $\lambda_i\neq0,i=0,1,\cdots,n$,有 $\boldsymbol{A}=\boldsymbol{\Lambda}\mathrm{diag}(\lambda_1,\cdots,\lambda_n)\boldsymbol{\Lambda}^{-1}$,$\boldsymbol{\Lambda}=[\boldsymbol{\Lambda}_1,\cdots,\boldsymbol{\Lambda}_n]$,$\boldsymbol{\Lambda}_i$ 为相应于特征值 λ_i 的特征向量。进而有

$$\widetilde{\boldsymbol{B}}_i^k=\boldsymbol{\Lambda}\mathrm{diag}\left(\int_{t_{i-d_{h+1-i}^k}^k}^{0} e^{\lambda_1(T-\tau)}\mathrm{d}\tau,\cdots,\int_{t_{i-d_{h+1-i}^k}^k}^{0} e^{\lambda_n(T-\tau)}\mathrm{d}\tau\right)\boldsymbol{\Lambda}^{-1}\boldsymbol{B}=\widetilde{\boldsymbol{B}}+\boldsymbol{D}_i\widetilde{\boldsymbol{F}}_i^k\boldsymbol{E}$$

其中,

$$\widetilde{\boldsymbol{B}}=\boldsymbol{\Lambda}\mathrm{diag}\left(-\frac{e^{\lambda_1 T}}{\lambda_1},\cdots,-\frac{e^{\lambda_n T}}{\lambda_n}\right)\boldsymbol{\Lambda}^{-1}\boldsymbol{B}$$

$$\boldsymbol{D}_i=\boldsymbol{\Lambda}\mathrm{diag}\left(\frac{e^{\lambda_1\alpha_{i1}}}{\lambda_1},\cdots,\frac{e^{\lambda_n\alpha_{in}}}{\lambda_n}\right)$$

$$\widetilde{\boldsymbol{F}}_i^k=\mathrm{diag}\left(e^{\lambda_1(T-t_{i-d_{h+1-i}^k}^k-\alpha_{i1})},\cdots,e^{\lambda_n(T-t_{i-d_{h+1-i}^k}^k-\alpha_{in})}\right)$$

$$\boldsymbol{E}=\boldsymbol{\Lambda}^{-1}\boldsymbol{B}$$

同理,获得 $\widetilde{\boldsymbol{B}}_{i-1}^k=\widetilde{\boldsymbol{B}}+\boldsymbol{D}_{i-1}\widetilde{\boldsymbol{F}}_{i-1}^k\boldsymbol{E}$,其中,$\alpha_{i1},\cdots,\alpha_{in}$ 满足 $e^{\lambda_j(T-t_{i-d_{h+1-i}^k}^k-\alpha_{ij})}<0.5$;$j=1,2,\cdots,n$;$i=0,1,\cdots,h$。

情况 2　当矩阵 $\boldsymbol{A}$ 有零特征值和 r 重特征值 λ^* 时，不妨设矩阵 $\boldsymbol{A}$ 有一个零特征值，有 $\boldsymbol{A}=\boldsymbol{\Lambda}\mathrm{diag}(0,J_1,J_2)\boldsymbol{\Lambda}^{-1}$。
其中，

$$\boldsymbol{J}_1=\mathrm{diag}(\lambda_2,\cdots,\lambda_{n-r})$$

$$\boldsymbol{J}_2=\begin{bmatrix}\lambda^* & 1 & & \\ & \lambda^* & \ddots & \\ & & \ddots & 1 \\ & & & \lambda^*\end{bmatrix}$$

通过计算获得

$$\widetilde{\boldsymbol{B}}_i^k=\widetilde{\boldsymbol{B}}+\boldsymbol{D}_i\widetilde{\boldsymbol{F}}_i^k\boldsymbol{E}$$

$$\widetilde{\boldsymbol{B}}=\boldsymbol{\Lambda}\mathrm{diag}(0,\widetilde{\boldsymbol{J}}_1,\widetilde{\boldsymbol{J}}_2)\boldsymbol{\Lambda}^{-1}\boldsymbol{B}$$

$$\boldsymbol{D}_i=\boldsymbol{\Lambda}\mathrm{diag}\left(\alpha_{i1},\frac{\mathrm{e}^{\lambda_2\alpha_{i2}}}{\lambda_2},\cdots,\frac{\mathrm{e}^{\lambda_{n-r}\alpha_{i,n-r}}}{\lambda_{n-r}},\boldsymbol{P}_i\right)$$

$$\widetilde{\boldsymbol{F}}_i^k=\mathrm{diag}\left(-\frac{t_{i-d_{h+1-i}^k}^k}{\alpha_{i1}},\mathrm{e}^{\lambda_2(T-t_{i-d_{h+1-i}^k}^k-\alpha_{i2})},\cdots,\mathrm{e}^{\lambda_{n-r}(T-t_{i-d_{h+1-i}^k}^k-\alpha_{i,n-r})},\boldsymbol{P}_i^{-1}\boldsymbol{J}_{2,i}\right)$$

$$\boldsymbol{E}=\boldsymbol{\Lambda}^{-1}\boldsymbol{B}$$

$$\boldsymbol{J}_{2,i}=\begin{cases}\begin{bmatrix}\frac{1}{\lambda^*}\mathrm{e}^{\lambda^*(T-t_{i-d_{h+1-i}^k}^k)} & \frac{1}{\lambda^{*2}}(\lambda^*T-\lambda^*t_{i-d_{h+1-i}^k}^k+1)\mathrm{e}^{\lambda^*(T-t_{i-d_{h+1-i}^k}^k)} & \cdots & \sum_{j=1}^{r}(-1)^j\frac{(\lambda^*(T-t_{i-d_{h+1-i}^k}^k))^{r-j}\mathrm{e}^{\lambda^*(T-t_{i-d_{h+1-i}^k}^k)}}{\lambda^{*j}(r-j)!} \\ & \ddots & \ddots & \vdots \\ & & \ddots & \frac{1}{\lambda^{*2}}(\lambda^*T-\lambda^*t_{i-d_{h+1-i}^k}^k+1)\mathrm{e}^{\lambda^*(T-t_{i-d_{h+1-i}^k}^k)} \\ & & & \frac{1}{\lambda^*}\mathrm{e}^{\lambda^*(T-t_{i-d_{h+1-i}^k}^k)}\end{bmatrix}, & \lambda^*\neq 0 \\ \begin{bmatrix}-t_{i-d_{h+1-i}^k}^k & \frac{(T-t_{i-d_{h+1-i}^k}^k)^2}{2!} & \cdots & -\frac{(T-t_{i-d_{h+1-i}^k}^k)^r}{r!} \\ & \ddots & \ddots & \vdots \\ & & \ddots & \frac{(T-t_{i-d_{h+1-i}^k}^k)^2}{2!} \\ & & & -t_{i-d_{h+1-i}^k}^k\end{bmatrix}, & \lambda^*=0\end{cases}$$

$$\widetilde{\boldsymbol{J}}_1=\mathrm{diag}\left(-\frac{\mathrm{e}^{\lambda_2T}}{\lambda_2},\cdots,-\frac{\mathrm{e}^{\lambda_{n-r}T}}{\lambda_{n-r}}\right)$$

$$\widetilde{\boldsymbol{J}}_2=\begin{cases}\begin{bmatrix}-\dfrac{1}{\lambda^*}\mathrm{e}^{\lambda^* T} & \dfrac{1}{\lambda^{*2}}(1-\lambda^* T)\mathrm{e}^{\lambda^* T} & \cdots & \sum_{j=1}^{r}(-1)^j\dfrac{T^{r-j}\mathrm{e}^{\lambda^* T}}{\lambda^{*j}(r-j)!}\\ & \ddots & \ddots & \vdots\\ & & \ddots & \dfrac{1}{\lambda^{*2}}(1-\lambda^* T)\mathrm{e}^{\lambda^* T}\\ & & & -\dfrac{1}{\lambda^*}\mathrm{e}^{\lambda^* T}\end{bmatrix}, & \lambda^*\neq 0\\ \begin{bmatrix}0 & -\dfrac{T^2}{2} & \cdots & -\dfrac{T^r}{r!}\\ & 0 & \ddots & \vdots\\ & & \ddots & -\dfrac{T^2}{2}\\ & & & 0\end{bmatrix}, & \lambda^*=0\end{cases}$$

选取 α_{ij} 满足 $\alpha_{i1}>2t^k_{i-d^k_{h+1-i}}$，$\mathrm{e}^{\lambda_j(T-t^k_{i-1-d^k_{h+2-i}}-\alpha_{ij})}<0.5, j=2,\cdots,n-r, i=0,1,\cdots,h$，$\boldsymbol{P}_i$ 是对角可逆矩阵，并且满足 $\|\boldsymbol{P}_i^{-1}\boldsymbol{J}_{2,i}\|<0.5$。NCSs(6.2)被转化为

$$\boldsymbol{x}_{k+1}=\boldsymbol{A}_s\boldsymbol{x}_k+\sum_{i=0}^{h}(\boldsymbol{D}_i\widetilde{\boldsymbol{F}}_i^k-\boldsymbol{D}_{i-1}\widetilde{\boldsymbol{F}}_{i-1}^k)\boldsymbol{E}\boldsymbol{u}_{k-i} \tag{6.3}$$

不妨选取 $\alpha_{ij}=\alpha_j, \boldsymbol{P}_i=\boldsymbol{P}(i=0,1,\cdots,h, j=1,2,\cdots,n)$，有 $\boldsymbol{D}_i=\boldsymbol{D}$。因为 $\sum_{i=0}^{h}\boldsymbol{D}(\widetilde{\boldsymbol{F}}_i^k-\widetilde{\boldsymbol{F}}_{i-1}^k)\boldsymbol{E}=\sum_{i=0}^{h}\boldsymbol{B}_i^k=\boldsymbol{B}_s$，系统(6.3)被重写为

$$\boldsymbol{x}_{k+1}=\boldsymbol{A}_s\boldsymbol{x}_k+\boldsymbol{B}_s\boldsymbol{u}_k-\sum_{i=1}^{h}\boldsymbol{D}(\widetilde{\boldsymbol{F}}_i^k-\widetilde{\boldsymbol{F}}_{i-1}^k)\boldsymbol{E}\boldsymbol{u}_k+\sum_{i=1}^{h}\boldsymbol{D}(\widetilde{\boldsymbol{F}}_i^k-\widetilde{\boldsymbol{F}}_{i-1}^k)\boldsymbol{E}\boldsymbol{u}_{k-i} \tag{6.4}$$

其中，$\boldsymbol{B}_s=\int_0^T\mathrm{e}^{\boldsymbol{A}(T-\tau)}\mathrm{d}\tau$；$(\widetilde{\boldsymbol{F}}_i^k-\widetilde{\boldsymbol{F}}_{i-1}^k)^{\mathrm{T}}(\widetilde{\boldsymbol{F}}_i^k-\widetilde{\boldsymbol{F}}_{i-1}^k)\leqslant I$。

注 6.5 注意到，如果错序发生，即 $i-1-d^k_{h+2-i}\geqslant i-d^k_{h+1-i}$，控制输入 $\boldsymbol{u}(t)$ 在积分区间 $[t^k_{i-d^k_{h+1-i}}, t^k_{i-1-d^k_{h+2-i}}]$ 选取旧的信号 $\boldsymbol{u}_{k-(i+1)}$。值得一提的是，通过适当选取标量 $\alpha_j(j=1,2,\cdots,n)$ 和矩阵 $\boldsymbol{P}$，不确定项 $\widetilde{\boldsymbol{F}}_i^k-\widetilde{\boldsymbol{F}}_{i-1}^k$ 总能被标准化。

注 6.6 由于信号偏移值和到达执行器的时刻是时变的，因此系统(6.2)是时变系统。如果假定其服从一定的概率分布，则系统(6.2)为随机系统。文献[7]设计了 NCSs 的随机优化控制器，但是关于控制输入 $u(t)$ 变化时刻的概率分布没有讨论，从而很难获得优化控制器。本节根据矩阵理论，将系统(6.2)转化为不确定离散多时滞系统，基于鲁棒理论容易获得控制器。

6.1.2 稳定性分析与控制器设计

本小节将给出 NCSs 鲁棒稳定的充分条件和控制器设计方案。

选取控制器

$$u_k = Kx_k \tag{6.5}$$

有 $u_{k-i}=Kx_{k-i}$，那么重写系统(6.4)为

$$x_{k+1} = (A_s + B_sK)x_k - \sum_{i=1}^{h} A_i^k (x_k - x_{k-i}) \tag{6.6}$$

其中，$A_i^k = D(\tilde{F}_i^k - \tilde{F}_{i-1}^k)EK$。

定理 6.1　给定标量 h 和矩阵 K，如果存在矩阵 $P_1>0, S>0, R>0, M_1$、M_2、W、N 和标量 $\varepsilon_i>0(i=1,2,\cdots,h)$，满足下列不等式：

$$\Theta = \begin{bmatrix} \Gamma & -N-\varepsilon_1^{-1}\begin{bmatrix}(EK)^{\mathrm{T}}EK \\ 0\end{bmatrix} & \cdots & -N-\varepsilon_h^{-1}\begin{bmatrix}(EK)^{\mathrm{T}}EK \\ 0\end{bmatrix} \\ * & -R+(EK)^{\mathrm{T}}EK & \cdots & 0 \\ * & * & \ddots & \vdots \\ * & * & \cdots & -R+(EK)^{\mathrm{T}}EK \end{bmatrix} < 0 \tag{6.7}$$

$$\begin{bmatrix} W & N \\ N^{\mathrm{T}} & S \end{bmatrix} \geqslant 0 \tag{6.8}$$

则称系统(6.6)是鲁棒渐近稳定的。其中，

$$\Gamma = \begin{bmatrix} hR + \sum_{i=1}^{h} \varepsilon_i^{-1} (EK)^{\mathrm{T}}EK & 0 \\ 0 & P_1 + \frac{(1+h)h}{2}S \end{bmatrix} + \frac{(1+h)h}{2}W + \mathrm{sym}[h[N \quad 0]]$$

$$+ \sum_{i=1}^{h} \varepsilon_i P^{\mathrm{T}} \begin{bmatrix} 0 & 0 \\ 0 & DD^{\mathrm{T}} \end{bmatrix} P + \mathrm{sym}[P^{\mathrm{T}} \begin{bmatrix} 0 & I \\ A_s + B_sK - I & -I \end{bmatrix}]$$

$$P = \begin{bmatrix} P_1 & 0 \\ M_1 & M_2 \end{bmatrix}$$

证明　令 $y_l = x_{l+1} - x_l$，有 $x_{k-i} = x_k - \sum_{l=k-i}^{k-1} y_l$。类似文献[17]和[33]，有

$$(A_s + B_sK - I)x_k - y_k - \sum_{i=1}^{h} A_i^k \sum_{l=k-i}^{k-1} y_l = 0 \tag{6.9}$$

选取 Lyapunov 函数 $V_k = V_{1,k} + V_{2,k} + V_{3,k}$，其中，$V_{1,k} = x_k^{\mathrm{T}} P_1 x_k$；$V_{2,k} = \sum_{i=1}^{h} \sum_{l=k-i}^{k-1} x_l^{\mathrm{T}} R x_l$；$V_{3,k} = \sum_{i=1}^{h} \sum_{\theta=-i+1}^{0} \sum_{l=k+\theta-1}^{k-1} y_l^{\mathrm{T}} S y_l$。

定义 $e_k = [x_k^{\mathrm{T}} y_k^{\mathrm{T}}]^{\mathrm{T}}$，由式(6.9)，有

$$\begin{aligned} \Delta V_{1,k} &= y_k^{\mathrm{T}} P_1 y_k + 2x_k^{\mathrm{T}} P_1 y_k + 2(x_k^{\mathrm{T}} M_1^{\mathrm{T}} + y_k^{\mathrm{T}} M_2^{\mathrm{T}})((A_s + B_sK - I)x_k - y_k \\ &\quad - \sum_{i=1}^{h} \sum_{l=k-i}^{k-1} y_l \\ &= y_k^{\mathrm{T}} P_1 y_k + 2e_k^{\mathrm{T}} P^{\mathrm{T}} \begin{bmatrix} y_k \\ (A_s + B_sK - I)x_k - y_k - \sum_{i=1}^{h} \sum_{l=k-i}^{k-1} y_l \end{bmatrix} \end{aligned} \tag{6.10}$$

其中，自由权矩阵 $\boldsymbol{M}_1$、$\boldsymbol{M}_2$ 为适数矩阵。由引理 2.5，有

$$-2\boldsymbol{e}_k^{\mathrm{T}}\boldsymbol{P}^{\mathrm{T}}\begin{bmatrix}0\\ \sum_{i=1}^{h}\boldsymbol{A}_i^k\sum_{l=k-i}^{k-1}\boldsymbol{y}_l\end{bmatrix}=-2\sum_{i=1}^{h}\sum_{l=k-i}^{k-1}\boldsymbol{e}_k^{\mathrm{T}}\boldsymbol{P}^{\mathrm{T}}\begin{bmatrix}0\\ \boldsymbol{A}_i^k\end{bmatrix}\boldsymbol{y}_l$$

$$\leqslant\frac{(1+h)h}{2}\boldsymbol{e}_k^{\mathrm{T}}\boldsymbol{W}\boldsymbol{e}_k+\sum_{i=1}^{h}\sum_{l=k-i}^{k-1}\boldsymbol{y}_l^{\mathrm{T}}\boldsymbol{S}\boldsymbol{y}_l+2\sum_{i=1}^{h}\boldsymbol{e}_k^{\mathrm{T}}\left(\boldsymbol{N}-\boldsymbol{P}^{\mathrm{T}}\begin{bmatrix}0\\ \boldsymbol{A}_i^k\end{bmatrix}\right)(\boldsymbol{x}_k-\boldsymbol{x}_{k-i})\tag{6.11}$$

并且

$$\Delta V_{2,k}=h\boldsymbol{x}_k^{\mathrm{T}}\boldsymbol{R}\boldsymbol{x}_k-\sum_{i=1}^{h}\boldsymbol{x}_{k-i}^{\mathrm{T}}\boldsymbol{R}\boldsymbol{x}_{k-i}\tag{6.12}$$

类似地，

$$\Delta V_{3,k}=\frac{(h+1)h}{2}\boldsymbol{y}_k^{\mathrm{T}}\boldsymbol{S}\boldsymbol{y}_k-\sum_{i=1}^{h}\sum_{l=k-i}^{k-1}\boldsymbol{y}_l^{\mathrm{T}}\boldsymbol{S}\boldsymbol{y}_l\tag{6.13}$$

因此，由式(6.10)～式(6.13)，有

$$\begin{aligned}\Delta V_k\leqslant{}&\boldsymbol{y}_k^{\mathrm{T}}\boldsymbol{P}_1\boldsymbol{y}_k+\frac{(1+h)h}{2}\boldsymbol{e}_k^{\mathrm{T}}\boldsymbol{W}\boldsymbol{e}_k+h\boldsymbol{x}_k^{\mathrm{T}}\boldsymbol{R}\boldsymbol{x}_k-\sum_{i=1}^{h}\boldsymbol{x}_{k-i}^{\mathrm{T}}\boldsymbol{R}\boldsymbol{x}_{k-i}\\&+\frac{(1+h)h}{2}\boldsymbol{y}_k^{\mathrm{T}}\boldsymbol{S}\boldsymbol{y}_k+2\boldsymbol{e}_k^{\mathrm{T}}\boldsymbol{N}\sum_{i=1}^{h}\boldsymbol{x}_k-2\boldsymbol{e}_k^{\mathrm{T}}\boldsymbol{N}\sum_{i=1}^{h}\boldsymbol{x}_{k-i}\\&+2\sum_{i=1}^{h}\boldsymbol{e}_k^{\mathrm{T}}\boldsymbol{P}^{\mathrm{T}}\begin{bmatrix}0\\ \boldsymbol{A}_i^k\end{bmatrix}(\boldsymbol{x}_k-\boldsymbol{x}_{k-i})+2\boldsymbol{e}_k^{\mathrm{T}}\boldsymbol{P}^{\mathrm{T}}\begin{bmatrix}\boldsymbol{y}_k\\ (\boldsymbol{A}_s+\boldsymbol{B}_s\boldsymbol{K}-\boldsymbol{I})\boldsymbol{x}_k-\boldsymbol{y}_k\end{bmatrix}\end{aligned}\tag{6.14}$$

由引理 2.3，有

$$\begin{aligned}2\sum_{i=1}^{h}\boldsymbol{e}_k^{\mathrm{T}}\boldsymbol{P}^{\mathrm{T}}\begin{bmatrix}0\\ \boldsymbol{A}_i^k\end{bmatrix}(\boldsymbol{x}_k-\boldsymbol{x}_{k-i})\leqslant{}&\sum_{i=1}^{h}\varepsilon_i\boldsymbol{e}_k^{\mathrm{T}}\boldsymbol{P}^{\mathrm{T}}\begin{bmatrix}0&0\\0&\boldsymbol{D}\boldsymbol{D}^{\mathrm{T}}\end{bmatrix}\boldsymbol{P}\boldsymbol{e}_k\\&+\varepsilon_i^{-1}(\boldsymbol{x}_{k-i}-\boldsymbol{x}_k)^{\mathrm{T}}(\boldsymbol{E}\boldsymbol{K})^{\mathrm{T}}\boldsymbol{E}\boldsymbol{K}(\boldsymbol{x}_{k-i}-\boldsymbol{x}_k)]\end{aligned}\tag{6.15}$$

令 $\boldsymbol{z}_k=[\boldsymbol{e}_k^{\mathrm{T}}\quad \boldsymbol{x}_{k-1}^{\mathrm{T}}\quad\cdots\quad \boldsymbol{x}_{k-h}^{\mathrm{T}}]^{\mathrm{T}}$，获得 $\Delta V_k\leqslant\boldsymbol{z}_k^{\mathrm{T}}\boldsymbol{\Theta}\boldsymbol{z}_k$。由式(6.7)和式(6.8)，有 $\Delta V_k<0$。闭环系统(6.6)是鲁棒渐近稳定的。

很明显，由定理 6.1 不能直接获得控制律。

定理 6.2　给定标量 h，如果存在矩阵 $\boldsymbol{X}>0,\bar{\boldsymbol{S}}>0,\boldsymbol{L}>0,\boldsymbol{W}_1>0,\boldsymbol{W}_2$、$\boldsymbol{W}_3>0$，$\boldsymbol{Z}$、$\boldsymbol{F}$、非奇异矩阵 $\boldsymbol{Y}$ 和标量 $\varepsilon_i>0(i=1,2,\cdots,h)$，满足下列矩阵不等式：

$$
\begin{bmatrix}
\varphi_1 & \varphi_2 & -\boldsymbol{N}_1\boldsymbol{X} & \cdots & -\boldsymbol{N}_1\boldsymbol{X} & \boldsymbol{F}^{\mathrm{T}}\boldsymbol{E}^{\mathrm{T}} & \cdots & \boldsymbol{F}^{\mathrm{T}}\boldsymbol{E}^{\mathrm{T}} & \boldsymbol{Z}^{\mathrm{T}} & \frac{(1+h)h}{2}\boldsymbol{Z}^{\mathrm{T}} \\
* & \varphi_3 & -\boldsymbol{N}_2\boldsymbol{X} & \cdots & -\boldsymbol{N}_2\boldsymbol{X} & 0 & \cdots & 0 & \boldsymbol{Y}^{\mathrm{T}} & \frac{(1+h)h}{2}\boldsymbol{Y}^{\mathrm{T}} \\
* & * & -\boldsymbol{L} & \cdots & 0 & -\boldsymbol{F}^{\mathrm{T}}\boldsymbol{E}^{\mathrm{T}} & \cdots & 0 & 0 & 0 \\
* & * & * & \ddots & \vdots & \vdots & \ddots & \vdots & \vdots & \vdots \\
* & * & * & * & -\boldsymbol{L} & 0 & \cdots & -\boldsymbol{F}^{\mathrm{T}}\boldsymbol{E}^{\mathrm{T}} & 0 & 0 \\
* & * & * & * & * & -\varepsilon_1\boldsymbol{I} & \cdots & 0 & 0 & 0 \\
* & * & * & * & * & * & \ddots & \vdots & \vdots & \vdots \\
* & * & * & * & * & * & * & -\varepsilon_h\boldsymbol{I} & 0 & 0 \\
* & * & * & * & * & * & * & * & -\boldsymbol{X} & 0 \\
* & * & * & * & * & * & * & * & * & -\frac{(1+h)h}{2}\bar{\boldsymbol{S}}
\end{bmatrix} < 0 \tag{6.16}
$$

$$
\begin{bmatrix}
\overline{\boldsymbol{W}}_1 & \overline{\boldsymbol{W}}_2 & \boldsymbol{N}_1\boldsymbol{X} \\
* & \overline{\boldsymbol{W}}_3 & \boldsymbol{N}_2\boldsymbol{X} \\
* & * & 2\boldsymbol{X}-\bar{\boldsymbol{S}}
\end{bmatrix} \geqslant 0 \tag{6.17}
$$

则称系统(6.6)是鲁棒渐近稳定的，且 $\boldsymbol{K}=\boldsymbol{F}\boldsymbol{X}^{-1}$。

其中，

$$\varphi_1=h\boldsymbol{L}+\frac{(1+h)h}{2}\overline{\boldsymbol{W}}_1+\boldsymbol{Z}+\boldsymbol{Z}^{\mathrm{T}}+h\boldsymbol{N}_1\boldsymbol{X}+h(\boldsymbol{N}_1\boldsymbol{X})^{\mathrm{T}}$$

$$\varphi_2=\frac{(1+h)h}{2}\overline{\boldsymbol{W}}_2+\boldsymbol{Y}+h\boldsymbol{X}\boldsymbol{N}_2^{\mathrm{T}}+((\boldsymbol{A}_s+\boldsymbol{B}_s\boldsymbol{K}-\boldsymbol{I})\boldsymbol{X}-\boldsymbol{Z})^{\mathrm{T}}$$

$$\varphi_3=\frac{(1+h)h}{2}\overline{\boldsymbol{W}}_3+\sum_{i=1}^{h}\varepsilon_i\boldsymbol{D}\boldsymbol{D}^{\mathrm{T}}-\boldsymbol{Y}-\boldsymbol{Y}^{\mathrm{T}}$$

证明　由引理 2.1，式(6.7)与下式等价：

$$
\begin{bmatrix}
\boldsymbol{\Gamma}' & -\boldsymbol{N} & \cdots & -\boldsymbol{N} & \begin{bmatrix}(\boldsymbol{E}\boldsymbol{K})^{\mathrm{T}} \\ 0\end{bmatrix} & \cdots & \begin{bmatrix}(\boldsymbol{E}\boldsymbol{K})^{\mathrm{T}} \\ 0\end{bmatrix} \\
* & -\boldsymbol{R} & \cdots & 0 & -(\boldsymbol{E}\boldsymbol{K})^{\mathrm{T}} & \cdots & 0 \\
 & * & \ddots & \vdots & \vdots & \ddots & \vdots \\
* & * & * & -\boldsymbol{R} & 0 & \cdots & -(\boldsymbol{E}\boldsymbol{K})^{\mathrm{T}} \\
* & * & * & * & -\varepsilon_1\boldsymbol{I} & \cdots & 0 \\
* & * & * & * & * & \ddots & \vdots \\
* & * & * & * & * & * & -\varepsilon_h\boldsymbol{I}
\end{bmatrix} < 0 \tag{6.18}
$$

其中，

$$\boldsymbol{\Gamma}' = \boldsymbol{\Gamma} - \begin{bmatrix} \sum_{i=1}^{h} \varepsilon_i^{-1} (\boldsymbol{EK})^{\mathrm{T}} (\boldsymbol{EK}) & 0 \\ 0 & 0 \end{bmatrix}$$

能获得

$$\boldsymbol{P}^{-1} = \begin{bmatrix} \boldsymbol{P}_1^{-1} & 0 \\ -\boldsymbol{M}_2^{-1}\boldsymbol{M}_1\boldsymbol{P}_1^{-1} & \boldsymbol{M}_2^{-1} \end{bmatrix}$$

令 $\boldsymbol{X}=\boldsymbol{P}_1^{-1}, \boldsymbol{Y}=\boldsymbol{M}_2^{-1}, \boldsymbol{Z}=-\boldsymbol{M}_2^{-1}\boldsymbol{M}_1\boldsymbol{P}_1^{-1}$，有

$$\boldsymbol{P}^{-1} = \begin{bmatrix} \boldsymbol{X} & 0 \\ \boldsymbol{Z} & \boldsymbol{Y} \end{bmatrix}$$

选取

$$\boldsymbol{N} = \boldsymbol{P}^{\mathrm{T}} \begin{bmatrix} \boldsymbol{N}_1 \boldsymbol{X} \\ \boldsymbol{N}_2 \boldsymbol{X} \end{bmatrix}$$

$\mathrm{diag}((\boldsymbol{P}^{-1})^{\mathrm{T}}, \overbrace{\boldsymbol{X},\cdots,\boldsymbol{X}}^{h}, \overbrace{\boldsymbol{I},\cdots,\boldsymbol{I}}^{h})$ 及其转置乘式(6.18)，$\mathrm{diag}((\boldsymbol{P}^{-1})^{\mathrm{T}}, \boldsymbol{X})$ 及其转置乘式(6.17)。令 $\bar{\boldsymbol{S}}=\boldsymbol{S}^{-1}, \boldsymbol{L}=\boldsymbol{XRX}, \boldsymbol{F}=\boldsymbol{KX}$ 和

$$(\boldsymbol{P}^{-1})^{\mathrm{T}} \boldsymbol{W} \boldsymbol{P}^{-1} = \begin{bmatrix} \bar{\boldsymbol{W}}_1 & \bar{\boldsymbol{W}}_2 \\ * & \bar{\boldsymbol{W}}_3 \end{bmatrix}$$

注意到，对任意矩阵 $\boldsymbol{X}>0$，有 $\boldsymbol{X}^{\mathrm{T}}\bar{\boldsymbol{S}}^{-1}\boldsymbol{X} \geqslant 2\boldsymbol{X}-\bar{\boldsymbol{S}}$. 由引理 2.1，定理 6.2 可证。

注 6.7　由于矩阵 $\boldsymbol{P}^{\mathrm{T}}$ 可逆，矩阵 $\boldsymbol{N}$ 具有一般性。对于给定标量 $h>0$，注意到，式(6.17)不是严格 LMI，但是，应用 Matlab 工具箱求解严格 LMIs 式(6.16)和式(6.17)，可获得使系统镇定的控制器增益矩阵 $\boldsymbol{K}=\boldsymbol{F}\boldsymbol{X}^{-1}$。

注 6.8　本节基于网络诱导时延的上下界，给出 Lyapunov 函数。然而，文献[27]基于 $\eta((i_{k+1}-i_k)h+\tau^k \leqslant \eta)$ 选取 Lyapunov 函数，其中，τ^k 表示网络诱导。从获得保证系统稳定的 MADB 的角度来说，文献[27]存在一定的保守性。并且在文献[27]中，松弛矩阵 $\boldsymbol{M}_i(i=1,2,3)$ 不独立，$\boldsymbol{M}=\boldsymbol{M}_1, \boldsymbol{M}_i=\rho_i\boldsymbol{M}(i=2,3)$。本节为避免此种情况，松弛矩阵 $\boldsymbol{M}_i(i=1,2)$ 相互对立。因此，本节方法具有较小的保守性。

注 6.9　定理 6.2 与定理 6.1 不等价，对于给定的控制器，计算保证系统稳定的 MADB，定理 6.1 效果更好。很明显，由引理 2.1，定理 6.1 中条件为 LMIs。首先给定 h，根据重复方法，基于定理 6.1，能获得 MADB。

6.1.3 算例仿真

例 6.1　考虑如下系统[8,14]：

$$\dot{\boldsymbol{x}}(t) = \begin{bmatrix} 0 & 1 \\ -3 & -4 \end{bmatrix} \boldsymbol{x}(t) + \begin{bmatrix} 0 \\ 1 \end{bmatrix} \boldsymbol{u}(t) \tag{6.19}$$

假定采样周期 $T=0.05\text{s}, h=2$。选取 $\alpha_1=-0.8936, \alpha_2=-0.7000$，计算可得

$$\boldsymbol{A}_s=\begin{bmatrix}0.9965 & 0.0453\\ -0.1358 & 0.8154\end{bmatrix},\quad \boldsymbol{B}_s=\begin{bmatrix}0.0012\\ 0.0453\end{bmatrix}$$

$$\boldsymbol{D}=\begin{bmatrix}-2.4439 & -2.7221\\ 2.4439 & 8.1662\end{bmatrix},\quad \boldsymbol{E}=\begin{bmatrix}0.5000\\ -0.5000\end{bmatrix}$$

$$\widetilde{\boldsymbol{F}}_i^k=\operatorname{diag}\left(\mathrm{e}^{-(T-t^k_{i-d^k_{3-i}}+0.8936)}, \mathrm{e}^{-3(T-t^k_{i-d^k_{3-i}}+0.7000)}\right)\quad (i=0,1,2)$$

在初始状态$[3\quad -1]^{\mathrm{T}}$下，选用同一控制律 $\boldsymbol{u}_k=[-1.12253.13]\boldsymbol{x}_k$，图6.3(a)和图 6.3(b)分别给出没有数据包错序和存在数据包错序的 NCSs 的仿真曲线。图 6.3 表明数据包错序影响系统的性能，有必要进一步研究错序问题。由定理 6.2，获得控制器增益矩阵 $\boldsymbol{K}=[-0.0398\quad -0.0112]$。图 6.4 给出应用方法 1[14]、方法 2[7]和方法 3(本节)得到的具有数据包错序的 NCSs 仿真曲线。注意到，方法 1 中网络诱导时延受限，即 $\tau^k=d_1(k)T+\tau^*+\Delta, 0\leqslant\tau^*+\Delta\leqslant T$，方法 2 没有考虑数据包错序现象。很明显，方法 1 和方法 2 很难使具有任意有界时延和数据包错序的 NCSs 稳定，本节方法容易镇定 NCSs。

例 6.2　考虑如下系统：

$$\dot{\boldsymbol{x}}(t)=\begin{bmatrix}0 & 2\\ 0 & -1\end{bmatrix}\boldsymbol{x}(t)+\begin{bmatrix}0\\ 0.1\end{bmatrix}\boldsymbol{u}(t)\tag{6.20}$$

假定采样周期 $T=0.05\text{s}, h=2$。选取 $\alpha_1=0.2, \alpha_2=-0.7931$，计算可得

$$\boldsymbol{A}_s=\begin{bmatrix}1.0000 & 0.0975\\ 0 & 0.9512\end{bmatrix},\quad \boldsymbol{B}_s=\begin{bmatrix}0.0002\\ 0.0049\end{bmatrix}$$

$$\boldsymbol{D}=\begin{bmatrix}0.2000 & 1.9769\\ 0 & -0.9884\end{bmatrix},\quad \boldsymbol{E}=\begin{bmatrix}0.2000\\ 0.2236\end{bmatrix}$$

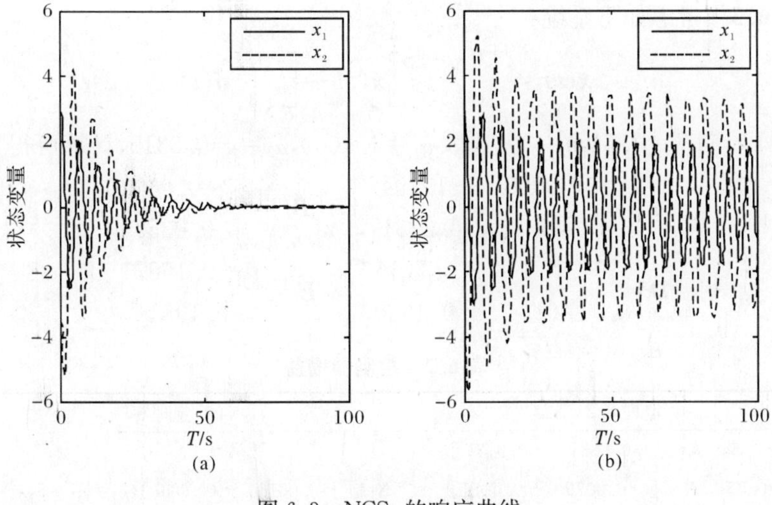

(a)　(b)

图 6.3　NCSs 的响应曲线

$$\widetilde{\boldsymbol{F}}_i^k=\mathrm{diag}\left(\frac{-t_{i-d_{3-i}^k}^k}{0.2000},\mathrm{e}^{-(T-t_{i-d_{3-i}^k}^k+0.7931)}\right)\quad(i=0,1,2)$$

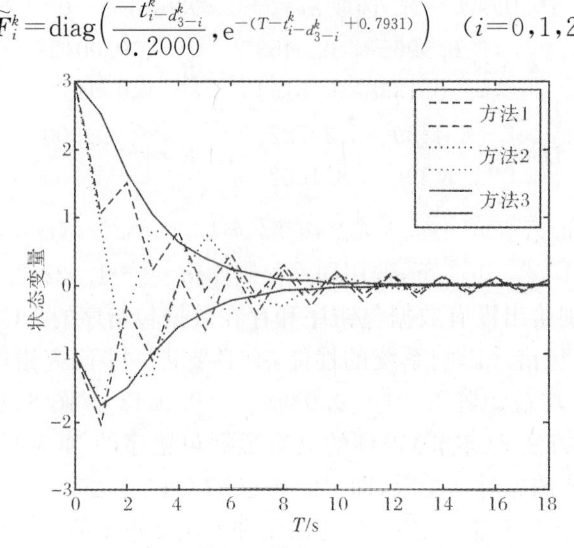

图 6.4 具有数据包错序的 NCSs 的响应曲线

由定理 6.2,获得控制器增益矩阵 $\boldsymbol{K}=[-0.0079\quad-0.0111]$。很明显,如果具有长时延的 NCSs 中存在错序,抛弃晚到数据包执行最新信号,应用文献[7]的方法无法设计系统(6.20)的优化控制。表 6.2 显示了不同采样周期 T 下获得的控制器增益矩阵 $\boldsymbol{K}$('—'表示条件不可行)。如果 $T=0.05\mathrm{s}$,$h=2$,在初始状态 $[1\quad 0]^{\mathrm{T}}$,图 6.5(a)和图 6.5(b)分别给出采用方法 1[14] 和方法 2(本节)的仿真结果。注意到,文献[14]中假定网络诱导时延 $\tau^k=d_1(k)T+\tau^*+\Delta,0\leqslant\tau^*+\Delta\leqslant T$,并且在一个采样周期内,只执行两个控制输入,如图 6.5 所示,与文献[14]中获得的控制器相比,本节所获得控制器更容易镇定系统。

例 6.3 考虑如下系统:

$$\dot{\boldsymbol{x}}(t)=\begin{bmatrix}0 & -5\\0 & -3\end{bmatrix}\boldsymbol{x}(t)+\begin{bmatrix}0\\0.1\end{bmatrix}\boldsymbol{u}(t)\tag{6.21}$$

假定采样周期 $T=0.5\mathrm{s}$,$h=2$。选取 $\alpha_1=1.1000$,$\alpha_2=-0.3310$,计算可得

$$\boldsymbol{A}_s=\begin{bmatrix}1.0000 & -1.2948\\0 & 0.2231\end{bmatrix},\quad \boldsymbol{B}_s=\begin{bmatrix}-0.0402\\0.0259\end{bmatrix}$$

$$\boldsymbol{D}=\begin{bmatrix}1.1000 & -0.7716\\0 & -0.4630\end{bmatrix},\quad \boldsymbol{E}=\begin{bmatrix}-0.1667\\0.1944\end{bmatrix}$$

表 6.2 控制器增益

定理 6.2	定理 5[14]
$T=0.5\mathrm{s}$ $\boldsymbol{K}=[-0.0081\quad-0.0124]$	—
$T=0.05\mathrm{s}$ $\boldsymbol{K}=[-0.0079\quad-0.0111]$	$\boldsymbol{K}=[-0.0016\quad-0.0040]$($\mu_1=\mu_2=5,\lambda_1=\lambda_2=-1$)

$$\widetilde{\boldsymbol{F}}_i^k=\operatorname{diag}\left(\frac{-t_{i-d_{3-i}^k}^k}{1.1000},\mathrm{e}^{-3(T-t_{i-d_{3-i}^k}^k+0.3310)}\right)\quad(i=0,1,2)$$

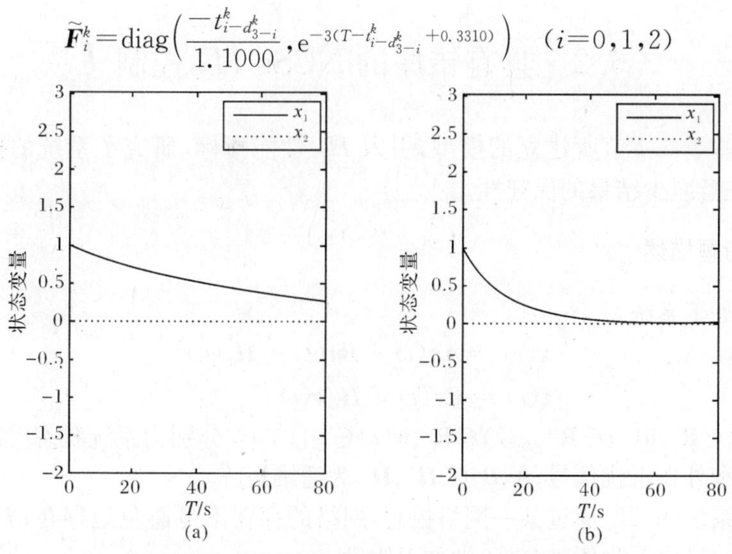

图 6.5　具有数据包错序的 NCSs 的响应曲线

设采样周期 $T=4.4\mathrm{s}$，取控制器增益矩阵 $\boldsymbol{K}=[0.0216\quad -1.2316]$，求解定理 6.1，获得最大允许时延界 $hT=2\times4.4\mathrm{s}=8.8\mathrm{s}$。文献[27]中的推论 1，获得 $\eta_{\max}$ 为 8.1195s，其中 $\eta=(i_{k+1}-i_k)T+\tau^k$，那么网络诱导时延界小于 8.1195s。如果 $i_{k+1}-i_k=1$，即网络中不存在错序，那么网络诱导时延的最大值为 3.7195s；如果 $i_{k+1}-i_k=2$，即网络中有一个数据包由于晚到被抛弃，在这种情况下，文献[27]不能保证系统稳定。然而，本节获得的最大时延能在系统由于错序有 1 个数据包丢失的情况下，仍保证系统稳定。很明显，本节获得的结果较文献[27]少于保守。当采样周期$T=0.5\mathrm{s}$，$h=2$ 时，应用定理 6.2，获得控制律为 $\boldsymbol{u}_k=[-0.8536\quad -1.2972]\boldsymbol{x}_k$。设初始状态 $\boldsymbol{x}_0=[4\quad 0]^{\mathrm{T}}$，图 6.6 表明所提方法的有效性。

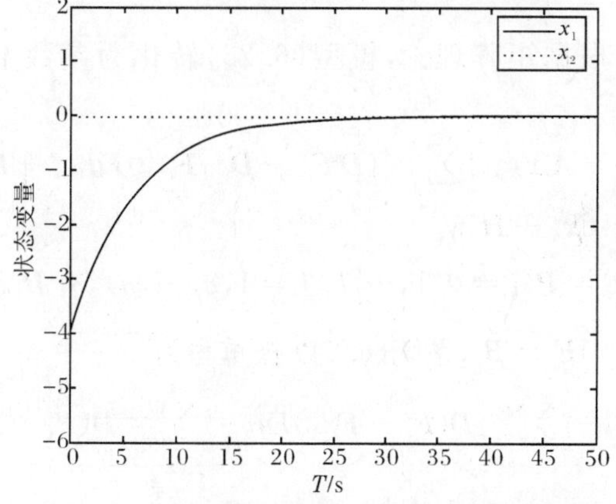

图 6.6　具有数据包错序的 NCSs 的响应曲线

6.2　具有错序的 NCSs H_∞ 控制

本节基于 6.1 节所建立的模型，引入 H_∞ 性能指标，研究了系统的抗干扰问题，并且注意减少结果的保守性。

6.2.1　问题描述

考虑如下系统：

$$\begin{cases}\dot{\boldsymbol{x}}(t)=\boldsymbol{A}\boldsymbol{x}(t)+\boldsymbol{B}\boldsymbol{u}(t)+\boldsymbol{H}_1\boldsymbol{w}(t)\\ \boldsymbol{z}(t)=\boldsymbol{C}\boldsymbol{x}(t)+\boldsymbol{H}_2\boldsymbol{w}(t)\end{cases}\tag{6.22}$$

其中，$\boldsymbol{x}(t)\in\mathbf{R}^n$、$\boldsymbol{u}(t)\in\mathbf{R}^m$、$\boldsymbol{z}(t)\in\mathbf{R}^r$、$\boldsymbol{w}(t)\in l_2[0,\infty]$分别为系统状态、控制输入、控制输出和外在干扰信号；$\boldsymbol{A}$、$\boldsymbol{B}$、$\boldsymbol{C}$、$\boldsymbol{H}_1$、$\boldsymbol{H}_2$ 为适维矩阵。

假定系统(6.22)通过某一网络控制，网络的存在不可避免地存在信号传输时延和数据包错序。为便于分析，做如下假设：

① 传感器为时间驱动；控制器和执行器为事件驱动；

② 网络诱导时延有界，即 $0<\tau^k=\tau_{\mathrm{sc}}^k+\tau_{\mathrm{ca}}^k\leqslant hT$($h$ 为正整数，T 为传感器采样周期)。τ_{sc}^k表示传感器-控制器时延；τ_{ca}^k表示控制器-执行器时延。

基于 6.1 节中的建模方法，结合式(6.22)，有

$$\begin{cases}\boldsymbol{x}_{k+1}=\boldsymbol{A}_s\boldsymbol{x}_k+\sum_{i=0}^{h}\boldsymbol{B}_i^k\boldsymbol{u}_{k-i}+\hat{\boldsymbol{H}}_1\boldsymbol{w}_k\\ \boldsymbol{z}_k=\boldsymbol{C}\boldsymbol{x}_k+\boldsymbol{H}_2\boldsymbol{w}_k\end{cases}\tag{6.23}$$

其中，$\boldsymbol{x}_k=x(kT)$；$\boldsymbol{u}_k=u(kT)$；$\boldsymbol{A}_s=\mathrm{e}^{\boldsymbol{A}T}$；$\boldsymbol{B}_i^k=\int_{t_{i-d_{h+1-i}^k}^k}^{t_{i-1-d_{h+2-i}^k}^k}\mathrm{e}^{\boldsymbol{A}(T-\tau)}\mathrm{d}\tau\boldsymbol{B}$；$\hat{\boldsymbol{H}}_1=\int_0^T\mathrm{e}^{\boldsymbol{A}(T-\tau)}\mathrm{d}\tau\boldsymbol{H}_1$。如果 $i-d_{h+1-i}^k\geqslant j-d_{h+1-j}^k$，那么 $t_{i-d_{h+1-i}^k}^k\leqslant t_{j-d_{h+1-j}^k}^k(i,j=0,1,\cdots,h)$。$d_{h+2}^k=0,t_h^k=0,t_{-1}^k=T$。

为获得控制器，根据矩阵理论，模型(6.23)转化为参数不确定离散多时滞系统

$$\begin{cases}\boldsymbol{x}_{k+1}=\boldsymbol{A}_s\boldsymbol{x}_k+\sum_{i=0}^{h}(\boldsymbol{D}_i\widetilde{\boldsymbol{F}}_i^k-\boldsymbol{D}_{i-1}\widetilde{\boldsymbol{F}}_{i-1}^k)\boldsymbol{E}\boldsymbol{u}_{k-i}+\hat{\boldsymbol{H}}_1\boldsymbol{w}_k\\ \boldsymbol{z}_k=\boldsymbol{C}\boldsymbol{x}_k+\boldsymbol{H}_2\boldsymbol{w}_k\end{cases}\tag{6.24}$$

不妨选取 $\alpha_{ij}=\alpha_j,\boldsymbol{P}_i=\boldsymbol{P}(i=0,1,\cdots,h,j=1,2,\cdots,n)$，有 $\boldsymbol{D}_i=\boldsymbol{D}$。因为 $\sum_{i=0}^{h}\boldsymbol{B}_i^k=\sum_{i=0}^{h}\boldsymbol{D}(\widetilde{\boldsymbol{F}}_i^k-\widetilde{\boldsymbol{F}}_{i-1}^k)\boldsymbol{E}=\boldsymbol{B}_s$，系统(6.24) 被重写为

$$\begin{cases}\boldsymbol{x}_{k+1}=\boldsymbol{A}_s\boldsymbol{x}_k+\boldsymbol{B}_s\boldsymbol{u}_k-\sum_{i=1}^{h}\boldsymbol{D}(\widetilde{\boldsymbol{F}}_i^k-\widetilde{\boldsymbol{F}}_{i-1}^k)\boldsymbol{E}\boldsymbol{u}_k+\sum_{i=1}^{h}\boldsymbol{D}(\widetilde{\boldsymbol{F}}_i^k-\widetilde{\boldsymbol{F}}_{i-1}^k)\boldsymbol{E}\boldsymbol{u}_{k-i}+\hat{\boldsymbol{H}}_1\boldsymbol{w}_k\\ \boldsymbol{z}_k=\boldsymbol{C}\boldsymbol{x}_k+\boldsymbol{H}_2\boldsymbol{w}_k\end{cases}\tag{6.25}$$

其中，$\boldsymbol{B}_s=\int_0^{T}\mathrm{e}^{\boldsymbol{A}(T-\tau)}\mathrm{d}\tau$；$(\widetilde{\boldsymbol{F}}_i^k-\widetilde{\boldsymbol{F}}_{i-1}^k)^{\mathrm{T}}(\widetilde{\boldsymbol{F}}_i^k-\widetilde{\boldsymbol{F}}_{i-1}^k)\leqslant\boldsymbol{I}$。

由 6.1.1 节中 α_{ij} 满足 $\alpha_{i1}>2t^k_{i-d^k_{h+1-i}}$，$\mathrm{e}^{\lambda_j(T-t^k_{i-1-d^k_{h+2-i}}-\alpha_{ij})}<0.5$，$j=2,\cdots,n-r$，$i=0,1,\cdots,h$，$\boldsymbol{P}_i$ 是对角可逆矩阵并且满足 $\|\boldsymbol{P}_i^{-1}\boldsymbol{J}_{2,i}\|<0.5$，设计如下算法，以便获得 α_j 和矩阵 $\boldsymbol{P}(j=1,2,\cdots,n)$。

算法 6.1

Step 1. 获得矩阵 $\boldsymbol{A}$ 的所有特征值 $\lambda_j(j=1,2,\cdots,n)$；

Step 2. 如果矩阵 $\boldsymbol{A}$ 有 n 个不同的特征值 λ_j，并且所有 λ_j 均非零，那么令 $j=1$，转到 Step 4；

Step 3. 如果矩阵 $\boldsymbol{A}$ 有零特征值和 r 重特征值，不失一般性，让 $\alpha_1,\alpha_2,\cdots,\alpha_{n-r},\cdots,\alpha_n$ 分别与零特征值、非零特征值和 r 重特征值对应。令 $j=1$，转到 Step 5；

Step 4. 如果 $\lambda_j>0$，选择满足 $\alpha_j>T+\ln 2/\lambda_j$ 的 α_j；否则，选择满足 $\alpha_j<T+\ln 2/\lambda_j$ 的 α_j。令 $j=j+1$，如果 $j\leqslant n$，重复 Step 4；否则，转到 Step 7；

Step 5. 如果 $\lambda_j=0$，选择满足 $\alpha_j>2T$ 的 α_j；如果 $\lambda_j>0$，选择满足 $\alpha_j>T+\ln 2/\lambda_j$ 的 α_j；否则，选择满足 $\alpha_j<T+\ln 2/\lambda_j$ 的 α_j。令 $j=j+1$，如果 $j\leqslant n-r$，重复 Step 5；否则，转到 Step 6；

Step 6. 令矩阵 $\boldsymbol{P}=\mathrm{diag}(p_1,p_2,\cdots,p_r)$，选择满足 $|p_i|>2\|\boldsymbol{J}\|$ 的 $p_i(i=1,2,\cdots,r)$；

Step 7. 输出 α_j 或 α_j 和矩阵 $\boldsymbol{P}$，退出算法。其中，

$$
\boldsymbol{J}=\begin{cases}
\begin{bmatrix}
\dfrac{1}{\lambda^*}\mathrm{e}^{\lambda^* T} & \dfrac{1}{\lambda^{*2}}(1+\lambda^* T)\mathrm{e}^{\lambda^* T} & \cdots & \sum_{j=1}^{r}\dfrac{(\lambda^* T)^{r-j}\mathrm{e}^{\lambda^* T}}{\lambda^{*j}(r-j)!} \\
 & \ddots & \ddots & \vdots \\
 & & \ddots & \dfrac{1}{\lambda^{*2}}(1+\lambda^* T)\mathrm{e}^{\lambda^* T} \\
 & & & \dfrac{1}{\lambda^*}\mathrm{e}^{\lambda^* T}
\end{bmatrix}, & \lambda^*\neq 0 \\
\begin{bmatrix}
-T & -\dfrac{T^2}{2} & \cdots & -\dfrac{T^r}{r!} \\
 & 0 & \ddots & \vdots \\
 & & \ddots & -\dfrac{T^2}{2} \\
 & & & 0
\end{bmatrix}, & \lambda^*=0
\end{cases}
$$

6.2.2　H_∞ 控制器设计

本小节将给出 NCSs H_∞ 控制的充分条件和控制器设计方案。

选用控制器

$$\boldsymbol{u}_k = \boldsymbol{K}\boldsymbol{x}_k \tag{6.26}$$

有 $\boldsymbol{u}_{k-i}=\boldsymbol{K}\boldsymbol{x}_{k-i}$，那么重写系统(6.25)为

$$\begin{cases}\boldsymbol{x}_{k+1} = (\boldsymbol{A}_s + \boldsymbol{B}_s\boldsymbol{K})\boldsymbol{x}_k - \sum_{i=1}^{h}\boldsymbol{A}_i^k\boldsymbol{x}_k + \sum_{i=1}^{h}\boldsymbol{A}_i^k\boldsymbol{x}_{k-i} + \hat{\boldsymbol{H}}_1\boldsymbol{w}_k \\ \boldsymbol{z}_k = \boldsymbol{C}\boldsymbol{x}_k + \boldsymbol{H}_2\boldsymbol{w}_k\end{cases} \tag{6.27}$$

其中，$\boldsymbol{A}_i^k=\boldsymbol{D}(\widetilde{\boldsymbol{F}}_i^k-\widetilde{\boldsymbol{F}}_{i-1}^k)\boldsymbol{E}\boldsymbol{K}$。

定理 6.3 给定标量 h 和矩阵 $\boldsymbol{K}$，如果存在矩阵 $\boldsymbol{P}_1>0,\boldsymbol{S}_i>0,\boldsymbol{R}_i>0,\boldsymbol{M}_1$、$\boldsymbol{M}_2$、$\boldsymbol{W}_i$、$\boldsymbol{N}_i$ 和标量 $\varepsilon_i>0(i=1,2,\cdots,h)$，满足下列不等式：

$$\begin{bmatrix}\boldsymbol{\Gamma}_3 & \boldsymbol{\Lambda}_1 & \cdots & \boldsymbol{\Lambda}_h & \boldsymbol{P}^{\mathrm{T}}\begin{bmatrix}0\\ \hat{\boldsymbol{H}}_1\end{bmatrix}+\gamma^{-1}\begin{bmatrix}\boldsymbol{C}^{\mathrm{T}}\boldsymbol{H}_2\\ 0\end{bmatrix} \\ * & -\boldsymbol{R}_1+\varepsilon_1^{-1}(\boldsymbol{E}\boldsymbol{K})^{\mathrm{T}}\boldsymbol{E}\boldsymbol{K} & \cdots & 0 & 0 \\ * & * & \ddots & \vdots & \vdots \\ * & * & * & -\boldsymbol{R}_h+\varepsilon_h^{-1}(\boldsymbol{E}\boldsymbol{K})^{\mathrm{T}}\boldsymbol{E}\boldsymbol{K} & 0 \\ * & * & * & * & \gamma^{-1}\boldsymbol{H}_2^{\mathrm{T}}\boldsymbol{H}_2-\gamma\boldsymbol{I}\end{bmatrix}<0 \tag{6.28}$$

$$\begin{bmatrix}\boldsymbol{W}_i & \boldsymbol{N}_i \\ \boldsymbol{N}_i^{\mathrm{T}} & \boldsymbol{S}_i\end{bmatrix}\geqslant 0 \quad (i=1,2,\cdots,h) \tag{6.29}$$

则称系统(6.27)是渐近稳定的，且具有一个 H_∞ 范数界 γ。其中，

$\boldsymbol{\Gamma}_3=\boldsymbol{\Gamma}_1+\boldsymbol{\Gamma}_2$；

$$\begin{aligned}\boldsymbol{\Gamma}_1 = &\begin{bmatrix}\sum_{i=1}^{h}\boldsymbol{R}_i+\sum_{i=1}^{h}\varepsilon_i^{-1}(\boldsymbol{E}\boldsymbol{K})^{\mathrm{T}}\boldsymbol{E}\boldsymbol{K} & 0 \\ 0 & \boldsymbol{P}_1+\sum_{i=1}^{h}i\boldsymbol{S}_i\end{bmatrix} \\ &+\sum_{i=1}^{h}i\boldsymbol{W}_i+\mathrm{sym}[\sum_{i=1}^{h}[\boldsymbol{N}_i \quad 0]] \\ &+\sum_{i=1}^{h}\varepsilon_i\boldsymbol{P}^{\mathrm{T}}\begin{bmatrix}0 & 0\\ 0 & \boldsymbol{D}\boldsymbol{D}^{\mathrm{T}}\end{bmatrix}\boldsymbol{P}+\mathrm{sym}\left[\boldsymbol{P}^{\mathrm{T}}\begin{bmatrix}0 & \boldsymbol{I}\\ \boldsymbol{A}_s+\boldsymbol{B}_s\boldsymbol{K}-\boldsymbol{I} & -\boldsymbol{I}\end{bmatrix}\right];\end{aligned}$$

$$\boldsymbol{\Gamma}_2=\begin{bmatrix}\gamma^{-1}\boldsymbol{C}^{\mathrm{T}}\boldsymbol{C} & 0\\ 0 & 0\end{bmatrix};\quad \boldsymbol{P}=\begin{bmatrix}\boldsymbol{P}_1 & 0\\ \boldsymbol{M}_1 & \boldsymbol{M}_2\end{bmatrix};$$

$$\boldsymbol{\Lambda}_1=-\boldsymbol{N}_1-\varepsilon_1^{-1}\begin{bmatrix}(\boldsymbol{E}\boldsymbol{K})^{\mathrm{T}}\boldsymbol{E}\boldsymbol{K}\\ 0\end{bmatrix};\quad \boldsymbol{\Lambda}_h=-\boldsymbol{N}_h-\varepsilon_h^{-1}\begin{bmatrix}(\boldsymbol{E}\boldsymbol{K})^{\mathrm{T}}\boldsymbol{E}\boldsymbol{K}\\ 0\end{bmatrix}。$$

证明 令 $\boldsymbol{y}_l=\boldsymbol{x}_{l+1}-\boldsymbol{x}_l$，有 $\boldsymbol{x}_{k-i}=\boldsymbol{x}_k-\sum_{l=k-i}^{k-1}\boldsymbol{y}_l$。类似文献[17]和[33]，有

$$(\boldsymbol{A}_s+\boldsymbol{B}_s\boldsymbol{K}-\boldsymbol{I})\boldsymbol{x}_k-\boldsymbol{y}_k-\sum_{i=1}^{h}\boldsymbol{A}_i^k\sum_{l=k-i}^{k-1}\boldsymbol{y}_l+\hat{\boldsymbol{H}}_1\boldsymbol{w}_k=0 \tag{6.30}$$

选取改进的 Lyapunov 函数 $V_k=\sum_{i=1}^{h+1}V_{i,k}$，其中，

$$\begin{cases} V_{1,k} = \boldsymbol{x}_k^{\mathrm{T}}\boldsymbol{P}_1\boldsymbol{x}_k \\ V_{2,k} = \boldsymbol{x}_{k-1}^{\mathrm{T}}\boldsymbol{R}_1\boldsymbol{x}_{k-1} + \boldsymbol{y}_{k-1}^{\mathrm{T}}\boldsymbol{S}_1\boldsymbol{y}_{k-1} \\ V_{3,k} = \sum_{l=k-2}^{k-1}\boldsymbol{x}_l^{\mathrm{T}}\boldsymbol{R}_2\boldsymbol{x}_l + \sum_{\theta=-1}^{0}\sum_{l=k-1+\theta}^{k-1}\boldsymbol{y}_l^{\mathrm{T}}\boldsymbol{S}_2\boldsymbol{y}_l \\ \quad\vdots \\ V_{h+1,k} = \sum_{l=k-h}^{k-1}\boldsymbol{x}_l^{\mathrm{T}}\boldsymbol{R}_h\boldsymbol{x}_l + \sum_{\theta=-h+1}^{0}\sum_{l=k-1+\theta}^{k-1}\boldsymbol{y}_l^{\mathrm{T}}\boldsymbol{S}_h\boldsymbol{y}_l \end{cases} \tag{6.31}$$

定义 $\boldsymbol{e}_k=[\boldsymbol{x}_k^{\mathrm{T}}\boldsymbol{y}_k^{\mathrm{T}}]^{\mathrm{T}}$，由式(6.30)，有

$$\begin{aligned} \Delta V_{1,k} &= \boldsymbol{y}_k^{\mathrm{T}}\boldsymbol{P}_1\boldsymbol{y}_k + 2\boldsymbol{x}_k^{\mathrm{T}}\boldsymbol{P}_1\boldsymbol{y}_k + 2(\boldsymbol{x}_k^{\mathrm{T}}\boldsymbol{M}_1^{\mathrm{T}} + \boldsymbol{y}_k^{\mathrm{T}}\boldsymbol{M}_2^{\mathrm{T}})[(\boldsymbol{A}_s + \boldsymbol{B}_s\boldsymbol{K} - \boldsymbol{I})\boldsymbol{x}_k - \boldsymbol{y}_k \\ &\quad - \sum_{i=1}^{h}\boldsymbol{A}_i^k\sum_{l=k-i}^{k-1}\boldsymbol{y}_l + \hat{\boldsymbol{H}}_1\boldsymbol{w}_k] \\ &= \boldsymbol{y}_k^{\mathrm{T}}\boldsymbol{P}_1\boldsymbol{y}_k + 2\boldsymbol{e}_k^{\mathrm{T}}\boldsymbol{P}^{\mathrm{T}}\begin{bmatrix} \boldsymbol{y}_k \\ (\boldsymbol{A}_s + \boldsymbol{B}_s\boldsymbol{K} - \boldsymbol{I})\boldsymbol{x}_k - \boldsymbol{y}_k - \sum_{i=1}^{h}\boldsymbol{A}_i^k\sum_{l=k-i}^{k-1}\boldsymbol{y}_l + \hat{\boldsymbol{H}}_1\boldsymbol{w}_k \end{bmatrix} \end{aligned} \tag{6.32}$$

其中，自由权矩阵 M_1、M_2 为适维矩阵。由引理 2.5，有

$$\begin{aligned} -2\boldsymbol{e}_k^{\mathrm{T}}\boldsymbol{P}^{\mathrm{T}}\begin{bmatrix} 0 \\ \sum_{i=1}^{h}\boldsymbol{A}_i^k\sum_{l=k-i}^{k-1}\boldsymbol{y}_l \end{bmatrix} &= -2\sum_{i=1}^{h}\sum_{l=k-i}^{k-1}\boldsymbol{e}_k^{\mathrm{T}}\boldsymbol{P}^{\mathrm{T}}\begin{bmatrix} 0 \\ \boldsymbol{A}_i^k \end{bmatrix}\boldsymbol{y}_l \\ &\leqslant \frac{(1+h)h}{2}\boldsymbol{e}_k^{\mathrm{T}}\boldsymbol{W}_i\boldsymbol{e}_k + \sum_{i=1}^{h}\sum_{l=k-i}^{k-1}\boldsymbol{y}_l^{\mathrm{T}}\boldsymbol{S}_i\boldsymbol{y}_l \\ &\quad + 2\sum_{i=1}^{h}\boldsymbol{e}_k^{\mathrm{T}}\left(\boldsymbol{N}_i - \boldsymbol{P}^{\mathrm{T}}\begin{bmatrix} 0 \\ \boldsymbol{A}_i^k \end{bmatrix}\right)(\boldsymbol{x}_k - \boldsymbol{x}_{k-i}) \end{aligned} \tag{6.33}$$

并且

$$\Delta V_{2,k} = \boldsymbol{x}_k^{\mathrm{T}}\boldsymbol{R}_1\boldsymbol{x}_k - \boldsymbol{x}_{k-1}^{\mathrm{T}}\boldsymbol{R}_1\boldsymbol{x}_{k-1} + \boldsymbol{y}_k^{\mathrm{T}}\boldsymbol{S}_1\boldsymbol{y}_k - \boldsymbol{y}_{k-1}^{\mathrm{T}}\boldsymbol{S}_1\boldsymbol{y}_{k-1} \tag{6.34}$$

类似地，有

$$\Delta V_{h+1,k} = \boldsymbol{x}_k^{\mathrm{T}}\boldsymbol{R}_h\boldsymbol{x}_k - \boldsymbol{x}_{k-h}^{\mathrm{T}}\boldsymbol{R}_h\boldsymbol{x}_{k-h} + h\boldsymbol{y}_k^{\mathrm{T}}\boldsymbol{S}_h\boldsymbol{y}_k - \sum_{l=k-h}^{k-1}\boldsymbol{y}_l^{\mathrm{T}}\boldsymbol{S}_h\boldsymbol{y}_l \tag{6.35}$$

因此，由式(6.32)～式(6.35)，有

$$\begin{aligned} \Delta V_k &\leqslant \boldsymbol{y}_k^{\mathrm{T}}\boldsymbol{P}_1\boldsymbol{y}_k + \sum_{i=1}^{h}i\boldsymbol{e}_k^{\mathrm{T}}\boldsymbol{W}_i\boldsymbol{e}_k + \sum_{i=1}^{h}\boldsymbol{x}_k^{\mathrm{T}}\boldsymbol{R}_i\boldsymbol{x}_k - \sum_{i=1}^{h}\boldsymbol{x}_{k-i}^{\mathrm{T}}\boldsymbol{R}_i\boldsymbol{x}_{k-i} \\ &\quad + \sum_{i=1}^{h}i\boldsymbol{y}_k^{\mathrm{T}}\boldsymbol{S}_i\boldsymbol{y}_k + 2\boldsymbol{e}_k^{\mathrm{T}}\sum_{i=1}^{h}\boldsymbol{N}_i\boldsymbol{x}_k - 2\boldsymbol{e}_k^{\mathrm{T}}\sum_{i=1}^{h}\boldsymbol{N}_i\boldsymbol{x}_{k-i} + 2\boldsymbol{e}_k^{\mathrm{T}}\boldsymbol{P}^{\mathrm{T}}\begin{bmatrix} 0 \\ \hat{\boldsymbol{H}}_1\boldsymbol{w}_k \end{bmatrix} \\ &\quad + 2\sum_{i=1}^{h}\boldsymbol{e}_k^{\mathrm{T}}\boldsymbol{P}^{\mathrm{T}}\begin{bmatrix} 0 \\ \boldsymbol{A}_i^k \end{bmatrix}(\boldsymbol{x}_{k-i} - \boldsymbol{x}_k) + 2\boldsymbol{e}_k^{\mathrm{T}}\boldsymbol{P}^{\mathrm{T}}\begin{bmatrix} \boldsymbol{y}_k \\ (\boldsymbol{A}_s + \boldsymbol{B}_s\boldsymbol{K} - \boldsymbol{I})\boldsymbol{x}_k - \boldsymbol{y}_k \end{bmatrix} \end{aligned} \tag{6.36}$$

由引理 2.3，有

$$\begin{aligned} 2\sum_{i=1}^{h}\boldsymbol{e}_k^{\mathrm{T}}\boldsymbol{P}^{\mathrm{T}}\begin{bmatrix} 0 \\ \boldsymbol{A}_i^k \end{bmatrix}(\boldsymbol{x}_{k-i} - \boldsymbol{x}_k) &\leqslant \sum_{i=1}^{h}\varepsilon_i\boldsymbol{e}_k^{\mathrm{T}}\boldsymbol{P}^{\mathrm{T}}\begin{bmatrix} 0 & 0 \\ 0 & \boldsymbol{D}\boldsymbol{D}^{\mathrm{T}} \end{bmatrix}\boldsymbol{P}\boldsymbol{e}_k \\ &\quad + \varepsilon_i^{-1}(\boldsymbol{x}_{k-i} - \boldsymbol{x}_k)^{\mathrm{T}}(\boldsymbol{E}\boldsymbol{K})^{\mathrm{T}}\boldsymbol{E}\boldsymbol{K}(\boldsymbol{x}_{k-i} - \boldsymbol{x}_k)] \end{aligned} \tag{6.37}$$

令 $\boldsymbol{\xi}_k=[\boldsymbol{e}_k^{\mathrm{T}} \quad \boldsymbol{x}_{k-1}^{\mathrm{T}} \quad \cdots \quad \boldsymbol{x}_{k-h}^{\mathrm{T}} \quad \boldsymbol{w}_k^{\mathrm{T}}]^{\mathrm{T}}$，获得 $\Delta V_k \leqslant \boldsymbol{\xi}_k^{\mathrm{T}}\boldsymbol{\Theta}\boldsymbol{\xi}_k$，其中，

$$\begin{bmatrix} \boldsymbol{\Gamma}_1 & \boldsymbol{\Lambda}_1 & \cdots & \boldsymbol{\Lambda}_h & \boldsymbol{P}^{\mathrm{T}}\begin{bmatrix} 0 \\ \hat{\boldsymbol{H}}_1 \end{bmatrix} \\ * & -\boldsymbol{R}_1+\varepsilon_1^{-1}(\boldsymbol{EK})^{\mathrm{T}}\boldsymbol{EK} & \cdots & 0 & 0 \\ * & * & \ddots & \vdots & \vdots \\ * & * & * & -\boldsymbol{R}_h+\varepsilon_h^{-1}(\boldsymbol{EK})^{\mathrm{T}}\boldsymbol{EK} & 0 \\ * & * & * & * & 0 \end{bmatrix}<0 \tag{6.38}$$

因为

$$\gamma^{-1}\boldsymbol{z}_k^{\mathrm{T}}\boldsymbol{z}_k-\gamma\boldsymbol{w}_k^{\mathrm{T}}\boldsymbol{w}_k+\Delta V_k \leqslant \boldsymbol{\xi}_k^{\mathrm{T}}(\boldsymbol{\Theta}+\boldsymbol{Y})\boldsymbol{\xi}_k \tag{6.39}$$

其中，

$$\boldsymbol{Y}=\begin{bmatrix} \boldsymbol{\Gamma}_2 & 0 & \cdots & 0 & \gamma^{-1}\begin{bmatrix} \boldsymbol{C}^{\mathrm{T}}\boldsymbol{H}_2 \\ 0 \end{bmatrix} \\ * & 0 & \cdots & 0 & 0 \\ * & * & \ddots & \vdots & \vdots \\ * & * & * & 0 & 0 \\ * & * & * & * & \gamma^{-1}\boldsymbol{H}_2^{\mathrm{T}}\boldsymbol{H}_2-\gamma\boldsymbol{I} \end{bmatrix}$$

如果式(6.38)和式(6.39)被满足，有 $\boldsymbol{\Theta}+\boldsymbol{Y}<0$。进而有

$$\gamma^{-1}\boldsymbol{z}_k^{\mathrm{T}}\boldsymbol{z}_k-\gamma\boldsymbol{w}_k^{\mathrm{T}}\boldsymbol{w}_k+\Delta V_k<0$$

那么 $\gamma^{-1}\boldsymbol{z}_k^{\mathrm{T}}\boldsymbol{z}_k-\gamma\boldsymbol{w}_k^{\mathrm{T}}\boldsymbol{w}_k<-\Delta V_k$。对于上式，左右两边从 $k=0$ 到 $k=n$ 求和，在零初始条件下，有 $\sum_{k=0}^{n}\|\boldsymbol{z}_k\|^2<\gamma^2\sum_{k=0}^{n}\|\boldsymbol{w}_k\|^2-\gamma V_{n+1}$。令 $n\rightarrow\infty$，进而有

$$\|\boldsymbol{z}_k\|_2^2<\gamma\|\boldsymbol{w}_k\|_2^2$$

如果 $w(t)\equiv 0$，式(6.38)暗含下式成立：

$$\begin{bmatrix} \boldsymbol{\Gamma}_1 & \boldsymbol{\Lambda}_1 & \cdots & \boldsymbol{\Lambda}_h \\ * & -\boldsymbol{R}_1+\varepsilon_1^{-1}(\boldsymbol{EK})^{\mathrm{T}}\boldsymbol{EK} & \cdots & 0 \\ * & * & \ddots & \vdots \\ * & * & * & -\boldsymbol{R}_h+\varepsilon_h^{-1}(\boldsymbol{EK})^{\mathrm{T}}\boldsymbol{EK} \end{bmatrix}<0 \tag{6.40}$$

由式(6.40)可知，如果式(6.28)和式(6.29)成立，那么系统(6.27)在 $w(t)\equiv 0$ 的情况下是渐近稳定的。

注 6.10 很明显，由引理 2.1，式(6.40)成为 LMI。对于给定的控制器增益矩阵，首先给定一个 $h>0$，通过重复计算式(6.40)可获得保证系统稳定的 MADB。

注意到由定理 6.3 不能直接获得控制器增益矩阵，应该设计控制器增益 $\boldsymbol{K}$，使系统(6.27)渐近稳定并具有 H_∞ 范数界 γ。

定理 6.4　给定标量 h，如果存在矩阵 $\boldsymbol{X}>0,\bar{\boldsymbol{S}}_i>0,\boldsymbol{L}_i>0,\boldsymbol{W}_{i1}>0,\boldsymbol{W}_{i2}$、$\boldsymbol{W}_{i3}>0,\boldsymbol{Z}$、$\boldsymbol{F}$、非奇异矩阵 $\boldsymbol{Y}$ 和标量 $\varepsilon_i>0(i=1,2,\cdots,h)$，满足下列矩阵不等式：

$$\begin{bmatrix} \boldsymbol{\Omega}_1 & \boldsymbol{\Omega}_2 & \boldsymbol{\Omega}_3 \\ * & \boldsymbol{\Omega}_4 & 0 \\ * & * & \boldsymbol{\Omega}_5 \end{bmatrix} < 0 \tag{6.41}$$

$$\begin{bmatrix} \bar{\boldsymbol{W}}_{i1} & \bar{\boldsymbol{W}}_{i2} & \boldsymbol{N}_{i1}\boldsymbol{X} \\ * & \bar{\boldsymbol{W}}_{i3} & \boldsymbol{N}_{i2}\boldsymbol{X} \\ * & * & \boldsymbol{X}\bar{\boldsymbol{S}}_i^{-1}\boldsymbol{X} \end{bmatrix} \geqslant 0 \quad (i=1,2,\cdots,h) \tag{6.42}$$

则在控制器增益 $\boldsymbol{K}=\boldsymbol{F}\boldsymbol{X}^{-1}$ 下，系统(6.27)是渐近稳定的且具有一个 H_∞ 范数界 γ。

其中，

$$\boldsymbol{\Omega}_1=\begin{bmatrix} \boldsymbol{\Psi}_1 & \boldsymbol{\Psi}_2 & \boldsymbol{\Xi}_{11} & \cdots & \boldsymbol{\Xi}_{h1} & 0 \\ * & \boldsymbol{\Psi}_3 & \boldsymbol{\Xi}_{12} & \cdots & \boldsymbol{\Xi}_{h2} & \hat{\boldsymbol{H}}_1 \\ * & * & -\boldsymbol{L}_1 & \cdots & 0 & 0 \\ * & * & * & \ddots & \vdots & \vdots \\ * & * & * & * & -\boldsymbol{L}_h & 0 \\ * & * & * & * & * & -\gamma\boldsymbol{I} \end{bmatrix}$$

$$\boldsymbol{\Omega}_4=\begin{bmatrix} -\varepsilon_1\boldsymbol{I} & \cdots & 0 \\ * & \ddots & \vdots \\ * & * & -\varepsilon_h\boldsymbol{I} \end{bmatrix}$$

$$\boldsymbol{\Omega}_2=\begin{bmatrix} \boldsymbol{F}^{\mathrm{T}}\boldsymbol{E}^{\mathrm{T}} & \cdots & \boldsymbol{F}^{\mathrm{T}}\boldsymbol{E}^{\mathrm{T}} \\ 0 & \cdots & 0 \\ -\boldsymbol{F}^{\mathrm{T}}\boldsymbol{E}^{\mathrm{T}} & \cdots & 0 \\ \vdots & \ddots & \vdots \\ 0 & \cdots & -\boldsymbol{F}^{\mathrm{T}}\boldsymbol{E}^{\mathrm{T}} \\ 0 & \cdots & 0 \end{bmatrix}$$

$$\boldsymbol{\Omega}_3=\begin{bmatrix} \boldsymbol{X}\boldsymbol{C}^{\mathrm{T}} & \boldsymbol{Z}^{\mathrm{T}} & \boldsymbol{Z}^{\mathrm{T}} & \cdots & \boldsymbol{Z}^{\mathrm{T}} \\ 0 & \boldsymbol{Y}^{\mathrm{T}} & \boldsymbol{Y}^{\mathrm{T}} & \cdots & \boldsymbol{Y}^{\mathrm{T}} \\ 0 & 0 & 0 & \cdots & 0 \\ \vdots & \vdots & \vdots & \ddots & \vdots \\ 0 & 0 & 0 & \cdots & 0 \\ \boldsymbol{H}_2^{\mathrm{T}} & 0 & 0 & \cdots & 0 \end{bmatrix}$$

$$\boldsymbol{\Omega}_5=\begin{bmatrix} -\gamma\boldsymbol{I} & 0 & 0 & \cdots & 0 \\ * & -\boldsymbol{X} & 0 & \cdots & 0 \\ * & * & -\bar{\boldsymbol{S}}_1 & \cdots & 0 \\ * & * & * & \ddots & \vdots \\ * & * & * & * & -\frac{1}{h}\bar{\boldsymbol{S}}_h \end{bmatrix}$$

$$\boldsymbol{\psi}_1=\sum_{i=1}^{h}\boldsymbol{L}_i+\sum_{i=1}^{h}i\bar{\boldsymbol{W}}_{i1}+\boldsymbol{Z}+\boldsymbol{Z}^{\mathrm{T}}+\sum_{i=1}^{h}\boldsymbol{N}_{i1}\boldsymbol{X}+\sum_{i=1}^{h}(\boldsymbol{N}_{i1}\boldsymbol{X})^{\mathrm{T}}$$

$$\boldsymbol{\psi}_2=\sum_{i=1}^{h}i\bar{\boldsymbol{W}}_{i2}+\boldsymbol{Y}+\sum_{i=1}^{h}(\boldsymbol{N}_{i2}\boldsymbol{X})^{\mathrm{T}}+((\boldsymbol{A}_s+\boldsymbol{B}_s\boldsymbol{K}-\boldsymbol{I})\boldsymbol{X}-\boldsymbol{Z})^{\mathrm{T}}$$

$$\boldsymbol{\psi}_3=\sum_{i=1}^{h}i\bar{\boldsymbol{W}}_{i3}-\boldsymbol{Y}-\boldsymbol{Y}^{\mathrm{T}}+\sum_{i=1}^{h}\varepsilon_i\boldsymbol{D}\boldsymbol{D}^{\mathrm{T}}$$

$$\boldsymbol{\Xi}_{11}=-\boldsymbol{N}_{11}\boldsymbol{X};\quad \boldsymbol{\Xi}_{12}=-\boldsymbol{N}_{12}\boldsymbol{X}$$

$$\boldsymbol{\Xi}_{h1}=-\boldsymbol{N}_{h1}\boldsymbol{X};\quad \boldsymbol{\Xi}_{h2}=-\boldsymbol{N}_{h2}\boldsymbol{X}$$

证明　由引理 2.1,式(6.28)与下式等价:

$$\begin{bmatrix} \boldsymbol{\Gamma}_4 & -\boldsymbol{N}_1 & \cdots & -\boldsymbol{N}_h & \boldsymbol{P}^{\mathrm{T}}\hat{\hat{\boldsymbol{H}}}_1 & \boldsymbol{\Pi} & \cdots & \boldsymbol{\Pi} & \begin{bmatrix}\boldsymbol{C}^{\mathrm{T}}\\0\end{bmatrix} \\ * & -\boldsymbol{R}_1 & \cdots & 0 & 0 & -(\boldsymbol{EK})^{\mathrm{T}} & \cdots & 0 & 0 \\ * & * & \ddots & \vdots & \vdots & \vdots & \ddots & \vdots & \vdots \\ * & * & * & -\boldsymbol{R}_h & 0 & 0 & \cdots & -(\boldsymbol{EK})^{\mathrm{T}} & 0 \\ * & * & * & * & -\gamma\boldsymbol{I} & 0 & \cdots & 0 & \boldsymbol{H}_2^{\mathrm{T}} \\ * & * & * & * & * & -\varepsilon_1\boldsymbol{I} & \cdots & 0 & 0 \\ * & * & * & * & * & * & \ddots & \vdots & \vdots \\ * & * & * & * & * & * & * & -\varepsilon_h\boldsymbol{I} & 0 \\ * & * & * & * & * & * & * & * & -\gamma\boldsymbol{I} \end{bmatrix}<0 \tag{6.43}$$

其中,

$$\boldsymbol{\Gamma}_4=\boldsymbol{\Gamma}_1-\begin{bmatrix}\sum_{i=1}^{h}\varepsilon_i^{-1}(\boldsymbol{EK})^{\mathrm{T}}\boldsymbol{EK} & 0\\ 0 & 0\end{bmatrix};\quad \hat{\hat{\boldsymbol{H}}}_1=\begin{bmatrix}0\\ \hat{\boldsymbol{H}}_1\end{bmatrix};\quad \boldsymbol{\Pi}=\begin{bmatrix}(\boldsymbol{EK})^{\mathrm{T}}\\ 0\end{bmatrix}$$

能获得

$$\boldsymbol{P}^{-1}=\begin{bmatrix}\boldsymbol{P}_1^{-1} & 0\\ -\boldsymbol{M}_2^{-1}\boldsymbol{M}_1\boldsymbol{P}_1^{-1} & \boldsymbol{M}_2^{-1}\end{bmatrix}$$

令 $\boldsymbol{X}=\boldsymbol{P}_1^{-1},\boldsymbol{Y}=\boldsymbol{M}_2^{-1},\boldsymbol{Z}=-\boldsymbol{M}_2^{-1}\boldsymbol{M}_1\boldsymbol{P}_1^{-1}$,有

$$\boldsymbol{P}^{-1}=\begin{bmatrix}\boldsymbol{X} & 0\\ \boldsymbol{Z} & \boldsymbol{Y}\end{bmatrix}$$

选取

$$\boldsymbol{N}_i=\boldsymbol{P}^{\mathrm{T}}\begin{bmatrix}\boldsymbol{N}_{i1}\\ \boldsymbol{N}_{i2}\end{bmatrix}$$

将式(6.43)左右两边分别乘 $\operatorname{diag}((\boldsymbol{P}^{-1})^{\mathrm{T}},\overbrace{\boldsymbol{X},\cdots,\boldsymbol{X}}^{h},\overbrace{\boldsymbol{I},\cdots,\boldsymbol{I}}^{h+2})$ 及其转置，式(6.29)左右两边分别乘 $\operatorname{diag}((\boldsymbol{P}^{-1})^{\mathrm{T}},\boldsymbol{X})$ 及其转置。令 $\bar{\boldsymbol{S}}_i=\boldsymbol{S}_i^{-1}$，$\boldsymbol{L}_i=\boldsymbol{X}\boldsymbol{R}_i\boldsymbol{X}$，$\boldsymbol{\Xi}_{i1}=-\boldsymbol{N}_{i1}\boldsymbol{X}$，$\boldsymbol{\Xi}_{i2}=-\boldsymbol{N}_{i2}\boldsymbol{X}$，$\boldsymbol{F}=\boldsymbol{K}\boldsymbol{X}$ 和

$$(\boldsymbol{P}^{-1})^{\mathrm{T}}\boldsymbol{W}_i\boldsymbol{P}^{-1}=\begin{bmatrix}\bar{\boldsymbol{W}}_{i1} & \bar{\boldsymbol{W}}_{i2}\\ * & \bar{\boldsymbol{W}}_{i3}\end{bmatrix}$$

由引理 2.1，定理 6.4 可证。

注 6.11　由于矩阵 $\boldsymbol{P}^{\mathrm{T}}$ 可逆，矩阵 $\boldsymbol{N}_i$ 具有一般性。很明显，式(6.42)不是 LMI，然而，应用锥补方法[34,35]，很容易获得保证系统渐近稳定且具有 H_∞ 范数界 γ 的控制器增益 $\boldsymbol{K}=\boldsymbol{F}\boldsymbol{X}^{-1}$。

定义变量 $\boldsymbol{U}_i(i=1,2,\cdots,h)$，满足 $\boldsymbol{X}\bar{\boldsymbol{S}}_i^{-1}\boldsymbol{X}\geqslant\boldsymbol{U}_i$，用式(6.44)替换式(6.42)，有

$$\begin{bmatrix}\bar{\boldsymbol{W}}_{i1} & \bar{\boldsymbol{W}}_{i2} & -\boldsymbol{\Xi}_{i1}\\ * & \bar{\boldsymbol{W}}_{i3} & -\boldsymbol{\Xi}_{i2}\\ * & * & \boldsymbol{U}_i\end{bmatrix}\geqslant 0,\quad \boldsymbol{X}\bar{\boldsymbol{S}}_i^{-1}\boldsymbol{X}\geqslant\boldsymbol{U}_i\quad(i=1,2,\cdots,h)\tag{6.44}$$

既然 $\boldsymbol{X}\bar{\boldsymbol{S}}_i^{-1}\boldsymbol{X}\geqslant\boldsymbol{U}_i$ 与 $\boldsymbol{X}^{-1}\bar{\boldsymbol{S}}_i\boldsymbol{X}^{-1}\geqslant\boldsymbol{U}_i^{-1}$ 等价，那么式(6.44)等价于

$$\begin{bmatrix}\bar{\boldsymbol{W}}_{i1} & \bar{\boldsymbol{W}}_{i2} & -\boldsymbol{\Xi}_{i1}\\ * & \bar{\boldsymbol{W}}_{i3} & -\boldsymbol{\Xi}_{i2}\\ * & * & \boldsymbol{U}_i\end{bmatrix}\geqslant 0,\quad \begin{bmatrix}\boldsymbol{U}_i^{-1} & \boldsymbol{X}^{-1}\\ \boldsymbol{X}^{-1} & \bar{\boldsymbol{S}}_i^{-1}\end{bmatrix}\geqslant 0\quad(i=1,2,\cdots,h)\tag{6.45}$$

重新表达条件(6.42)为

$$\begin{bmatrix}\bar{\boldsymbol{W}}_{i1} & \bar{\boldsymbol{W}}_{i2} & -\boldsymbol{\Xi}_{i1}\\ * & \bar{\boldsymbol{W}}_{i3} & -\boldsymbol{\Xi}_{i2}\\ * & * & \boldsymbol{U}_i\end{bmatrix}\geqslant 0,\quad \begin{bmatrix}\boldsymbol{V}_i & \boldsymbol{J}\\ \boldsymbol{J} & \boldsymbol{Q}_i\end{bmatrix}\geqslant 0$$

$$\boldsymbol{U}_i^{-1}=\boldsymbol{V}_i,\quad \boldsymbol{X}^{-1}=\boldsymbol{J},\quad \bar{\boldsymbol{S}}_i^{-1}=\boldsymbol{Q}_i(i=1,2,\cdots,h)\tag{6.46}$$

现在，用锥补方法，给出如下非线性最小化问题代替定理 6.4 中初始非凸问题求解 LMIs 条件：

$$\text{Minimize} \quad \mathrm{Tr}(\boldsymbol{XJ}+\boldsymbol{U}_1\boldsymbol{V}_1+\cdots+\boldsymbol{U}_h\boldsymbol{V}_h+\bar{\boldsymbol{S}}_1\boldsymbol{Q}_1+\cdots+\bar{\boldsymbol{S}}_h\boldsymbol{Q}_h)$$

$$\text{s.t.} \quad (6.41)$$

$$\begin{bmatrix}\boldsymbol{U}_i & \boldsymbol{I}\\ \boldsymbol{I} & \boldsymbol{V}_i\end{bmatrix}\geqslant 0,\quad \begin{bmatrix}\boldsymbol{X} & \boldsymbol{I}\\ \boldsymbol{I} & \boldsymbol{J}\end{bmatrix}\geqslant 0,\quad \begin{bmatrix}\boldsymbol{V}_i & \boldsymbol{I}\\ \boldsymbol{I} & \boldsymbol{Q}_i\end{bmatrix}\geqslant 0$$

$$\begin{bmatrix}\bar{\boldsymbol{W}}_{i1} & \bar{\boldsymbol{W}}_{i2} & -\boldsymbol{\Xi}_{i1}\\ * & \bar{\boldsymbol{W}}_{i3} & -\boldsymbol{\Xi}_{i2}\\ * & * & \boldsymbol{U}_i\end{bmatrix}\geqslant 0,\quad \begin{bmatrix}\bar{\boldsymbol{S}}_i & \boldsymbol{I}\\ \boldsymbol{I} & \boldsymbol{Q}_i\end{bmatrix}\geqslant 0 \tag{6.47}$$

如果上述最小化问题的解为$(2h+1)d_x$(d_x 为状态 $\boldsymbol{x}(t)$的维数)，即式$(\boldsymbol{XJ}+\boldsymbol{U}_1\boldsymbol{V}_1+\cdots+\boldsymbol{U}_h\boldsymbol{V}_h+\bar{\boldsymbol{S}}_1\boldsymbol{Q}_1+\cdots+\bar{\boldsymbol{S}}_h\boldsymbol{Q}_h)=(2h+1)d_x$，那么定理 6.4 的条件可行。即使不可行，所提的非线性最小化问题仍然比解最初的非凸问题容易。实际上，可以修改文献[35]中的算法 1。

算法 6.2

Step 1. 选取充分大的初始值 $\gamma_{\text{ini}}>0$，以便式(6.41)和式(6.42)存在可行解。令 $\gamma=\gamma_{\text{ini}}$；

Step 2. 得到满足式(6.41)和式(6.47)的可行集$(\boldsymbol{L}_i,\boldsymbol{X},\boldsymbol{J},\boldsymbol{U}_i,\boldsymbol{V}_i,\bar{\boldsymbol{S}}_i,\boldsymbol{Q}_i,\varepsilon_i,\boldsymbol{Z},\boldsymbol{F},\boldsymbol{Y})$。令 $k=0$；

Step 3. 解如下 LMIs 问题：

$$\text{Minimize} \quad \mathrm{Tr}(\boldsymbol{X}^k\boldsymbol{J}+\boldsymbol{J}^k\boldsymbol{X}+\boldsymbol{U}_1^k\boldsymbol{V}_1+\boldsymbol{V}_1^k\boldsymbol{U}_1+\cdots+\boldsymbol{U}_h^k\boldsymbol{V}_h$$
$$+\boldsymbol{V}_h^k\boldsymbol{U}_h+\bar{\boldsymbol{S}}_1^k\boldsymbol{Q}_1+\boldsymbol{Q}_1^k\bar{\boldsymbol{S}}_1+\cdots+\bar{\boldsymbol{S}}_h^k\boldsymbol{Q}_h+\boldsymbol{Q}_h^k\bar{\boldsymbol{S}}_h)$$
$$\text{s.t.} \quad (6.41),(6.47)$$

令 $\boldsymbol{X}^{k+1}=\boldsymbol{X},\boldsymbol{J}^{k+1}=\boldsymbol{J},\boldsymbol{U}_i^{k+1}=\boldsymbol{U}_i,\boldsymbol{V}_i^{k+1}=\boldsymbol{V}_i,\bar{\boldsymbol{S}}_i^{k+1}=\bar{\boldsymbol{S}}_i,\boldsymbol{Q}_i^{k+1}=\boldsymbol{Q}_i$；

Step 4. 如果条件(6.41)和(6.47)被满足，将 γ_{ini}减小到某一程度后，令 $\gamma=\gamma_{\text{ini}}$，返回 Step 2；如果在指定重复数 $k_{\max}$内不满足，则退出；否则，令 $k=k+1$，重复 Step 3。

注 6.12 本节选取的 Lyapunov-Krasovskii 函数不仅利用了网络诱导时延的上下界信息，也利用了系统状态和滞后状态的各种组合信息，然而，文献[17]、[18]、[27]中相应的 Lyapunov-Krasovskii 泛函基于 $\eta((i_{k+1}-i_k)h+\tau^k\leqslant\eta)$，其中，$\tau^k$ 表示网络诱导时延。很明显，本节获得 MADB 是少于保守的。为了减少保守性，本节的方法避免了向量交叉项(如 $-\tau_m\int_{t-\tau_m}^{t}\dot{\boldsymbol{x}}(s)\boldsymbol{R}_1\boldsymbol{x}(s)\mathrm{d}s$)和网络诱导时延界的放大[17,18,27,36]。

6.2.3 算例仿真

例 6.4 考虑如下系统：

$$\dot{x}(t)=\begin{bmatrix}0 & 1\\ 0 & -1\end{bmatrix}x(t)+\begin{bmatrix}0\\ 0.1\end{bmatrix}u(t) \tag{6.48}$$

假定采样周期 $T=0.05\text{s}$,$h=3$,图 6.7 给出数据包偏移值发生的直方图. 当 $w(t)\equiv 0$ 时,设初始条件 $x_0=[3\quad -1]^{\mathrm{T}}$,在同一控制律 $u_k=[-0.0001\quad -0.8817]x_k$ 作用下,图 6.8(a)和图 6.8(b)分别给出网络通信中不存在错序和存在错序两种情况下的状态响应曲线。正如图 6.8 所示,很明显,错序严重影响系统的性能指标,错序问题有待进一步研究,以便恢复或改进系统性能。应用算法 6.1,获得 $\alpha_1=0.2000$,$\alpha_2=0.7931$. 删除式(6.41)中 γ 所在的行和列,结合式(6.47),应用锥补算法 6.2,获得保证系统渐近稳定的控制器增益矩阵 $K=[-0.0020\quad -0.0017]$。表 6.3 显示了在不同采样周期 T 下获得的控制器增益矩阵('—'表示条件不可行)。如果 $T=0.05\text{s}$,$h=3$,在初始状态为 $[3\quad -1]^{\mathrm{T}}$ 下,图 6.9(a)、图 6.9(b)和图 6.9(c)分别给出方法 1[7]、方法 2[14]和方法 3(本节)的仿真结果。注意到,方法 1 没有考虑数据包错序现象,方法 2 中网络诱导时延受限,即 $\tau^k=d_1(k)T+\tau^*+\Delta$,$0\leqslant\tau^*+\Delta\leqslant T$,并且,在一个采样区间内执行器只执行两个最新控制信号。正如图 6.9 所示,方法 1 和方法 2 很难镇定具有数据包错序的 NCSs,本节方法具有较好的镇定效果。

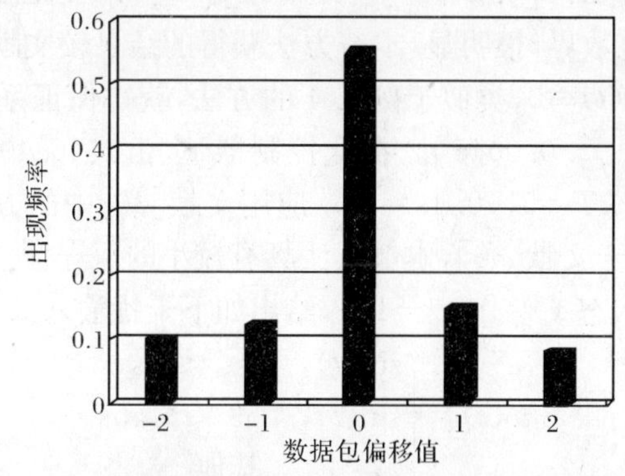

图 6.7　数据包偏移值直方图

例 6.5　考虑如下开环不稳定系统:

$$\begin{cases}\dot{x}(t)=\begin{bmatrix}-3 & 5\\ 0 & 0\end{bmatrix}x(t)+\begin{bmatrix}0\\ 1\end{bmatrix}u(t)+\begin{bmatrix}0.0570\\ 0.5334\end{bmatrix}w(t)\\ z(t)=[0.0296\quad -0.0478]x(t)-0.4162w(t)\end{cases} \tag{6.49}$$

表 6.3　控制器增益

		定理 6.4	定理 6[14]
$T=0.5\text{s}$	$h=3$	$K=[-0.0023\quad -0.0021]$	—
$T=0.05\text{s}$	$h=3$	$K=[-0.0020\quad -0.0017]$	$K=[-0.0008\quad -0.0006]$ $(\mu_1=\mu_2=5,\lambda_1=\lambda_2=-1)$

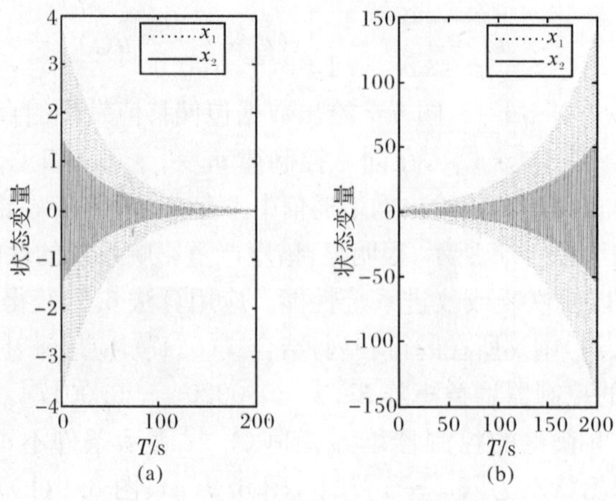

图 6.8 系统状态响应曲线

假定采样周期 $T=0.5\mathrm{s},h=2$,图 6.10 给出数据包偏移值发生的直方图。由算法 6.1,获得 $\alpha_1=-0.3310,\alpha_2=1.1000$. 由算法 6.2,获得 H_∞ 范数界为 0.9,相应地获得控制器增益 $\boldsymbol{K}=[0.0005\quad -0.0044]$。表 6.4 给出针对同一 MADB 不同方法获得的 H_∞ 范数界,很明显,本节方法获得的结果较文献[20]少于保守。如果 $T=0.4\mathrm{s},h=2,\boldsymbol{w}(t)\equiv 0$,类似于例 6.4 的方法,获得保证系统渐近稳定的控制器增益 $\boldsymbol{K}=[0.0004\quad -0.0045]$。在此控制器下,由式(6.40),获得保证系统渐近稳定的 MADB 为 $hT=5\times 0.4\mathrm{s}=2\mathrm{s}$。应用文献[36]中的方法,获得 MADB 为 1.6s。很明显,相比于文献[36],本节方法具有较小的保守性。如果采样周期 $T=0.5\mathrm{s},h=2$,设初始状态 $\boldsymbol{x}_0=[1\quad -1]^{\mathrm{T}}$,给出如下干扰输入 $w(t)$:

$$w(t)=\begin{cases}\sin(t), & 0\leqslant t\leqslant 3\mathrm{s}\\ \sin(t), & 53\leqslant t\leqslant 55\mathrm{s}\\ 0, & \text{其他}\end{cases}$$

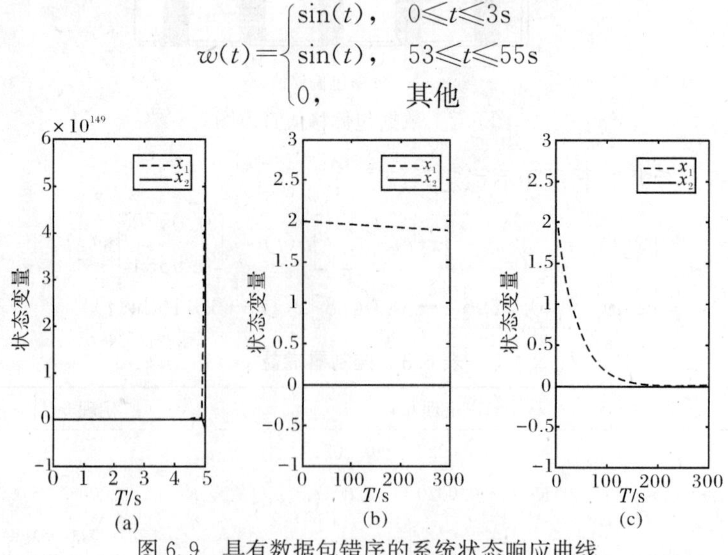

图 6.9 具有数据包错序的系统状态响应曲线

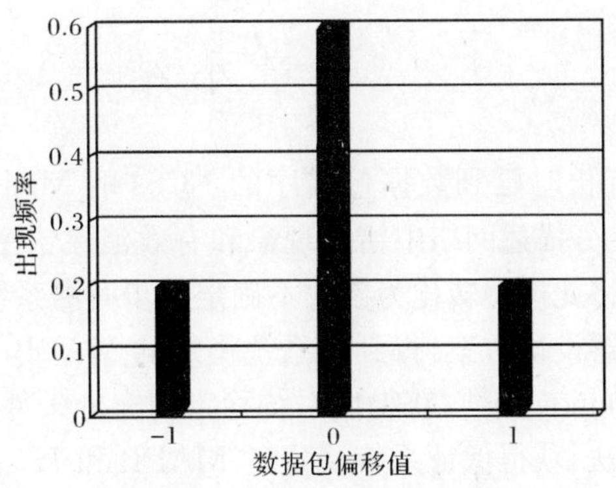

图 6.10　数据包偏移值直方图

图 6.11 给出在系统图 6.10 所示的错序环境下，在控制律 $\boldsymbol{u}_k = [0.0005 \quad -0.0044]\boldsymbol{x}_k$ 作用下的状态和输出仿真曲线。仿真表明本节所提方法的有效性。

表 6.4　控制器增益和 H_∞ 范数界

	时延	H_∞ 范数界 γ	控制器增益 $\boldsymbol{K}$
文献[20]	$\tau_{\max}=2\times0.4$ $r=1$	—	—
算法 6.2($\boldsymbol{H}_2=0$)	$\tau_{\max}=2\times0.4$	1.2	$[0.0003 \quad -0.0074]$

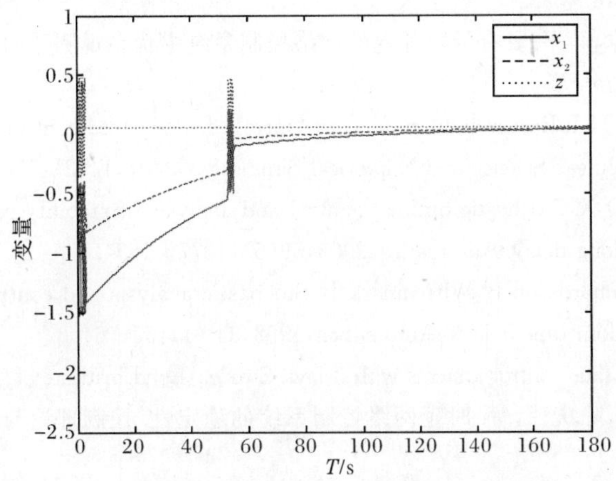

图 6.11　具有数据包错序的 NCSs 的状态和控制输出响应曲线

6.3 本章小结

本章研究了具有长时延和数据包错序的 NCSs 的 MADB 和 H_∞ 控制问题。首先提出了一个能充分描述网络中错序现象和有效消除错序影响的 NCSs 模型，并且基于矩阵理论，将此模型转化为参数不确定多步时滞系统。给出系统稳定的充分条件、获得控制器设计方案，得到使系统稳定的 MADB；进一步，为减小保守性，给出改进的 Lyapunov 函数，获得使系统稳定的充分条件、H_∞ 控制条件，根据 LMIs 并利用锥补方法，获得保证系统稳定的 MADB 和 H_∞ 范数界 γ。算例仿真表明所提方法的有效性。

参考文献

[1] Zhang W, Branicky M S, Phillips M. Stability of networked control systems. IEEE Control Systems Magazine, 2001, 21(1): 84－99.

[2] Luck R, Ray A. Experimental verification of a delay compensation algorithm for integrated communication and control systems. International Journal of Control, 1994, 59(6): 1357－1372.

[3] Luck R, Ray A. An observer-based compensator for distributed delays. Automatica, 1990, 26(5): 903－908.

[4] 于之训，陈辉堂，王月娟. 具有随机通讯延迟和噪声干扰的网络系统控制. 控制与决策，2000，15(5)：518－522.

[5] 于之训，陈辉堂，蒋平. 具有传输延迟的网络控制系统中状态观测器的设计. 信息与控制，2000，15(3)：125－130.

[6] Ma C L, Fang H J. Research on stochastic control of networked control systems. Communications in Nonlinear Science and Numerical Simulation, 2007, 14(2): 500－507.

[7] Hu S S, Zhu Q X. Stochastic optimal control and analysis of stability of networked control systems with long delay. Automatica, 2003, 39(6): 1877－1884.

[8] Nilsson J, Bernhardsson B, Wittenmark B. Stochastic analysis and control of real-time systems with random time delays. Automatica, 1998, 34 (1): 57－64.

[9] Nilsson J. Real-time control systems with delays. Sweden: Lund Institute of Technology, 1998.

[10] 樊卫华，蔡骅，陈庆伟，等. 时延网络控制系统的稳定性. 控制理论与应用，2004，21(6)：880－884.

[11] Li S B, Wang Z, Sun Y X. Delay-dependent controller design for networked control systems with long time delays: an iterative LMI method//Proceedings of the 5th World Congress on Intelligent Control and Automation, 2004: 1338－1342.

[12] Xie G M, Wang L. Stabilization of networked control systems with time-varying network-induced delay//Proceedings of the 43rd IEEE Conference on Decision and Control, 2004:

3551－3556.

[13] 王艳，纪志成，谢林柏，等. 基于变采样周期方法的网络控制系统协同设计. 系统仿真学报，2008，20 (8)：2108－2114.

[14] Sun J，Liu G P. State feedback control of networked systems-an LMI approach//Proceedings of the 2006 IEEE International Conference on Networking，Sensing and Control，2006：637－642.

[15] Pan Y J，Marquez H J，Chen T W. Remote stabilization of networked control systems with unknown time varying delays by LMI techniques//Proceedings of the 44th IEEE Conference on Decision and Control，2005：1589－1594.

[16] Peng C，Yue D. Maximum allowable equivalent delay bound of networked control systems//Proceedings of the 6th World Congress on Intelligent Control and Automation，2006：4547－4550.

[17] Yue D，Han Q L，Lam J. Network-based robust H_∞ control of systems with uncertainty. Automatica，2005，41(6)：999－1007.

[18] Jiang X F，Han Q L，Liu S R，et al. A new H_∞ stabilization criterion for networked control systems. IEEE Transactions on Automatic Control，2008，53(4)：1025－1032.

[19] He Y，Liu G P，Rees D，et al. Improved stabilisation method for networked control systems. IET Control Theory and Applications，2007，1(6)：1580－1585.

[20] Wang Y L，Yang G H. H_∞ control of networked control systems with time delay and packet disordering. IET Control Theory and Applications，2007，1(5)：1344－1354.

[21] Ishii H. H_∞ control with limited communication and message losses. Systems and Control Letters，2007，57(4)：322－331.

[22] Lin H，Zhai G，Antsaklis P J. Robust stability and disturbanceattenuation analysis of a class of networked control systems//Proceedings of the 42nd IEEE Conference on Decision and Control，2003：1182－1187.

[23] Seiler P，Sengupta R. An H_∞ approach to networked Control. IEEE Transactions on Automatic Control，2005，50 (3)：356－364.

[24] Bennett J C R，Partridge C，Shectman N. Packet reordering is not pathological network behavior. IEEE/ACM Transactions on Networking，1999，7(6)：789－798.

[25] Iannaccone G，Jaiswal S，Diot C. Packet reordering inside the sprint backbone，TR01-ATL-062917. USA：Sprint ATL，2001.

[26] Luo X，Chang R. Novel approaches to end-to-end packet reordering measurement//Proceedings of the ACM/USENIX Conference on Internet Measurement，2005：227－238.

[27] Yue D，Han Q L，Peng C. State feedback controller design of networked control systems. IEEE Transactions on Circuits and Systems-Ⅱ：Express Briefs，2004，51(11)：640－644.

[28] Boyd S，Ghaoui L E，Feron E，et al. Linear matrix inequality in systems and control theory. USA：Society for Industrial and Applied Mathematics，1994.

[29] Hetel L，Daafouz J，Iung C. Equivalence between the Lyapunov-Krasovskii functionals

approach for discrete delay systems and that of the stability conditions for switched systems. Nonlinear Analysis: Hybrid Systems, 2008, 2(3): 697−705.

[30] Piratla N M, Jayasumana A P. Metrics for packet reordering-A comparative analysis. International Journal of Communication Systems, 2008, 21(3): 99−113.

[31] Piratla N M, Jayasumana A P, Bare A A, et al. Reordering buffer-occupancy density and its application for measurement and evaluation of packet reordering. Computer Communications, 2007, 30 (9): 1980−1993.

[32] Matías G R, Antonio B. Analysis of networked control systems with drops and variable delays. Automatica, 2007, 43(12): 2054−2059.

[33] Li S B, Wang Y Q, Xia F, et al. Guaranteed cost control of networked control systems with time-delays and packet loss. International Journal of Wavelets, Multiresolution and Information Processing, 2006, 4(4): 691−705.

[34] Gao H, Lam J, Wang C, et al. Delay-dependent output-feedback stabilisation of discrete-time systems with time-varying state delay. IEE Proceedings Control Theory and Applications, 2004, 151: 691−698.

[35] Ghaoui L E, Oustry F, AitRami M. A cone complementarity linearization algorithm for static output-feedback and related problems. IEEE Transactions on Automatic Control, 1997, 42(8): 1171−1176.

[36] Li J N, Zhang Q L, Wang Y L, et al. Modeling and robust stability of networked control systems with packet reordering and long delay. International Journal of Control, 2009, 82(10): 1773−1785.

第 7 章　基于网络 QoS 的控制系统稳定性分析与控制:图论理论

目前,研究网络控制系统的控制与优化问题,一般采用基于 Lyapunov 方法的 Riccati 等式[1~3]和 LMIs[4~11]。采用 LMIs 表示稳定性判据,利用 Matlab 工具箱容易获得控制器。因此,LMIs 方法在控制系统的研究中非常盛行。图论方法在工程等领域已有广泛的应用,在大系统、分散控制及系统的能控性方面也已取得了一定成就[12~15]。但是,应用图论理论研究网络控制系统的文献还不多见。很明显,对于 NCSs,首要解决的问题就是系统的图的稳定性。

本章基于 Lyapunov 方法和图论理论,分别针对非线性系统的离散模型和连续模型,研究了非线性 NCSs 的稳定性问题,并且分别给出保持系统稳定的 MADB;利用区间矩阵的谱特征,结合图论中赋权有向图理论,给出 NCSs 区间稳定的图条件;进一步,获得比例积分反馈控制器增益。应用图论算法求解控制器,避免了不等式之间的相互转换。并且,对同一时延和丢包情况得到多个控制器增益,从而更有效地镇定系统。算例仿真表明所提理论的有效性。

7.1　基于网络 QoS 的非线性网络控制系统的图理论

对于线性 NCSs 的分析与控制已取得了许多研究成果,然而,由于非线性系统自身的复杂性和 NCSs 存在网络诱导时延、数据包丢失和错序等不确定因素,使得非线性 NCSs 的研究更具有挑战性。目前,研究非线性 NCSs 的文献还不多见。文献[16]~[19]研究了非线性 NCSs 的稳定性问题。在特定的时延范围内,能保证系统稳定的时延称为 MADB[20]。文献[16]针对非线性连续系统,根据时延变化率,给出获得 MADB 的方法。然而,针对非线性网络控制系统,特别是针对非线性离散网络控制系统,研究保证系统稳定的 MADB 的文献还不多见。

本节基于 Lyapunov 方法和图论理论,分别针对非线性系统的离散模型和连续模型,研究了非线性网络控制系统的稳定性问题,得到保证系统稳定的 MADB。不同于以往的一些文献[16]~[19],本节将 Lyapunov 方法和图论理论相结合,给出非线性 NCSs 渐近稳定的充分条件,设计算法,获得控制器设计方案。与文献[16]相比,本节获得的 MADB 不依赖于时延变化率。

7.1.1 问题描述

有向图 G 的 1 因子 F_π 是一组两两没有公共顶点的有向圈的生成集。F_π 的 1 个有向圈 C 的权为 $W_tC=-(C$ 中所有弧的权的积$)$，F_π 的权为 $W_tF_\pi=F_\pi$ 中所有圈的权的积。阶为 n 的赋权无向图 G 的 Laplacian 矩阵 $\boldsymbol{L}=(l_{uv})$ 为

$$l_{uv}=\begin{cases}\sum_{v\in N_u}W_{uv}, & u=v\\ -W_{uv}, & (u,v)\in E\\ 0, & (u,v)\notin E\end{cases}$$

其中，$v\in N_u$ 表示与顶点 u 相邻的顶点集；$u,v=1,2,\cdots,n$；W_{uv} 为边 (u,v) 上的权；$\|\boldsymbol{A}\|$ 表示矩阵的 ∞ 范数，即 $\|\boldsymbol{A}\|=\max_i\sum_{j=1}^n|a_{ij}|$；$\boldsymbol{A}^-$ 表示矩阵 $\boldsymbol{A}$ 的广义逆矩阵。

考虑如下非线性连续系统：

$$\dot{\boldsymbol{x}}(t)=\phi(\boldsymbol{x}(t))+\boldsymbol{Bu}(t) \tag{7.1}$$

其中，$\boldsymbol{x}(t)$ 和 $\boldsymbol{u}(t)$ 分别为被控状态和控制输入；$\boldsymbol{B}$ 为适维矩阵；$\phi:\mathbf{R}^n\to\mathbf{R}^n$，$\phi(\mathbf{0})=\mathbf{0}$，当 $\boldsymbol{x}\neq\mathbf{0}$，$\phi(\boldsymbol{x})\neq\mathbf{0}$。

记 $\boldsymbol{A}=\left.\dfrac{\partial\phi(\boldsymbol{x})}{\partial\boldsymbol{x}}\right|_{x=\mathbf{0}}$，表示 $\boldsymbol{x}=\mathbf{0}$ 时，$\phi(\boldsymbol{x})$ 的 Jacobin 矩阵，重写式(7.1)为

$$\dot{\boldsymbol{x}}(t)=\boldsymbol{Ax}(t)+f(\boldsymbol{x}(t))+\boldsymbol{Bu}(t) \tag{7.2}$$

其中，$f(\boldsymbol{x}(t))=\phi(\boldsymbol{x}(t))-\boldsymbol{Ax}(t)$ 且 $f(\mathbf{0})=\mathbf{0}$。容易得到

$$\lim_{x\to\mathbf{0}}\|f(\boldsymbol{x})\|/\|\boldsymbol{x}\|=\mathbf{0} \tag{7.3}$$

为便于讨论，做如下假设：

① 传感器和执行器均为时钟驱动，控制器为事件驱动；

② 网络传输存在不确定时延 $\tau_k=\tau_{\mathrm{sc}}^k+\tau_{\mathrm{ca}}^k$，$\tau_{\mathrm{sc}}^k$ 表示传感器-控制器时延，τ_{ca}^k 表示控制器-执行器时延；

③ T 表示传感器采样周期。

设计无记忆状态反馈控制律

$$\boldsymbol{u}_k=-\boldsymbol{Kx}_k \tag{7.4}$$

其中，$\boldsymbol{K}$ 为反馈增益矩阵。由于网络诱导时延的存在，在 kT 时刻，执行器选取最新状态信息为 $\boldsymbol{u}_{k-i_k}$，$i_k\in\{0,1,\cdots\}$，有

$$\boldsymbol{u}_{k-i_k}=-\boldsymbol{Kx}_{k-i_k} \tag{7.5}$$

由于系统(7.2)的响应为

$$\boldsymbol{x}(t)=\mathrm{e}^{\boldsymbol{A}(t-t_0)}\boldsymbol{x}(t_0)+\int_{t_0}^t\mathrm{e}^{\boldsymbol{A}(t-s)}\boldsymbol{Bu}(s)\mathrm{d}s+\int_{t_0}^t\mathrm{e}^{\boldsymbol{A}(t-s)}f(\boldsymbol{x}(s))\mathrm{d}s \tag{7.6}$$

选取 $t_0=kT$，$t=(k+1)T$，则离散化闭环 NCSs 为

$$\boldsymbol{x}_{k+1} = \bar{\boldsymbol{A}}\boldsymbol{x}_k - \bar{\boldsymbol{B}}\boldsymbol{K}\boldsymbol{x}_{k-i_k} + \boldsymbol{H}(\boldsymbol{x}_k) \tag{7.7}$$

其中，$\boldsymbol{x}_k = x(kT)$；$\bar{\boldsymbol{A}} = \mathrm{e}^{AT}$；$\bar{\boldsymbol{B}} = \int_0^{\mathrm{T}} \mathrm{e}^{\boldsymbol{A}s}\mathrm{d}s\boldsymbol{B}$；$\boldsymbol{H}(\boldsymbol{x}_k) = \boldsymbol{H}(\boldsymbol{x}(kT)) = \int_0^{\mathrm{T}} \mathrm{e}^{\boldsymbol{A}s} f(\boldsymbol{x}((k+1)T-s))\mathrm{d}s$。

7.1.2　稳定性判据及控制器设计

基于图论中赋权有向图理论，分别给出非线性离散和非线性连续 NCSs 稳定的充分条件，并获得保证这两类系统稳定的 MADB。

1. 基于 QoS 的非线性离散 NCSs 的分析与控制

定理 7.1　对于任意给定的 $\varepsilon>0$ 和 $q>1$，如果存在矩阵 $\boldsymbol{P}>0$，$\boldsymbol{K}$ 满足下列条件：

$$\Delta_w^-(G(\widetilde{\boldsymbol{A}})) < 1 \tag{7.8}$$

$$i_k < \sqrt{\frac{\gamma_3^2\lambda_{\min}(\boldsymbol{\Theta}) - 2\gamma_1\gamma_3\varepsilon q\delta\beta\|\boldsymbol{P}\| - (\varepsilon q\delta\beta)^2\gamma_1^2\|\boldsymbol{P}\|}{\gamma_2\gamma_3^2\|\boldsymbol{P}\|\|\bar{\boldsymbol{B}}\boldsymbol{K}\|(2\|\widetilde{\boldsymbol{A}}\| + \gamma_2\|\bar{\boldsymbol{B}}\boldsymbol{K}\|)}} \tag{7.9}$$

$$1 - \frac{q\delta\varepsilon\beta}{2\|\boldsymbol{P}\|} > 0 \tag{7.10}$$

成立，则闭环 NCSs(7.7)是渐近稳定的，

其中，$\widetilde{\boldsymbol{A}} = \bar{\boldsymbol{A}} - \bar{\boldsymbol{B}}\boldsymbol{K}$；$\delta = \sqrt{\dfrac{\lambda_{\max}(\boldsymbol{P})}{\lambda_{\min}(\boldsymbol{P})}}$；$\beta = \int_0^{\mathrm{T}} \mathrm{e}^{\|\boldsymbol{A}\|s}\mathrm{d}s$；$\boldsymbol{\Theta} = \boldsymbol{P} - \widetilde{\boldsymbol{A}}^{\mathrm{T}}\boldsymbol{P}\widetilde{\boldsymbol{A}}$；$\gamma_1 = \|\bar{\boldsymbol{A}}\| + \|\bar{\boldsymbol{B}}\boldsymbol{K}\|q\delta$；$\gamma_2 = \|\bar{\boldsymbol{A}} - \boldsymbol{I}\|q\delta + \|\bar{\boldsymbol{B}}\boldsymbol{K}\|q\delta + \dfrac{q\delta\varepsilon\beta}{2\|\boldsymbol{P}\|}$；$\gamma_3 = 2\|\boldsymbol{P}\| - q\delta\varepsilon\beta$；$G(\widetilde{\boldsymbol{A}})$ 为矩阵 $\widetilde{\boldsymbol{A}}$ 的伴随赋权有向图。

证明　令 $\boldsymbol{\delta}_l = \boldsymbol{x}_{l+1} - \boldsymbol{x}_l$，有

$$\boldsymbol{x}_{k-i_k} = \boldsymbol{x}_k - \sum_{l=k-i_k}^{k-1}\boldsymbol{\delta}_l \tag{7.11}$$

考虑 Lyapunov 函数 $V_k(x) = \boldsymbol{x}_k^{\mathrm{T}}\boldsymbol{P}\boldsymbol{x}_k$，由式(7.7)和式(7.10)，有

$$\begin{aligned}
\Delta V_k(x) = {} & \boldsymbol{x}_k^{\mathrm{T}}[(\bar{\boldsymbol{A}} - \bar{\boldsymbol{B}}\boldsymbol{K})^{\mathrm{T}}\boldsymbol{P}(\bar{\boldsymbol{A}} - \bar{\boldsymbol{B}}\boldsymbol{K}) - \boldsymbol{P}]\boldsymbol{x}_k \\
& + 2\boldsymbol{x}_k^{\mathrm{T}}(\bar{\boldsymbol{A}} - \bar{\boldsymbol{B}}\boldsymbol{K})^{\mathrm{T}}\boldsymbol{P}\boldsymbol{H}(\boldsymbol{x}_k) \\
& + 2\boldsymbol{x}_k^{\mathrm{T}}(\bar{\boldsymbol{A}} - \bar{\boldsymbol{B}}\boldsymbol{K})^{\mathrm{T}}\boldsymbol{P}\bar{\boldsymbol{B}}\boldsymbol{K}\sum_{l=k-i_k}^{k-1}[(\bar{\boldsymbol{A}} - \boldsymbol{I})\boldsymbol{x}_l - \bar{\boldsymbol{B}}\boldsymbol{K}\boldsymbol{x}_{l-i_l} + \boldsymbol{x}(\boldsymbol{x}_l)] \\
& + \sum_{l=k-i_k}^{k-1}[(\bar{\boldsymbol{A}} - \boldsymbol{I})\boldsymbol{x}_l - \bar{\boldsymbol{B}}\boldsymbol{K}\boldsymbol{x}_{l-i_l} + \boldsymbol{H}(\boldsymbol{x}_l)]^{\mathrm{T}} \\
& \times (\bar{\boldsymbol{B}}\boldsymbol{K})^{\mathrm{T}}\boldsymbol{P}\bar{\boldsymbol{B}}\boldsymbol{K}\sum_{l=k-i_k}^{k-1}[(\bar{\boldsymbol{A}} - \boldsymbol{I})\boldsymbol{x}_l - \bar{\boldsymbol{B}}\boldsymbol{K}\boldsymbol{x}_{l-i_l} + H(\boldsymbol{x}_l)] \\
& + \boldsymbol{H}^{\mathrm{T}}(\boldsymbol{x}_k)\boldsymbol{P}\boldsymbol{H}(\boldsymbol{x}_k)
\end{aligned} \tag{7.12}$$

由式(7.3)，对于任意给定的 $\varepsilon>0$，总存在正数 a，使得对于任意 $\|\boldsymbol{x}(t)\|<\alpha$，有

$$\|f(\boldsymbol{x}(t))\|<\varepsilon\frac{\|\boldsymbol{x}(t)\|}{2\|\boldsymbol{P}\|} \tag{7.13}$$

进而，有

$$\|f(\boldsymbol{x}((l+1)T-s))\|<\varepsilon\frac{\|\boldsymbol{x}((l+1)T-s)\|}{2\|\boldsymbol{P}\|} \tag{7.14}$$

应用 Razumikhin 定理[21]，对于 $k-i_k\leqslant l\leqslant k-1<k$，有

$$\|\boldsymbol{x}_l\|\leqslant q\delta\|\boldsymbol{x}_k\| \tag{7.15}$$

同理，有

$$\|\boldsymbol{x}_{l-i_l}\|\leqslant q\delta\|\boldsymbol{x}_k\|,\ \|\boldsymbol{x}_{k-i_k}\|\leqslant q\delta\|\boldsymbol{x}_k\| \tag{7.16}$$

$$\|\boldsymbol{x}(lT+\theta)\|\leqslant q\delta\|\boldsymbol{x}_k\| \tag{7.17}$$

其中，$\theta=T-s;0\leqslant s\leqslant T$。由式(7.14)和式(7.17)，有

$$\|\boldsymbol{H}(\boldsymbol{x}_l)\|\leqslant\int_0^{\mathrm{T}}\mathrm{e}^{\|\boldsymbol{A}\|s}\|f(\boldsymbol{x}((l+1)T-s))\|\mathrm{d}s\leqslant\frac{\varepsilon q\delta\beta\|\boldsymbol{x}_k\|}{2\|\boldsymbol{P}\|} \tag{7.18}$$

有

$$\|\boldsymbol{H}(\boldsymbol{x}_k)\|\leqslant\frac{\varepsilon q\delta\beta\|\boldsymbol{x}_{k+1}\|}{2\|\boldsymbol{P}\|} \tag{7.19}$$

只要 $\varepsilon>0$ 充分小，就有 $1-\frac{q\delta\varepsilon\beta}{2\|\boldsymbol{P}\|}>0$. 由式(7.7)，式(7.16)和式(7.19)，有

$$\|\boldsymbol{x}_{k+1}\|\leqslant\frac{(\|\bar{\boldsymbol{A}}\|+\|\bar{\boldsymbol{B}}\boldsymbol{K}\|q\delta)}{1-\frac{q\delta\varepsilon\beta}{2\|\boldsymbol{P}\|}}\|\boldsymbol{x}_k\| \tag{7.20}$$

显然，$\boldsymbol{\Theta}>0$ 成立当且仅当 $\tilde{\boldsymbol{A}}$ 是 schur 矩阵。由于

$$\Delta_w^-(G(\tilde{\boldsymbol{A}}))=\max_i\sum_{j=1}^n|\vartheta_{ij}|=\|\tilde{\boldsymbol{A}}\|\geqslant\rho(\tilde{\boldsymbol{A}})$$

其中，$\tilde{\boldsymbol{A}}=(\vartheta_{ij})$。由式(4.8)，可得到 $\boldsymbol{\Theta}>0$。由式(7.12)、式(7.15)、式(7.16)和式(7.18)～式(7.20)，有

$$\begin{aligned}\Delta V_k\leqslant&-\lambda_{\min}(\boldsymbol{\Theta})\|\boldsymbol{x}_k\|^2+\frac{2\|\tilde{\boldsymbol{A}}\|q\delta\varepsilon\beta(\|\bar{\boldsymbol{A}}\|+\|\bar{\boldsymbol{B}}\boldsymbol{K}\|q\delta)}{1-\frac{q\delta\varepsilon\beta}{2\|\boldsymbol{P}\|}}\|\boldsymbol{x}_k\|^2\\&+2i_k\|\tilde{\boldsymbol{A}}\|\|\boldsymbol{P}\|\|\bar{\boldsymbol{B}}\boldsymbol{K}\|\left(\|\bar{\boldsymbol{A}}-\boldsymbol{I}\|q\delta+\|\bar{\boldsymbol{B}}\boldsymbol{K}\|q\delta+\frac{q\delta\varepsilon\beta}{2\|\boldsymbol{P}\|}\right)\|\boldsymbol{x}_k\|^2\\&+i_k^2\|(\bar{\boldsymbol{B}}\boldsymbol{K})^{\mathrm{T}}\boldsymbol{P}\bar{\boldsymbol{B}}\boldsymbol{K}\|\left(\|\bar{\boldsymbol{A}}-\boldsymbol{I}\|q\delta+\|\bar{\boldsymbol{B}}\boldsymbol{K}\|q\delta+\frac{q\delta\varepsilon\beta}{2\|\boldsymbol{P}\|}\right)^2\|\boldsymbol{x}_k\|^2\\&+\frac{q\delta\varepsilon\beta(\|\bar{\boldsymbol{A}}\|+\|\bar{\boldsymbol{B}}\boldsymbol{K}\|q\delta)^2}{4\left(1-\frac{q\delta\varepsilon\beta}{2\|\boldsymbol{P}\|}\right)^2\|\boldsymbol{P}\|}\|\boldsymbol{x}_k\|^2\end{aligned}$$

$$\leqslant\Big[-\lambda_{\min}(\boldsymbol{\Theta})+\frac{2q\delta\varepsilon\beta\gamma_1\|\boldsymbol{P}\|}{\gamma_3}+i_k^2(2\|\widetilde{\boldsymbol{A}}\|\|\boldsymbol{P}\|\|\bar{\boldsymbol{B}}\boldsymbol{K}\|\gamma_2$$

$$+\|\bar{\boldsymbol{B}}\boldsymbol{K}\|^2\|\boldsymbol{P}\|\gamma_2^2)+\frac{(q\delta\varepsilon\beta)^2\gamma_1^2\|\boldsymbol{P}\|}{\gamma_3^2}\Big]\|\boldsymbol{x}_k\|^2$$

再由式(7.9)，有 $\Delta V_k<0$，即闭环系统渐近稳定。证毕。

根据如下步骤求控制器。算法 7.1：

① 令矩阵 $\bar{\boldsymbol{A}}=(\bar{a}_{ij})_{n\times n}$，$\bar{\boldsymbol{B}}=(\bar{b}_{ij})_{n\times m}$，作矩阵对$(\bar{\boldsymbol{A}},\bar{\boldsymbol{B}})$的伴随赋权有向图 $G(V,E,W)$，其中，$|V|=n+m$；$\boldsymbol{x}_1,\cdots,\boldsymbol{x}_n,\boldsymbol{u}_1,\cdots,\boldsymbol{u}_m$ 表示顶点；有向边$\langle\boldsymbol{x}_i,\boldsymbol{x}_j\rangle$和$\langle\boldsymbol{x}_i,\boldsymbol{u}_j\rangle(i=1,2,\cdots,n;j=1,2,\cdots,m)$赋权分别为$|\bar{a}_{ij}|\neq0$ 和$|\bar{b}_{ij}|\neq0$，如果$|\bar{a}_{ij}|=0$ 或$|\bar{b}_{ij}|=0$，无有向边$\langle\boldsymbol{x}_i,\boldsymbol{x}_j\rangle$或$\langle\boldsymbol{x}_i,\boldsymbol{u}_j\rangle$；

② 去掉图 G 中方向得到无向赋权图$\bar{G}$；

③ 得到图 $\bar{G}$ 的 Laplacian 矩阵 $\boldsymbol{L}$，$V_0=\{u_1,\cdots,u_m\}$，移去 Laplacian 矩阵 $\boldsymbol{L}$ 中相应于顶点集 V_0 的所有行和列，得到矩阵 $\boldsymbol{L}_0$，$\boldsymbol{D}_0$ 是由 $\boldsymbol{L}_0$ 中主对角元素构成的对角矩阵；

④ 由式(7.8)，若使 NCSs(7.7)渐近稳定，需要 $\rho(\bar{\boldsymbol{A}}-\bar{\boldsymbol{B}}\boldsymbol{K})<1$。令 $\bar{\boldsymbol{A}}-\bar{\boldsymbol{B}}\boldsymbol{K}=\boldsymbol{I}-\vartheta\boldsymbol{D}_0^{-1}\boldsymbol{L}_0$，$\vartheta\in(0,1]$，由文献[15]，有 $\rho(\bar{\boldsymbol{A}}-\bar{\boldsymbol{B}}\boldsymbol{K})<1$；

⑤ 选择 ϑ 满足 $\text{rank}(\bar{\boldsymbol{B}})=\text{rank}(\bar{\boldsymbol{B}}\bar{\boldsymbol{A}}-\boldsymbol{I}+\vartheta\boldsymbol{D}_0^{-1}\boldsymbol{L}_0)$，则 $\boldsymbol{K}_0=\bar{\boldsymbol{B}}^-(\bar{\boldsymbol{A}}-\boldsymbol{I}+\vartheta\boldsymbol{D}_0^{-1}\boldsymbol{L}_0)$，转到⑨；

⑥ 取 $\boldsymbol{K}_0=\bar{\boldsymbol{B}}^-(\bar{\boldsymbol{A}}-\boldsymbol{I}+\vartheta\boldsymbol{D}_0^{-1}\boldsymbol{L}_0)$，如果 $\rho(\bar{\boldsymbol{A}}-\bar{\boldsymbol{B}}\boldsymbol{K}_0)<1$，转到⑨；否则，给定 $\boldsymbol{E}_0$ 的搜索上下界 $\boldsymbol{M}$、$\boldsymbol{N}$ 和增量 $\boldsymbol{H}$；

⑦ 利用 $\boldsymbol{E}_0=\boldsymbol{E}_0+\boldsymbol{H}$ 组合 $\boldsymbol{E}_0$；

⑧ 令 $\boldsymbol{K}_0=\boldsymbol{K}_0+\boldsymbol{E}_0$，如果 $\rho(\bar{\boldsymbol{A}}-\bar{\boldsymbol{B}}\boldsymbol{K}_0)<1$，转到⑨；否则，转到⑦，直至 $\boldsymbol{M}\leqslant\boldsymbol{E}_0\leqslant\boldsymbol{N}$；

⑨ 得到控制器增益 $\boldsymbol{K}=\boldsymbol{K}_0$。

2. 基于 QoS 的非线性连续 NCSs 的稳定性分析与控制

由于网络诱导时延的存在，控制输入 $\boldsymbol{u}(t)=-\boldsymbol{K}\boldsymbol{x}(t-\tau)$，那么系统(7.2)改写为如下闭环连续 NCSs：

$$\dot{\boldsymbol{x}}(t)=\boldsymbol{A}\boldsymbol{x}(t)-\boldsymbol{B}\boldsymbol{K}\boldsymbol{x}(t-\tau)+f(\boldsymbol{x}(t))\tag{7.21}$$

定理 7.2　对于任意给定的 $\varepsilon>0$ 和 $q>1$，如果存在矩阵 $\boldsymbol{P}>0$，$\boldsymbol{K}$ 满足下列条件：

① 图 G_i 的所有 1 因子 $F_{i\pi}$ 的权和

$$(-1)^i W_t \,\ell_i > 0 \tag{7.22}$$

② 网络诱导时延 τ 满足

$$\tau < \frac{\lambda_{\min}(\boldsymbol{\Theta}) - \varepsilon}{q\delta \|\boldsymbol{BK}\| (2\|\boldsymbol{P}\| (\|\boldsymbol{A}\| + \|\boldsymbol{BK}\|) + \varepsilon)} \tag{7.23}$$

成立,则闭环 NCSs(7.21)是渐近稳定的。其中,

$$\boldsymbol{\Theta} = -(\boldsymbol{A} - \boldsymbol{BK})^{\mathrm{T}} \boldsymbol{P} - \boldsymbol{P}(\boldsymbol{A} - \boldsymbol{BK})$$

$$\delta = \sqrt{\frac{\lambda_{\max}(\boldsymbol{P})}{\lambda_{\min}(\boldsymbol{P})}}$$

$G(\boldsymbol{\Theta})$为矩阵 $\boldsymbol{\Theta}$ 的伴随赋权有向图,图 G_i 为 $G(\boldsymbol{\Theta})$相应于 $V_i=\{x_1,x_2,\cdots,x_i\}$的导出子图。$\ell_i$ 是 G_i 中所有 1 因子 $F_{i\pi}$ 的集,$W_t\,\ell_i$ 为ℓ_i 中所有 $F_{i\pi}$ 的权之和($i=1,2,\cdots n$)。

证明　令 $\boldsymbol{x}(t-\tau) = \boldsymbol{x}(t) - \int_{-\tau}^{0} \dot{\boldsymbol{x}}(t+\theta)\mathrm{d}\theta$,有

$$\boldsymbol{x}(t-\tau) = \boldsymbol{x}(t) - \int_{-\tau}^{0} (\boldsymbol{Ax}(t+\theta) - \boldsymbol{BKx}(t+\theta-\tau) + f[\boldsymbol{x}(t+\theta)])\mathrm{d}\theta \tag{7.24}$$

选取 Lyapunov 函数 $V(\boldsymbol{x}(t)) = \boldsymbol{x}^{\mathrm{T}}(t)\boldsymbol{Px}(t)$,类似定理 7.1 的证明,用 det ($\boldsymbol{D}_{ii}$)表示矩阵 $\boldsymbol{\Theta}$ 的 $i(i=1,2,\cdots,n)$阶顺序主子式。由于 det ($\boldsymbol{D}_{ii}$) $=(-1)^i W_t\,\mathcal{L}_i$[22],根据式(7.22),得到 $\boldsymbol{\Theta}>0$,进而有

$$\dot{V}(\boldsymbol{x}(t)) \leqslant [-\lambda_{\min}(\boldsymbol{\Theta}) + \varepsilon + 2\tau \|\boldsymbol{P}\|\,\|\boldsymbol{BK}\| \\ (\|\boldsymbol{A}\| q\delta + \|\boldsymbol{BK}\| q\delta + \frac{\varepsilon q\delta}{2\|\boldsymbol{P}\|})]\,\|\boldsymbol{x}(t)\|^2$$

由式(7.23),有 $\dot{V}(\boldsymbol{x}(t))<0$,即闭环系统渐近稳定。定理 7.2 证毕。

根据如下步骤求控制器。算法 7.2:

① 为便于分析,选取算法 7.1 中伴随赋权有向图 $G(V,E,W)$,得到矩阵 $\boldsymbol{L}$,$V_0=\{u_1,\cdots,u_m\}$,从而得到矩阵 $\boldsymbol{L}_0$ 和矩阵 $\boldsymbol{D}_0$;

② 由式(7.22),若使 NCSs(4.21)渐近稳定,需要矩阵 $\boldsymbol{A}-\boldsymbol{BK}$ 是 Hurwitz 的。令 $\boldsymbol{A}-\boldsymbol{BK}_0=-\vartheta\boldsymbol{D}_0^{-1}\boldsymbol{L}_0$,$\vartheta>0$,由文献[15],得到矩阵 $\boldsymbol{A}-\boldsymbol{BK}$ 是 Hurwitz 的;

③ 选择 ϑ 满足 $\mathrm{rank}(\boldsymbol{B})=\mathrm{rank}(\boldsymbol{BA}+\vartheta\boldsymbol{D}_0^{-1}\boldsymbol{L}_0)$,则 $\boldsymbol{K}_0=\boldsymbol{B}^{-}(\boldsymbol{A}+\vartheta\boldsymbol{D}_0^{-1}\boldsymbol{L}_0)$,转到⑦;

④ 取 $\boldsymbol{K}_0=\boldsymbol{B}^{-}(\boldsymbol{A}+\vartheta\boldsymbol{D}_0^{-1}\boldsymbol{L}_0)$,如果矩阵 $\boldsymbol{A}-\boldsymbol{BK}_0$ 是 Hurwitz 的,则转到⑦;否则,给定 $\boldsymbol{E}_0$ 的搜索上下界 $\boldsymbol{M}$、$\boldsymbol{N}$ 和增量 $\boldsymbol{H}$;

⑤ 利用 $\boldsymbol{E}_0=\boldsymbol{E}_0+\boldsymbol{H}$ 组合 $\boldsymbol{E}_0$;

⑥ 令 $\boldsymbol{K}_0=\boldsymbol{K}_0+\boldsymbol{E}_0$,如果矩阵 $\boldsymbol{A}-\boldsymbol{BK}_0$ 是 Hurwitz 的,则转到⑦;否则,转到⑤,直至 $\boldsymbol{M}\leqslant\boldsymbol{E}_0\leqslant\boldsymbol{N}$;

⑦ 得到控制器增益 $\boldsymbol{K}=\boldsymbol{K}_0$。

注 7.1　当 $f(\boldsymbol{x}(t))\equiv 0$ 时，系统(7.7)和(7.21)分别为线性离散和线性连续 NCSs。在本节定理 7.1 和定理 7.2 中，取 $\varepsilon=0$，得到线性 NCSs 渐近稳定的充分条件，同时获得保证线性系统稳定的 MADB。当系统(7.2)在无网络并且 $f(\boldsymbol{x}(t))\equiv 0$ 的情况下，本书定理 7.1 和定理 7.2 中的条件(7.8)和(7.22)分别给出其稳定的充分条件。

注 7.2　定理 7.1 和定理 7.2 的证明与以往文献[16]～[19]的方法不同，本节将 Lyapunov 方法与图论理论相结合，给出非线性网络控制系统渐近稳定的充分条件，获得保证非线性 NCSs 稳定的 MADB。

注 7.3　在算法 7.2 中，根据文献[15]，也可以绘制矩阵对$(\boldsymbol{A},\boldsymbol{B})$的伴随赋权有向图 $G(V,E,W)$。在算法 7.1 和算法 7.2 中，实际仿真中需要初步设定矩阵 $\boldsymbol{M}$、$\boldsymbol{N}$ 和增量 $\boldsymbol{H}$ 的大致区间，然后找出敏感区间后再进一步细化搜索参数。本节所给算法具有一定程度的保守性，有待今后进一步研究。

7.1.3　算例仿真

例 7.1　考虑系统的状态方程为

$$\begin{bmatrix}\dot{x}_1(t)\\ \dot{x}_2(t)\end{bmatrix}=\begin{bmatrix}-3 & -1\\ 0.5 & -1.5\end{bmatrix}\boldsymbol{x}(t)+\begin{bmatrix}1\\ 1\end{bmatrix}\boldsymbol{u}(t)+\begin{bmatrix}x_1^2(t)\\ 0\end{bmatrix}$$

(1) 针对离散 NCSs

选取采样周期 $T=0.5\text{s}$，$\boldsymbol{P}=\boldsymbol{I}$，$\varepsilon=0.1$ 和 $q=1.1$，经计算得

$$\bar{\boldsymbol{A}}=\begin{bmatrix}0.2051 & -0.1627\\ 0.0814 & 0.4493\end{bmatrix},\quad \bar{\boldsymbol{B}}=\begin{bmatrix}0.1934\\ 0.3774\end{bmatrix}$$

$\delta=1$ 和 $\beta=0.2$。根据算法 7.1，绘出赋权有向图 $G(\bar{\boldsymbol{A}},\bar{\boldsymbol{B}})$(图 7.1)、赋权无向图 $\bar{G}$(图 7.2)，计算得

$$\boldsymbol{L}=\begin{bmatrix}0.5708 & -0.1934 & -0.3774\\ -0.1934 & 0.4375 & -0.2441\\ -0.3774 & -0.2441 & 0.6215\end{bmatrix},\quad V_0=\{u_1\}$$

$$\boldsymbol{L}_0=\begin{bmatrix}0.4375 & -0.2441\\ -0.2441 & 0.6215\end{bmatrix},\quad \boldsymbol{D}_0=\begin{bmatrix}0.4375 & 0\\ 0 & 0.6215\end{bmatrix}$$

获得 $\boldsymbol{K}_0=\bar{\boldsymbol{B}}^{-}(\bar{\boldsymbol{A}}-\boldsymbol{I}+\vartheta\boldsymbol{D}_0^{-1}\boldsymbol{L}_0)=[-0.4328\quad 0.1677]$。又 $\rho(\bar{\boldsymbol{A}}-\bar{\boldsymbol{B}}\boldsymbol{K}_0)<1$，则 $\boldsymbol{K}=[-0.4328\quad 0.1677]$。根据定理 7.1，得到 $i_k<1.2982$，即当网络诱导时延不超过 0.5s 时，控制器增益 $\boldsymbol{K}=[-0.4328\quad 0.1677]$ 使系统渐近稳定。设初始状态 $\boldsymbol{x}(0)=[-1\quad 3]^{\mathrm{T}}$，系统的状态响应曲线如图 7.3 所示。

(2) 针对连续 NCSs

选取 $\boldsymbol{P}=\boldsymbol{I}$，$\varepsilon=0.1$，$q=1.1$，经计算得到 $\delta=1$。由算法 7.2，得到 $\boldsymbol{K}=$

[−0.9464　1.0290]，根据定理 7.2，得到 $\tau<0.01$。设初始状态 $\boldsymbol{x}(0)=[-1\quad 3]^{\mathrm{T}}$，系统的状态响应曲线如图 7.4 所示。

注 7.4　保证非线性离散 NCSs 和非线性连续 NCSs 稳定的 MADB 与矩阵 $\boldsymbol{P}>0$，标量 $\varepsilon>0$ 和控制器增益矩阵 $\boldsymbol{K}$ 有关。

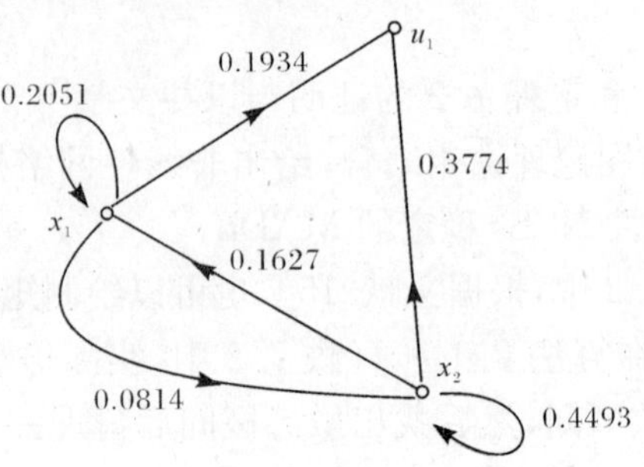

图 7.1　赋权有向图 $G(\bar{\boldsymbol{A}},\bar{\boldsymbol{B}})$

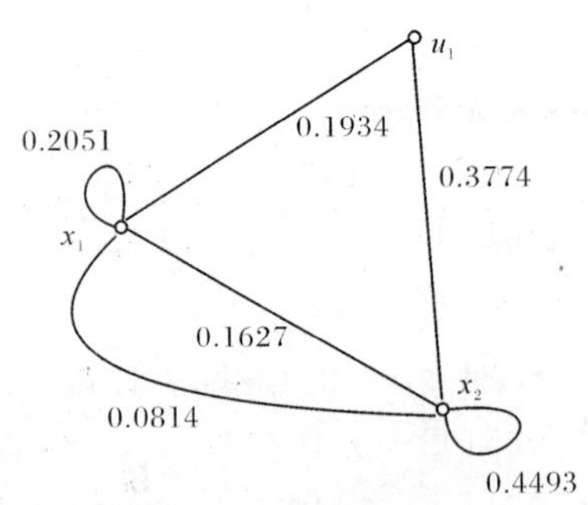

图 7.2　赋权无向图 $\bar{G}$

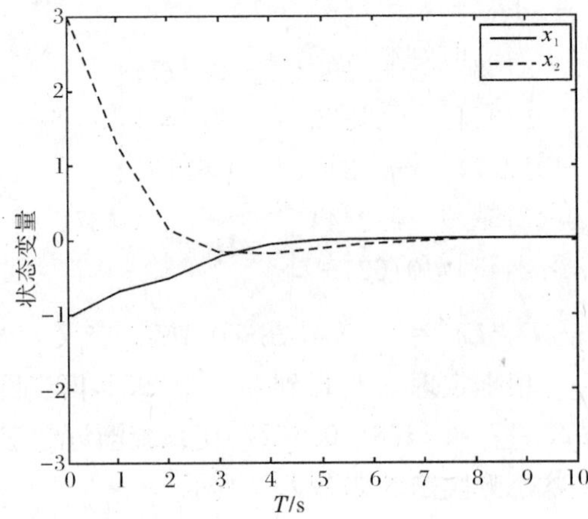

图 7.3　非线性离散 NCSs 的响应曲线

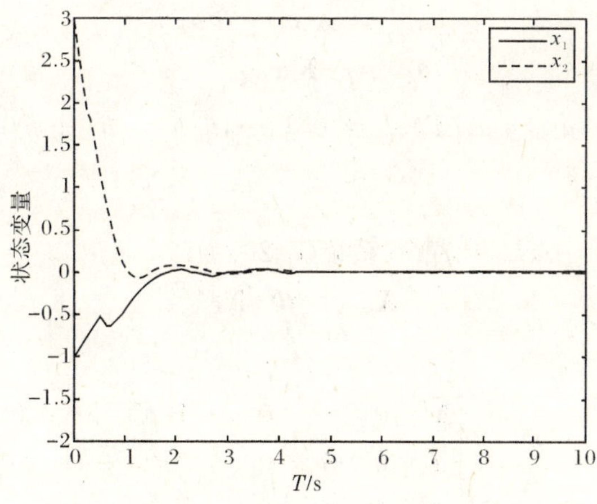

图 7.4　非线性连续 NCSs 的状态曲线

7.2　基于网络 QoS 的控制系统区间稳定的图理论

针对区间不确定矩阵及其稳定性条件，已取得一系列的研究成果[23,24]，但是网络控制系统的区间稳定性问题还未得到充分的调查和研究。将区间系统与网络控制系统相结合，基于图论理论，给出具有任意时延和数据包丢失的 NCSs 区间稳定的一种新的图论方法，针对同一时延和丢包情况，能获得 2^n 个控制器增益矩阵，从而有效地镇定系统。

7.2.1　问题描述

考虑具有任意网络诱导时延和数据包丢失的 NCSs：τ_{sc}^k 表示传感器-控制器网络诱导时延，τ_{ca}^k 表示控制器-执行器网络诱导时延。假设控制器为事件驱动，传感器和执行器均为时钟驱动，并且网络诱导时延任意有界，即 $0<\tau^k=\tau_{sc}^k+\tau_{ca}^k\leqslant h_1 T$，$T$ 为采样周期。设系统模型为

$$\begin{cases}\dot{\boldsymbol{x}}(t)=\boldsymbol{A}^I\boldsymbol{x}(t)+\boldsymbol{B}^I\boldsymbol{u}(t)\\ \boldsymbol{u}(t)=-\boldsymbol{K}_t\boldsymbol{x}(t)\end{cases}\tag{7.25}$$

其中，$\boldsymbol{x}(t)\in\mathbf{R}^n$ 和 $\boldsymbol{u}(t)\in\mathbf{R}$ 分别为系统的状态和控制输入。$\boldsymbol{A}^I=[a_{ij}^I]$，$\boldsymbol{B}^I=[b_j^I]$ 为适维区间矩阵，$a_{ij}^I:=[\underline{a_{ij}},\overline{a_{ij}}]$，$b_j^I:=[\underline{b_j},\overline{b_j}]$，$i,j=1,2,\cdots,n$。$\underline{a_{ij}}$ 和 $\underline{b_j}$ 分别是区间 a_{ij}^I 和 b_j^I 的下界，$\overline{a_{ij}}$ 和 $\overline{b_j}$ 分别是区间 a_{ij}^I 和 b_j^I 的上界。$\boldsymbol{K}_t$ 是时变控制器增益矩阵且 $\boldsymbol{K}_t=[k_1,\cdots,k_n]$。基于假设，并且令 h_2 表示最大连续丢包数，离散系统 (7.25) 为

$$\begin{cases} \boldsymbol{x}_{k+1} = \widetilde{\boldsymbol{A}}^I \boldsymbol{x}_k + \widetilde{\boldsymbol{B}}^I \boldsymbol{u}_{k-l} \\ \boldsymbol{u}_{k-l} = -\boldsymbol{K}_l \boldsymbol{x}_{k-l} \end{cases} \tag{7.26}$$

其中，$\boldsymbol{x}_k = x(kT)$；$\boldsymbol{u}_k = u(kT)$；$l = 0,1,\cdots,h$；$h = h_1 + h_2$；$\widetilde{\boldsymbol{A}}^I = \mathrm{e}^{\boldsymbol{A}^I T}$；$\widetilde{\boldsymbol{B}}^I = \int_0^{\mathrm{T}} \mathrm{e}^{\boldsymbol{A}^I (T-s)} \mathrm{d}s \boldsymbol{B}^I$。

设 $\boldsymbol{X}_k = [\boldsymbol{x}_k^{\mathrm{T}} \boldsymbol{x}_{k-1}^{\mathrm{T}} \cdots \boldsymbol{x}_{k-h}^{\mathrm{T}}]^{\mathrm{T}}$，重写系统(7.26)为

$$\boldsymbol{X}_{k+1} = \boldsymbol{\Phi}^{l,I} \boldsymbol{X}_k \tag{7.27}$$

其中，

$$\boldsymbol{\Phi}^{l,I} = [\phi_{sp}^{l,I}] = \begin{bmatrix} \widetilde{\boldsymbol{A}}^I & 0 & \cdots & 0 & -\widetilde{\boldsymbol{B}}^I \boldsymbol{K}_l & \cdots & 0 & 0 \\ \boldsymbol{I} & 0 & \cdots & 0 & 0 & \cdots & 0 & 0 \\ 0 & \boldsymbol{I} & \cdots & 0 & 0 & \cdots & 0 & 0 \\ 0 & 0 & \ddots & \vdots & \vdots & \ddots & \vdots & \vdots \\ 0 & 0 & \cdots & 0 & 0 & \cdots & \boldsymbol{I} & 0 \end{bmatrix}$$

$\boldsymbol{\Phi}^{l,I}$是区间矩阵，$\phi_{sp}^{l,I} := [\underline{\phi_{sp}^l}, \overline{\phi_{sp}^l}]$，$s,p=1,\cdots,(h+1)n$。如果定义顶点矩阵集 $\boldsymbol{\Phi}^{l,v} = [\phi_{sp}^l]$，$\phi_{sp}^l \in \{\underline{\phi_{sp}^l}, \overline{\phi_{sp}^l}\}$，$s,p=1,2,\cdots,(h+1)n$，定义下界和上界矩阵为$\underline{\boldsymbol{\Phi}^l} = [\underline{\phi_{sp}^l}]$和$\overline{\boldsymbol{\Phi}^l} = [\overline{\phi_{sp}^l}]$，那么可以重写区间矩阵为 $\boldsymbol{\Phi}^{l,I} := [\boldsymbol{\Phi}^{l,0} - \boldsymbol{\Delta}, \boldsymbol{\Phi}^{l,0} + \boldsymbol{\Delta}]$。其中，中心矩阵和半径矩阵分别为 $\boldsymbol{\Phi}^{l,0} = \frac{1}{2}(\overline{\boldsymbol{\Phi}^l} + \underline{\boldsymbol{\Phi}^l})$ 和 $\boldsymbol{\Delta} = \frac{1}{2}(\overline{\boldsymbol{\Phi}^l} - \underline{\boldsymbol{\Phi}^l})$。相应地，有 $\underline{\widetilde{\boldsymbol{A}}} = [\underline{\widetilde{a}_{ij}}]$，$\overline{\widetilde{\boldsymbol{A}}} = [\overline{\widetilde{a}_{ij}}]$，$\underline{\widetilde{\boldsymbol{B}}} = [\underline{\widetilde{b}_j}]$，$\overline{\widetilde{\boldsymbol{B}}} = [\overline{\widetilde{b}_j}]$，$\widetilde{\boldsymbol{A}}^I := [\widetilde{\boldsymbol{A}}^0 - \boldsymbol{\Delta}_1, \widetilde{\boldsymbol{A}}^0 + \boldsymbol{\Delta}_1]$，$\widetilde{\boldsymbol{B}}^I := [\widetilde{\boldsymbol{B}}^0 - \boldsymbol{\Delta}_2, \widetilde{\boldsymbol{B}}^0 + \boldsymbol{\Delta}_2]$，$\widetilde{\boldsymbol{A}}^0 = \frac{1}{2}(\overline{\widetilde{\boldsymbol{A}}} + \underline{\widetilde{\boldsymbol{A}}})$，$\boldsymbol{\Delta}_1 = \frac{1}{2}(\overline{\widetilde{\boldsymbol{A}}} - \underline{\widetilde{\boldsymbol{A}}})$，$\widetilde{\boldsymbol{B}}^0 = \frac{1}{2}(\overline{\widetilde{\boldsymbol{B}}} + \underline{\widetilde{\boldsymbol{B}}})$，$\boldsymbol{\Delta}_2 = \frac{1}{2}(\overline{\widetilde{\boldsymbol{B}}} - \underline{\widetilde{\boldsymbol{B}}})$，顶点矩阵集 $\widetilde{\boldsymbol{A}}^v = [\widetilde{a}_{ij}^v]$，$\widetilde{a}_{ij}^v \in \{\underline{\widetilde{a}_{ij}}, \overline{\widetilde{a}_{ij}}\}$，$\widetilde{\boldsymbol{B}}^v = [\widetilde{b}_j^v]$，$\widetilde{b}_j^v \in \{\underline{\widetilde{b}_j}, \overline{\widetilde{b}_j}\}$，$i,j=1,2,\cdots,n$。

7.2.2 稳定性判据及控制器设计

1. 基于 QoS 的 NCSs 的区间稳定性判据

定理 7.3 如果存在矩阵 $\boldsymbol{K}_l$、$\boldsymbol{\eta}_{r,yz} > 0$，使得顶点矩阵 $\boldsymbol{\Theta}_{yz}^l$ 的伴随赋权有向图 $G(\boldsymbol{\Theta}_{yz}^l)$的最大顶点出权度 $\Delta_w^-(G(\boldsymbol{\Theta}_{yz}^l)) < 1$，则闭环系统(7.27)是区间稳定的. 其中，

$$\boldsymbol{\Theta}_{yz}^l = (\Lambda_{sp}^l)_{(h+1)n \times (h+1)n} = \boldsymbol{Y}^{-1} \boldsymbol{\Phi}_{yz}^l \boldsymbol{Y}$$

$$\boldsymbol{\Phi}_{yz}^l = [\phi_{sp,yz}^l]$$

$$\phi_{sp,yz}^l = \begin{cases} \overline{\phi_{sp}^l}, & y_s z_p \geqslant 0 \\ \underline{\phi_{sp}^l}, & y_s z_p < 0 \end{cases}$$

$$\boldsymbol{y}^{\mathrm{T}} \boldsymbol{y} + \boldsymbol{z}^{\mathrm{T}} \boldsymbol{z} = 1, \quad s=1,\cdots,n, p=1,\cdots,n, ln+1,\cdots,ln+n$$

$$Y=\text{diag}[\eta_{1,yz},\eta_{2,yz},\cdots,\eta_{(h+1)n,yz}]$$

证明　任意选取 $\boldsymbol{\Phi}^l\in\boldsymbol{\Phi}^{l,I}$,奇异值和特征值的关系如下:

$$\begin{aligned}\rho(\boldsymbol{\Phi}^l)\leqslant\|\boldsymbol{\Phi}^l\|_2&=\sigma_{\max}(\boldsymbol{\Phi}^l)\\&=\text{positive}(\lambda_{\max}(\boldsymbol{H}^l))\end{aligned}\tag{7.28}$$

其中,$\boldsymbol{H}^l\in\boldsymbol{H}^{l,I}=\begin{bmatrix}0&(\boldsymbol{\Phi}^{l,I})^{\mathrm{T}}\\\boldsymbol{\Phi}^{l,I}&0\end{bmatrix}$。基于文献[23],区间矩阵 $\boldsymbol{H}^{l,I}$ 的最大特征值 λ 发生在顶点 ϕ_{sp}^l,且

$$\phi_{sp}^l=\begin{cases}\overline{\phi_{sp}^l}, & y_sz_p\geqslant 0\\\underline{\phi_{sp}^l}, & y_sz_p<0\end{cases}$$

区间矩阵 $\boldsymbol{H}^{l,I}$ 的最大特征值 λ 发生在顶点矩阵 $\boldsymbol{H}_{yz}^l$,其中,

$$\boldsymbol{H}_{yz}^l=\begin{bmatrix}0&(\boldsymbol{\Phi}_{yz}^l)^{\mathrm{T}}\\\boldsymbol{\Phi}_{yz}^l&0\end{bmatrix}$$

并且,共有 2^{3n-1} 个顶点矩阵 $\boldsymbol{\Phi}_{yz}^l\in\boldsymbol{\Phi}^{l,v}$。令 $\widetilde{\boldsymbol{Y}}=\text{diag}(\boldsymbol{Y},\boldsymbol{Y})$,有

$$\begin{aligned}\rho(\boldsymbol{H}_{yz}^l)=\rho(\widetilde{\boldsymbol{Y}}^{-1}\boldsymbol{H}_{yz}^l\widetilde{\boldsymbol{Y}})&\leqslant\|\widetilde{\boldsymbol{Y}}^{-1}\boldsymbol{H}_{yz}^l\widetilde{\boldsymbol{Y}}\|_\infty\\&=\|\boldsymbol{\Theta}_{yz}^l\|_\infty=\max_s\sum_p|\boldsymbol{\Lambda}_{sp}^l|=\Delta_w^-(G(\boldsymbol{\Theta}_{yz}^l))\end{aligned}\tag{7.29}$$

根据式(7.28)、式(7.29)和定理7.3,有 $\rho(\boldsymbol{\Phi}^l)<1$,由定义2.9,系统(7.27)是区间稳定的。证毕。

2. 基于QoS的NCSs的控制器设计

为求解控制器增益 $\boldsymbol{K}_l$,由 $\Delta_w^-(G(\boldsymbol{\Theta}_{yz}^l))<1$,$\boldsymbol{\Phi}_{yz}^l=(\phi_{sp,yz}^l)_{(h+1)n\times(h+1)n}$,有

$$\sum_p^{(h+1)n}|\phi_{sp,yz}^l|\eta_p-\eta_s<0,s=1,2,\cdots,(h+1)n$$

进一步,有

$$\sum\nolimits_{j=1}^n[|\widetilde{a}_{ij,yz}|\eta_{j,yz}-\eta_{i,yz}+|\widetilde{b}_{i,yz}k_j|\eta_{ln+j,yz}]<0\tag{7.30}$$

$$\eta_{m,yz}-\eta_{m+n,yz}<0\tag{7.31}$$

其中,$m=1,2,\cdots,hn$;$(\widetilde{a}_{ij,yz})_{n\times n}=\widetilde{\boldsymbol{A}}_{yz}\in\widetilde{\boldsymbol{A}}^I$。

令 $\hat{\boldsymbol{A}}_{yz}=\begin{cases}|\widetilde{a}_{ij,yz}|, & i\neq j\\|\widetilde{a}_{ij,yz}|-1, & i=j\end{cases}$,$\widetilde{\boldsymbol{B}}_{yz}=[|\widetilde{b}_{1,yz}|,|\widetilde{b}_{2,yz}|,\cdots,|\widetilde{b}_{n,yz}|]^{\mathrm{T}}$,$\widetilde{\boldsymbol{K}}_l=[|k_1|,|k_2|,\cdots,|k_n|]$,$\boldsymbol{\xi}_q=[\eta_{(q-1)n+1},\eta_{(q-1)n+2},\cdots,\eta_{qn}]^{\mathrm{T}}$,$q=1,2,\cdots,h+1$。由式(7.30)和式(7.31),有

$$\hat{\boldsymbol{A}}_{yz}\boldsymbol{\xi}_{1,yz}+\widetilde{\boldsymbol{B}}_{yz}\widetilde{\boldsymbol{K}}_l\boldsymbol{\xi}_{l+1,yz}<0\tag{7.32}$$

$$\boldsymbol{\xi}_{q,yz}-\boldsymbol{\xi}_{q+1,yz}<0\tag{7.33}$$

基于上述讨论,可得到如下算法:

Step 1. 产生集合 $Y=\{y\in\mathbf{R}^n:y_1=1,|y_j|=1,j=2,\cdots,n\}$ 和集合 $Z=\{z\in\mathbf{R}^{n+1}:|z_j|=1,j=1,\cdots,n,ln+1\}$;

Step 2. 做 $n\times n$ 对角矩阵 $\boldsymbol{T}_y,(T_y)_{ii}=y_i,(T_y)_{ij}=0,i\neq j,i,j=1,\cdots,n$。其中,$y\in Y$;做 $n\times n$ 对角矩阵 $\boldsymbol{T}_z,(T_z)_{ii}=z_i,(T_z)_{ij}=0,i\neq j,i,j=1,\cdots,n$。其中,$z\in Z$;

Step 3. 产生矩阵集 $S_1^v:=\{\widetilde{\boldsymbol{A}}_{yz}:\widetilde{\boldsymbol{A}}_{yz}=\widetilde{\boldsymbol{A}}^0+\boldsymbol{T}_y\Delta_1\boldsymbol{T}_z\}$ 和 $S_2^v:=\{\widetilde{\boldsymbol{B}}_{yz}:\widetilde{\boldsymbol{B}}_{yz}=\widetilde{\boldsymbol{B}}^0+\boldsymbol{T}_y\Delta_2 z_{ln+1}\}$;

Step 4. 任选 $\boldsymbol{\xi}_{1,yz},\boldsymbol{\xi}_{2,yz},\cdots,\boldsymbol{\xi}_{h+1,yz}$ 满足式(7.33),并且 $\hat{\boldsymbol{A}}_{yz}\boldsymbol{\xi}_{1,yz}<0$;

注 7.5 $\hat{\boldsymbol{A}}_{yz}\boldsymbol{\xi}_{1,yz}<0$ 是相对保守的,但是如果不令 $\boldsymbol{\eta}_{r,yz}>0,r=1,\cdots,(h+1)n$,式(7.30)和(7.31)能被重写为 $\sum_{j=1}^{n}[|\widetilde{a}_{ij,yz}\boldsymbol{\eta}_{j,yz}|-|\boldsymbol{\eta}_{i,yz}|+|b_{i,yz}||k_j\boldsymbol{\eta}_{ln+j,yz}|]<0$ 和 $|\boldsymbol{\eta}_{m,yz}|-|\boldsymbol{\eta}_{m+n,yz}|<0$。情况类似。

Step 5. 根据式(7.32),令 $\hat{\boldsymbol{A}}_{yz}\boldsymbol{\xi}_{1,yz}+\widetilde{\boldsymbol{B}}_{yz}\widetilde{\boldsymbol{K}}_{l,yz}\boldsymbol{\xi}_{l+1,yz}=\hat{\boldsymbol{A}}_{yz}\boldsymbol{\xi}_{1,yz}+\vartheta_{yz}\widetilde{\boldsymbol{B}}_{yz}$,$\vartheta_{yz}$ 使得 $G(\vartheta_{yz}\widetilde{\boldsymbol{B}}_{yz})$ 的每条边的权都小于 $G(\hat{\boldsymbol{A}}_{yz}\boldsymbol{\xi}_{1,yz})$ 的相应边的权,那么,有 $\widetilde{\boldsymbol{K}}_{l,yz}=\vartheta_{yz}\boldsymbol{\xi}_{l+1}^{-}$。其中,$\widetilde{\boldsymbol{A}}_{yz}\in S_1^v,\widetilde{\boldsymbol{B}}_{yz}\in S_2^v$;

注 7.6 $\widetilde{\boldsymbol{K}}_{l,yz}$ 和 $\widetilde{\boldsymbol{K}}_l$ 是正矩阵。正矩阵指矩阵中的每一个元素均非负。

Step 6. 如果 $\boldsymbol{\xi}_{1,yz},\boldsymbol{\xi}_{2,yz},\cdots,\boldsymbol{\xi}_{h+1,yz}$ 不满足 Step 5,则转回 Step 1;如果 $\boldsymbol{\xi}_{1,yz},\boldsymbol{\xi}_{2,yz},\cdots,\boldsymbol{\xi}_{h+1,yz}$ 满足 Step 5,则找遍有限集 S_1^v 和 S_2^v 中所有矩阵,然后重复上述步骤,得到 $\widetilde{\boldsymbol{K}}_l=\min\limits_{yz}\widetilde{\boldsymbol{K}}_{l,yz}$,从而获得 $\boldsymbol{K}_l$。

注 7.7 在 Step 6 中控制器增益也可以选择 $\widetilde{\boldsymbol{K}}_l\leqslant\min\limits_{yz}\widetilde{\boldsymbol{K}}_{l,yz}$。由于 $\widetilde{\boldsymbol{K}}_l=[|k_1|,|k_2|,\cdots,|k_n|]$,用上述算法对于同一延时和丢包情况可得到多个控制器增益矩阵,如 $\boldsymbol{K}_i=[k_1,-k_2,\cdots,k_n]$ 等共 2^n 个。而用 Lyapunov 方法和 Matlab 中的 LMIs 求解一般只能得到一个控制器增益矩阵。

注 7.8 根据上述算法设计程序,本节计算控制器的方法如同 Matlab 中的 LMIs 一样方便。

7.2.3 算例仿真

例 7.2 考虑如下区间系统:

$$\begin{bmatrix}\dot{x}_1(t)\\ \dot{x}_2(t)\end{bmatrix}=\begin{bmatrix}0 & 1\\ -3p_1 & -4p_2\end{bmatrix}\boldsymbol{x}(t)+\begin{bmatrix}0\\ 1\end{bmatrix}\boldsymbol{u}(t)$$

其中,$p_1,p_2\in[1,2]$。假定采样周期 $T=0.5\text{s}$,$l=1$,没有数据包丢失,得到如下区

间矩阵的中心矩阵和半径矩阵：

$$\widetilde{\boldsymbol{A}}^0=\begin{bmatrix}0.7697 & 0.1457\\ -0.5863 & -0.0121\end{bmatrix},\quad \widetilde{\boldsymbol{B}}^0=0$$

$$\boldsymbol{\Delta}_1=\begin{bmatrix}0.0285 & 0.0461\\ 0.0113 & 0.0435\end{bmatrix},\quad \boldsymbol{\Delta}_2=0$$

应用本节算法，可得 4 个顶点矩阵和 4 个控制器增益矩阵，即

$$\boldsymbol{K}_1=[0.5135\quad 0.3870] \tag{7.34}$$

$$\boldsymbol{K}_1=[0.5135\quad -0.3870] \tag{7.35}$$

$$\boldsymbol{K}_1=[-0.5135\quad 0.3870] \tag{7.36}$$

$$\boldsymbol{K}_1=[-0.5135\quad -0.3870] \tag{7.37}$$

选择控制器增益矩阵(7.43)，所有顶点矩阵的赋权有向图最大出权度的最大值，即 $\Delta=\max\limits_{yz}\Delta_w^-(G(\boldsymbol{\Theta}_{yz}^l))=0.9994<1$，由定理 7.3，区间系统(7.27)是渐近稳定的。取 $\boldsymbol{\xi}_1=[12.4120\quad 9.3518]^{\mathrm{T}}$，$\boldsymbol{\xi}_2=[12.42\quad 9.36]^{\mathrm{T}}$ 满足式(7.33)，当 $p_1=p_2=1$[7]，图 7.5给出顶点矩阵的赋权有向图 $G(\boldsymbol{\Theta}^1)$。

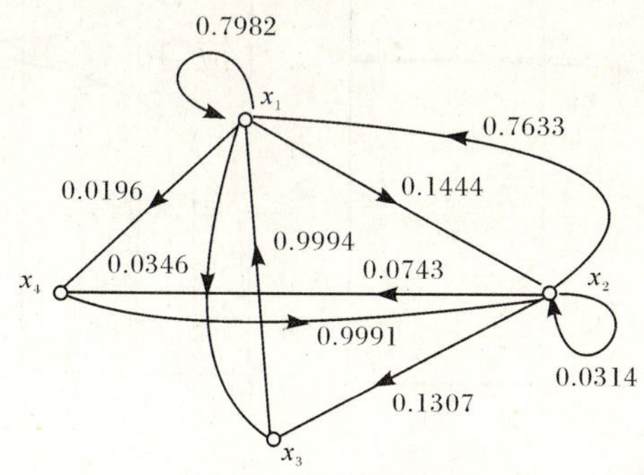

图 7.5　赋权有向图

设初始状态为 $\boldsymbol{x}(0)=[-3\quad -8]^{\mathrm{T}}$，图 7.6 和图 7.7 分别给出系统在控制律为(7.34)、(7.35)作用下的状态响应曲线。应用文献[7]中的 LMIs 方法，可得 $\boldsymbol{K}=[-0.1154\quad -0.0769]$，图 7.8 给出系统的状态响应曲线。图 7.6 与图 7.7 为同一时延和丢包情况下的系统响应曲线，图 7.8 中状态曲线的收敛速度慢于图 7.6 中曲线的收敛速度。表明利用本节算法针对同一时延和数据包丢失情况可获得多个控制器增益矩阵，从而可以有效地镇定系统。

取 $p_1=p_2=1.5$，图 7.9 给出闭环系统(7.27)的状态响应曲线。根据本节算法，同样可以获得 $l=2,\cdots,h$ 时的控制器增益矩阵。

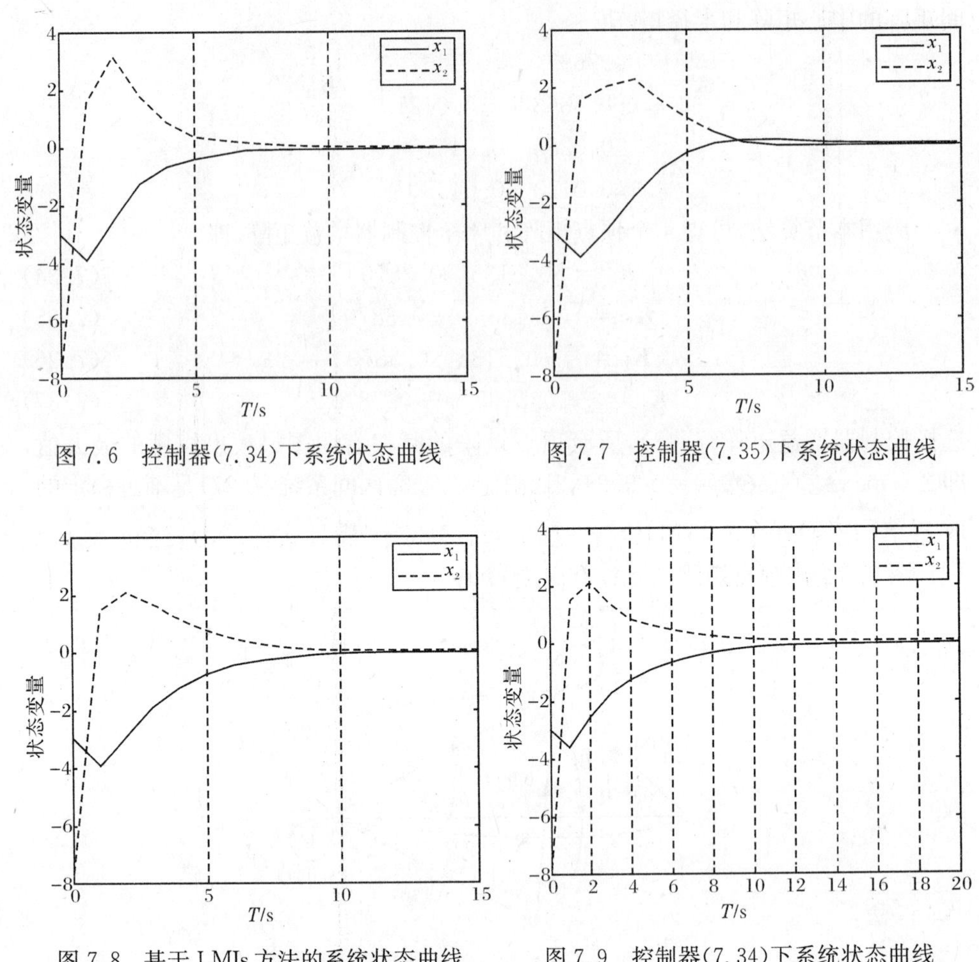

图 7.6　控制器(7.34)下系统状态曲线

图 7.7　控制器(7.35)下系统状态曲线

图 7.8　基于 LMIs 方法的系统状态曲线

图 7.9　控制器(7.34)下系统状态曲线

7.3　基于网络 QoS 的一类网络控制系统区间稳定的图理论

本节在 7.2 节的基础上，设计算法，获得比例积分反馈控制器，针对同一时延和丢包情况，能获得多个控制器增益矩阵。与 7.2 节相比，稳定性判据更加简洁，控制器设计方案便于计算，在一定程度上改进了 7.2 节中的结果。

7.3.1　问题描述

考虑具有任意网络诱导时延和数据包丢失的 NCSs：τ_{sc}^k 和 τ_{ca}^k 分别表示传感器-控制器和控制器-执行器时延。假设传感器和执行器均为时间驱动，控制器为事件驱动，网络时延有界，即 $0 \leqslant \tau^k = \tau_{sc}^k + \tau_{ca}^k \leqslant h_1 T$，数据包丢包有界 h_2，$h = h_1 + h_2$，T

为采样周期。设单输入区间 NCSs 模型为

$$\dot{\boldsymbol{x}}(t)=\boldsymbol{A}^{I}\boldsymbol{x}(t)+\boldsymbol{B}^{I}\boldsymbol{u}(t) \tag{7.38}$$

其中，$\boldsymbol{x}(t)\in\mathbf{R}^n$ 和 $\boldsymbol{u}(t)\in\mathbf{R}$ 分别为系统的状态和控制输入。$\boldsymbol{A}^I=(a_{ij}^I)$，$\boldsymbol{B}^I=(b_j^I)$ 为适维区间矩阵，$a_{ij}^I:=[\underline{a_{ij}},\overline{a_{ij}}]$，$b_j^I:=[\underline{b_j},\overline{b_j}]$，$i,j=1,2,\cdots,n$。由于控制器采用事件驱动，$u_{k-s}$ 表示根据传感器信息 x_{k-s} 计算的控制量（$s=0,1,\cdots,n$）。基于假设，离散系统（7.38）为

$$\boldsymbol{x}_{k+1}=\widetilde{\boldsymbol{A}}^{I}x_k+\sum\nolimits_{s=0}^{h}\beta_s^k\widetilde{\boldsymbol{B}}^{I}u_{k-s} \tag{7.39}$$

其中，$\boldsymbol{x}_k=x(kT)$；$\boldsymbol{u}_k=u(kT)$；$\widetilde{\boldsymbol{A}}^I=\mathrm{e}^{\boldsymbol{A}^IT}$；$\widetilde{\boldsymbol{B}}^I=\int_0^T\mathrm{e}^{\boldsymbol{A}^I(T-\tau)}\mathrm{d}\tau\boldsymbol{B}^I$；$\beta_s^k\in\{0,1\}$；$\sum\nolimits_{s=0}^{h}\beta_s^k=1$。控制器采用比例积分反馈控制器

$$\boldsymbol{u}_k=\boldsymbol{K}_p\boldsymbol{x}_k+T\sum\nolimits_{s=1}^{h}k_s\boldsymbol{u}_{k-s} \tag{7.40}$$

由式（7.39）和式（7.40），有

$$\boldsymbol{x}_{k+1}=(\widetilde{\boldsymbol{A}}^I+\beta_0^k\widetilde{\boldsymbol{B}}^I\boldsymbol{K}_p)\boldsymbol{x}_k+\sum\nolimits_{s=1}^{h}(\beta_s^k\widetilde{\boldsymbol{B}}^I+\beta_0^k\widetilde{\boldsymbol{B}}^Ik_sT)\boldsymbol{u}_{k-s} \tag{7.41}$$

令 $\boldsymbol{z}_k=[\boldsymbol{x}_k^{\mathrm{T}}\boldsymbol{u}_{k-1}^{\mathrm{T}}\cdots\boldsymbol{u}_{k-h}^{\mathrm{T}}]^{\mathrm{T}}$，重写系统（7.41）为

$$\boldsymbol{z}_{k+1}=\boldsymbol{\Phi}^I\boldsymbol{z}_k \tag{7.42}$$

其中，

$$\boldsymbol{\Phi}^I=\begin{bmatrix}\widetilde{\boldsymbol{A}}^I+\beta_0^k\widetilde{\boldsymbol{B}}^I\boldsymbol{K}_p & \beta_1^k\widetilde{\boldsymbol{B}}^I+\beta_0^k\widetilde{\boldsymbol{B}}^Ik_1T & \cdots & \beta_{h-1}^k\widetilde{\boldsymbol{B}}^I+\beta_0^k\widetilde{\boldsymbol{B}}^Ik_{h-1}T & \beta_h^k\widetilde{\boldsymbol{B}}^I+\beta_0^k\widetilde{\boldsymbol{B}}^Ik_hT\\ \boldsymbol{K}_p & k_1T & \cdots & k_{h-1}T & k_hT\\ 0 & \boldsymbol{I} & \cdots & 0 & 0\\ \vdots & \vdots & & \vdots & \vdots\\ 0 & 0 & \cdots & \boldsymbol{I} & 0\end{bmatrix}$$

7.3.2　稳定性判据及控制器设计

引理 7.1　对于区间矩阵 $\boldsymbol{A}^I$、$\boldsymbol{B}^I$，若 $M_j(\boldsymbol{A}^I)\neq\phi$，$M_j(\boldsymbol{B}^I)\neq\phi$，则图 $G(\hat{\boldsymbol{A}}+\hat{\boldsymbol{B}})$ 中每条边的权不小于图 $G(\overline{\boldsymbol{A}^I+\boldsymbol{B}^I})$ 中相应边的权。

证明　设 $(\overline{\boldsymbol{A}^I+\boldsymbol{B}^I})=(\overline{a_{ij}^I+b_{ij}^I})$，由于 $M_j(\boldsymbol{A}^I)\neq\phi$，$M_j(\boldsymbol{B}^I)\neq\phi$，有 $\hat{a}_{ij}=|a_{ij}^I|=\max\{|\underline{a_{ij}}|,|\overline{a_{ij}}|\}$，$\hat{b}_{ij}=|b_{ij}^I|=\max\{|\underline{b_{ij}}|,|\overline{b_{ij}}|\}$，$\overline{a_{ij}^I+b_{ij}^I}=\max\{|\underline{a_{ij}}+\underline{b_{ij}}|,|\overline{a_{ij}}+\overline{b_{ij}}|\}$。不妨设 $|\overline{a_{ij}}|\geqslant|\underline{a_{ij}}|$，$|\overline{b_{ij}}|\geqslant|\underline{b_{ij}}|$，则有 $\hat{a}_{ij}+\hat{b}_{ij}=|\overline{a_{ij}}|+|\overline{b_{ij}}|\geqslant\overline{a_{ij}^I+b_{ij}^I}$，从而有图 $G(\hat{\boldsymbol{A}}+\hat{\boldsymbol{B}})$ 中每条边的权不小于图 $G(\overline{\boldsymbol{A}^I+\boldsymbol{B}^I})$ 中相应边的权。证毕。

定理 7.4　假设 $M_j(\widetilde{\boldsymbol{A}}^I)\neq\phi$，$M_j(\widetilde{\boldsymbol{B}}^I)\neq\phi$，若存在矩阵 $\boldsymbol{Y}$、$\boldsymbol{K}_p$，标量 $k_s(s=1,\cdots,h)$，使得 $\Delta_w^-(G_l(\boldsymbol{\Theta}))<1$，则闭环系统（7.29）是区间稳定的。其中，

$$\boldsymbol{\Theta}=\boldsymbol{Y}^{-1}\hat{\boldsymbol{\Phi}}_1\boldsymbol{Y}$$

$$\hat{\boldsymbol{\Phi}}_1=\begin{bmatrix}\hat{\boldsymbol{A}}+\beta_0^k\hat{\boldsymbol{B}}\boldsymbol{K}_p & \beta_1^k\hat{\boldsymbol{B}}+\beta_0^k\hat{\boldsymbol{B}}k_1T & \cdots & \beta_{h-1}^k\hat{\boldsymbol{B}}+\beta_0^k\hat{\boldsymbol{B}}k_{h-1}T & \beta_h^k\hat{\boldsymbol{B}}+\beta_0^k\hat{\boldsymbol{B}}k_hT\\ K_p & k_1T & \cdots & k_{h-1}T & k_hT\\ 0 & \boldsymbol{I} & \cdots & 0 & 0\\ \vdots & \vdots & & \vdots & \vdots\\ 0 & 0 & \cdots & \boldsymbol{I} & 0\end{bmatrix}$$

$\hat{\boldsymbol{A}}$、$\hat{\boldsymbol{B}}$ 分别为 $\widetilde{\boldsymbol{A}}^{\boldsymbol{I}}$、$\widetilde{\boldsymbol{B}}^{\boldsymbol{I}}$ 的优化矩阵，$\beta_s^k\in\{0,1\}$，$\sum_{s=0}^{h}\beta_s^k=1$。

证明 任取矩阵 $\boldsymbol{\Phi}\in\boldsymbol{\Phi}^I$，$\hat{\boldsymbol{\Phi}}$ 为区间矩阵 $\boldsymbol{\Phi}^I$ 的优化矩阵，由引理 2.6，有

$$\rho(\boldsymbol{\Phi})\leqslant\rho(\hat{\boldsymbol{\Phi}})\tag{7.43}$$

由于 $M_j(\widetilde{\boldsymbol{A}}^{\boldsymbol{I}})\neq\phi$，$M_j(\widetilde{\boldsymbol{B}}^{\boldsymbol{I}})\neq\phi$，由引理 7.1，有 $|\hat{\boldsymbol{\Phi}}|\leqslant|\hat{\boldsymbol{\Phi}}_1|$. 再由引理 2.7，有

$$\begin{aligned}\rho(\hat{\boldsymbol{\Phi}})&\leqslant\rho(\hat{\boldsymbol{\Phi}}_1)=\rho(\boldsymbol{Y}^{-1}\hat{\boldsymbol{\Phi}}_1\boldsymbol{Y})\\&\leqslant\|\boldsymbol{Y}^{-1}\hat{\boldsymbol{\Phi}}_1\boldsymbol{Y}\|_\infty=\Delta_w^-(G_l(\boldsymbol{Y}^{-1}\hat{\boldsymbol{\Phi}}_1\boldsymbol{Y}))\end{aligned}\tag{7.44}$$

由式(7.43)和式(7.44)，若 $\Delta_w^-(G_l(\boldsymbol{\Theta}))<1$，有 $\rho(\boldsymbol{\Phi})<1$. 由定义 2.9，系统(7.42)是区间稳定的。证毕。

由定理 7.3，得到如下算法：

Step 1. 给定参数 T,h_1,h_2，获得 $h=h_1+h_2$。令 $k=0$；

Step 2. 寻找矩阵 $\boldsymbol{Y},\boldsymbol{K}_p,k_s(s=1,\cdots,h)$，由 $\boldsymbol{\Theta}=\boldsymbol{Y}^{-1}\hat{\boldsymbol{\Phi}}_1\boldsymbol{Y}$，对所有的 $\beta_l^k(l=0,1,\cdots,h)$，获得有向图 $G_l(\boldsymbol{\Theta})$，令 $r_{li}=d^-_{G_{l,w}}(x_i)(x_i\in V(G_l),i=1,2,\cdots,n+h)$；

Step 3. 若在给定的重复数 $k_{\max}$ 内，不满足 $r_{li}<1$，则退出；否则，令 $k=k+1$，转回 Step 2；

Step 4. 若在给定的重复数 $k_{\max}$ 内，满足 $r_{li}<1$，输出 $\boldsymbol{Y}$、$\boldsymbol{K}_p$、k_s，退出。

注 7.9 根据算法重复操作，对于同一时延和丢包情况可得到多个控制器增益矩阵。用 Lyapunov 方法和 Matlab 中的 LMIs 求解一般只能得到一个控制器增益矩阵。

注 7.10 根据上述算法设计控制器，如同 Matlab 中的 LMIs 一样方便。

7.3.3 算例仿真

例 7.3 考虑如下区间系统：

$$\begin{aligned}\dot{\boldsymbol{x}}(t)&=\begin{bmatrix}[0.1132\quad 0.1167] & [0.1718\quad 0.1738]\\ -0.2462 & -1.0625\end{bmatrix}\boldsymbol{x}(t)\\&\quad+\begin{bmatrix}0.2150\\ [-0.4662\quad -0.4616]\end{bmatrix}\boldsymbol{u}(t)\end{aligned}$$

假定采样周期 $T=0.1\text{s}, h_1=1, h_2=0$，计算可得

$$\hat{\boldsymbol{A}}=\begin{bmatrix}1.0115 & 0.0166\\ 0.0235 & 0.8990\end{bmatrix},\quad \hat{\boldsymbol{B}}=\begin{bmatrix}0.0212\\ 0.0445\end{bmatrix}$$

应用本节算法，获得

$$\boldsymbol{Y}=\begin{bmatrix}0.1184 & -0.1709 & -0.5909\\ -0.3896 & -0.7240 & -0.0386\\ -0.8693 & -0.6836 & 0.6528\end{bmatrix}$$

比例控制器增益矩阵

$$\boldsymbol{K}_p=[-0.8876\quad 0.1348],\quad k_1=0.5810 \tag{7.45}$$

在控制器(7.45)下，当 $\beta_0^k=0, \beta_1^k=1$ 时，$r_{01}=0.9154, r_{02}=0.9819, r_{03}=0.9215$；当 $\beta_0^k=1, \beta_1^k=0$ 时，$r_{11}=0.9098, r_{12}=0.9888, r_{13}=0.8732$。同理可以获得另一控制器增益矩阵

$$\boldsymbol{K}_p=[-0.8876\quad 0.1348],\quad k_1=-0.5810 \tag{7.46}$$

例 7.4　考虑例 7.3 中一个系统

$$\dot{\boldsymbol{x}}(t)=\begin{bmatrix}0.1167 & 0.1738\\ -0.2462 & -1.0625\end{bmatrix}\boldsymbol{x}(t)+\begin{bmatrix}0.2150\\ -0.4662\end{bmatrix}\boldsymbol{u}(t)$$

特征值为 0.0792，−1.0250，该系统为开环不稳定系统。设初始状态为 $\boldsymbol{x}(0)=[15]^{\mathrm{T}}$，图 7.10给出 NCSs 的状态响应曲线，其中实线和虚线分别为系统在控制器(7.45)和(7.46)下的仿真曲线。仿真表明利用本节算法针对同一时延和数据包丢失情况可获得多个控制器增益矩阵，从而可以有效地控制系统，验证了所提方法的有效性。

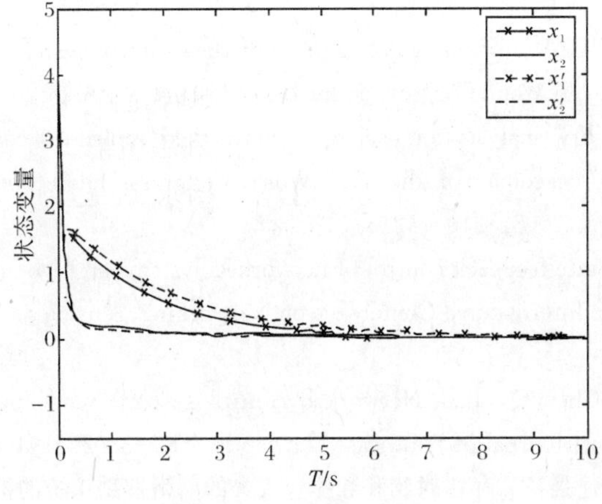

图 7.10　NCSs 响应曲线

7.4 本章小结

本章基于Lyapunov方法和图论理论，研究了非线性NCSs的稳定性问题，并给出保持系统稳定的MADB；利用区间矩阵的谱特征，结合图论中赋权有向图理论，得到网络控制系统区间稳定的图条件。应用图论算法求解控制器，避免了不等式之间的相互转换，获得依时延控制器增益；利用系统信息，设计比例反馈控制器，改进7.2节中区间稳定的条件，获得计算简便的控制器设计方法。7.2节和7.3节中设计的算法，对同一时延和丢包情况得到多个控制器增益，从而更有效地镇定系统。算例仿真验证所提方法的有效性。

参考文献

[1] Liu Q, Li Y. Modeling and stability analysis of networked robot system with network-induced delay and data dropout//Proceedings of the 1st International Conference on Communications and Networking, 2006: 1—5.

[2] Phata V N, Jiang J M, Savkin A V, et al. Robust stabilization of linear uncertain discrete-time systems via a limited capacity communication channel. Systems and Control Letters, 2004, 53(5): 347—360.

[3] Savkin A V, Cheng T M. Detectability and output feedback stabilizability of nonlinear networked control systems. IEEE Transactions on Automatic Control, 2007, 52(4): 730—735.

[4] Xie G M, Wang L. Stabilization of networked control systems with time-varying network-induced delay//Proceedings of the 43rd IEEE Conference on Decision and Control, 2004: 3551—3556.

[5] Sun L X, Guan S P. A uniform modeling of networked control system with random delays//Proceedings of the 6th World Congress on Intelligent Control and Automation, 2006: 4509—4512.

[6] Fujioka H. Stability analysis for a class of networked/embedded control systems: output feedback case//Proceedings of the 17th World Congress the International Federation of Automatic Control, 2008: 4210—4215.

[7] Sun J, Liu G P. State feedback control of networked systems-an LMI approach//Proceedings of the 2006 IEEE International Conference on Networking, Sensing and Control, 2006: 637—642.

[8] Fan W, Cai H, Chen Q, et al. Networked control systems modeling using asynchronous dynamical systems. Journal of Southeast University, 2003, 33(2): 194—196.

[9] 张小美，郑蕃，许建强，等. 存在时延和数据包丢失的网络控制系统的控制器设计. 信息与控制，2006，35(3)：339—345.

[10] 胡晓娅，朱德森，汪秉文. 网络控制系统的时延补偿策略研究. 系统工程与电子技术，2005，27(11)：1932—1934.

[11] 闫冬梅.网络控制系统的延时补偿方法.长春工业大学学报(自然科学版)，2006，127(2)：153—156.

[12] Christensen J H, Rudd D F. Structuring design computations. American Institute of Chemical Engineers, 1969, 15: 94—100.

[13] Lee W, Rudd D F. On the ordering of recycles calculations. American Institute of Chemical Engineers, 1966, 12: 1184—1190.

[14] Fax J A, Murray R M. Information flow and cooperative control of vehicle formations. IEEE Transactions on Automatic Control, 2004, 49(9): 1465—1476.

[15] Barooah P, Hespanha J P. Graph effective resistance and distribute control: spectral properties and applications//Proceedings of the 45th IEEE conference on Decision and Control, 2006: 3479—3485.

[16] Yue D and Han Q L. Delay-dependent exponential stability of stochastic systems with time-varying delay, nonlinearity, and markovian switching. IEEE Transactions on Automatic Control, 2005, 50(2): 217—222.

[17] 杨业，王永骥，吴浩.非线性系统的网络化控制研究.系统工程与电子技术，2007，29(3)：419—421.

[18] Sun J, Liu G P. Robust stabilization of a class of nonlinear networked control systems// Proceedings of the 25th Chinese Control Conference, 2006: 2035—2040.

[19] Mastellone S, Abdallah C T, Dorato P. Model-based networked control for nonlinear systems with stochastic packet dropout//Proceedings of the 2005 American Control Conference, 2005: 2365—2370.

[20] Kim D S, Lee Y S, Kwon W H, et al. Maximum allowable delay bounds of networked control systems. Control Engineering Practice, 2003, 11(11): 1301—1313.

[21] Su T J, Huang C G. Robust stability of delay dependence for linear uncertain systems. IEEE Transactions on Automatic Control, 1992, 37(10): 1656—1659.

[22] 柳柏濂.组合矩阵论.北京：科学出版社，1996.

[23] Ahn H S, Chen Y Q, Moore K L. Maximum singular value and power of an interval matrix//Proceedings of the 2006 IEEE International Conference on Mechatronics and Automation, 2006: 678—683.

[24] Ahn H S, Chen Y Q. Exact maximum singular value calculation of an interval matrix. IEEE Transactions on automatic control, 2007, 52(3): 510—514.

附录　符号描述

$\mathbf{R}$	实数域	$\boldsymbol{I}_n$	$n\times n$ 维单位矩阵
$\mathbf{C}$	复数域	$\boldsymbol{A}^{\mathrm{T}}$	矩阵 $\boldsymbol{A}$ 的转置
$\mathbf{C}^-$	左半开复平面	$\boldsymbol{A}^{-1}$	矩阵 $\boldsymbol{A}$ 的逆矩阵
$\mathbf{C}^+$	右半开复平面	$\lambda(\boldsymbol{A})$	矩阵 $\boldsymbol{A}$ 的特征值集合
$\mathbf{R}^n$	n 维实数向量域	$\lambda_{\max}(\boldsymbol{A})$	矩阵 $\boldsymbol{A}$ 的最大特征值
$\mathbf{R}^{m\times n}$	$m\times n$ 维实数向量域	$\lambda_{\min}(\boldsymbol{A})$	矩阵 $\boldsymbol{A}$ 的最小特征值
$\mathbf{Z}_0^+$	非负整数集合	$\boldsymbol{A}>0$	矩阵 $\boldsymbol{A}$ 正定
$\in$	属于	$\boldsymbol{A}<0$	矩阵 $\boldsymbol{A}$ 负定
$\notin$	不属于	$\boldsymbol{A}\geqslant 0$	矩阵 $\boldsymbol{A}$ 半负定
$\Leftrightarrow$	等价于	$\mathrm{rank}(\boldsymbol{A})$	矩阵 $\boldsymbol{A}$ 的秩
$\equiv$	恒等于	$\mathrm{diag}(\boldsymbol{A},\boldsymbol{B})$	$\boldsymbol{A}$ 和 $\boldsymbol{B}$ 构成的对角矩阵
det	行列式	$(\boldsymbol{E},\boldsymbol{A})$	广义系统
deg det	行列式的次数	$\sigma(\boldsymbol{A})$	矩阵 $\boldsymbol{A}$ 的极点域
$\forall$	所有的	$\boldsymbol{A}_{\mathrm{d}}^{\mathrm{T}}$ 或 $\boldsymbol{A}_{\mathrm{d}}^{\mathrm{T}}$	矩阵 $\boldsymbol{A}_{\mathrm{d}}$ 的转置
$\cup$	并	$\boldsymbol{x}^{\mathrm{T}}$	向量 $\boldsymbol{x}$ 的转置
$\cap$	交	C_p^h	h 阶分段连续可导函数
$\subset$	包含于	$\delta(t)$	脉冲函数
		$G(s)$	传递函数